자연과학의 이해

자연과학의 이해 편찬위원회

머 리 말

자연과학은 자연계에 존재하는 물질의 구조나 자연현상을 탐구하는 과학을 총칭하는 것으로서 물리학, 화학, 생명과학, 천문 · 지구과학과 같이 자연현상을 대상으로 연구하는 학문들과, 수리과학과 같이 논리적인 연구방법을 제공해 주는 학문으로 구성된다. 자연과학의 연구는 공학, 의학, 농학 등을 통하여 인간생활을 보다 풍요롭게 만드는 데 기여한다. 따라서 자연과학은 자연에 대한 기초적인 지식 획득을 목적으로 하고 있다.

인류의 역사 이래 과학자들은 자연이 따르는 법칙이나 원리를 발견하고 검증하는 데 노력해 왔다. 이러한 활동은 주로 두 가지의 면(발견의 맥락과 정당화의 맥락)을 강조하여 왔으나 최근에는 지식전달(교육)의 중요성도 강조되고 있다. 이 책은 이러한 지식 전달을 효과적으로 수행하기 위하여 만든 것이다.

이 책이 소개하는 내용은 다음과 같다. (1) 하나의 이론이 어떤 과정을 거쳐 발전해 왔는가 하는 역사적 흐름을 이해시킴, (2) 과거에 쓰였고 현재에 쓰이고 있는 과학적 방법론들을 소개함, (3) 물질의 각 계층을 따르는 법칙 및 소립자가 원자, 분자, 거시물체를 거쳐서 우주로 진화하는 이치를 이해시킴, (4) 자연과학의 각 세부영역에서 중요하다고 생각되는 기본적인 지식들을 소개함, (5) 자연과학의 각 영역을 소개하고 과학을 발전시킨 학자들을 소개함.

이 책에 원고를 제공해 주신 교수님들은 다음과 같다.(가나다순)

김경익(천문대기과학과), 박명구(천문대기과학과), 박재홍(생물학과), 손기수(물리학과), 손상호(과학교육학부), 송방호(과학교육학부), 송승달(생물학과), 유윤재(수학교육과), 이상학(화학과), 이우붕(과학교육학부), 이재근(화학과), 이재열(생명공학부), 장기홍(지질학과), 정원우(과학교육학부), 조상규(물리및에너지학부), 최상돈(물리학과)

끝으로 이 책이 자연과학도뿐만 아니라 인문 · 사회과학도들에게도 자연과학을 이해하는 데 도움이 되기를 바란다.

2009. 2.

편집을 맡은 교수(조상규, 이상학, 박명규, 박재홍, 최상돈) 일동

차　례

제9장 지구 역사의 새 조명 / 230

부록

제1장

자연과학의 발달사

1.1 고대 과학

1.1.1 과학의 시작과 그 배경

기원전 4000~2000년 사이에는 나일(Nile)강 유역과 메소포타미아(Mesopotamia) 지역에 일련의 극히 중요한 기술적 진보들이 일어났고 비슷한 변화들이 인더스(Indus)강 유역과 중국에도 있었다. 시금술(metallurgy)의 역사는 인류가 광석으로부터 금속을 추출해 내는 방법들을 발견한 때로, 그리고 그 이전 석기를 써서 자연 상태에 존재하는 금속을 다루려고 시도하던 때로 거슬러 올라간다. 인류는 기원전 3000년경 이전에 방치질, 용해, 주조 등의 금속가공기술을 알고 있었다. 이보다 얼마 후에는 구리의 합금이 만들어졌는데, 처음에는 두 가지 순수한 금속을 합금한 것이 아니라 구리의 광석을 주석, 납, 아연, 안티몬 등과 같은 다른 금속들을 포함한 광석과 함께 용해함으로써 얻어졌다. 실을 만들고 천을 짜는 기술도 선사시대부터 시작된다. 고대 이집트인들의 섬유기술은 현재 남아 있는 그들의 작품 속에 드러나 있다. 제1왕조(기원전 3000년경) 시대의 것으로 알려진 아비도스(Abydos)의 왕릉에서 나온 천은 한 방향으로 1인치당 160가닥의 실, 그리고 다른 방향으로는 1인치당 120가닥의 실을 포함하고 있었다. 고대사회에 경제적으로 큰 영향을 미쳤던 또 한 가지의 발명은 도자기기술이었다. 처음에는 도자기를 손으로 만들었지만 기원전 3250년경에는 "도공의 물레(potter's wheel)"가 사용되기 시작했고, 아마도 기원전 3000년경에 바퀴의 원리를 수레에 응용하게 되었다. 도시문명의 발달이라는 관점에서 볼 때 이들보다 더 중요한 기술은 여러 종류의 곡물의 경작, 관개 및 동물사육 등의 기술의 발전, 그리고 음식물의 생산과 저장법의 발견 등 농업의 발전이었다. 끝으로 기원전 3500년경에 처음 사용된 문자도 중요한 발명들 중의 하나이다.

이 같은 기술적 진보들이 어떻게 얻어졌는지에 대해서는 추측만 가능하다. 많은 발견들에서 "우연"이 큰 역할을 했을 것임은 능히 짐작할 수 있다. 도자기 기술을 예로 들면 불 속에 우연히 남겨진 찰흙이 물에 의해 새로운 성질을 지니게 되었음이 발견되었을 수도 있다. 그러나 실제 그렇게 되었다고 하더라도 그렇게 생겨난 새로운 물질이 지닌 잠재적 용도를 알아내고 또 그 용도를 이용하는 방법을 알아내기 위해 요구되는 "상상력 도약(imaginative leap)"의 과정을 과소평가해서는 안 된다. 시금술이나 섬유기술의 발전은 특히 "시행착오(trial and error)"에 의한 오래고 끈질긴 배움의 과정을 겪었을 것임에 틀림없다. 기술자들은 다른 종류의 광석들을 다른 비율로 섞었을 때 생기는 서로 다른 효과들을 관찰했을 것이고, 때로는 일부러 비율을 바꾸어 보거나 다른 용해기술을 사용해 보기도 했을 것이다. 그들은 더 일반적이고 비전문적인 의미에서 "실험(experiment)"을 행한 것이다. 그들의 실험은 어떤 이론을 테스트하기 위해 고안된 것이 아니라, 더 강한, 더 굳은 또는 더 좋은 합금으로 작업의 최종산물을 개량하기 위해 고안된 것이다.

기술적 발전들이 문명의 진화를 위해 중요한 것은 사실이지만 그것들은 과학에 의한 것이 아니라 단순한 어림짐작이나 요행에 의한 것이었다는 주장을 흔히 접하게 된다. 그러나 비록 그것들이 의식적인 이론적 추론을 통한 것은 아니라 하더라도 경험적 사실을 관찰하고 그로부터 배우는 고도로 발전된 능력을 보여 주는 것은 사실이다. 이런 관점에서 인류학의 증거들은 선사학자들의 발견자료를 보완해 줄 수 있다. 특히 프랑스의 훌륭한 인류학자 레비 스토로스(Claude Levi-Strauss, 1908~)는 원시사회에서 발견되는 많은 분류체계들의 복잡함과 정묘함에 대해 우리의 주의를 환기시켰다. 그가 들고 있는 한 예는 필리핀의 한 부족에 관한 것으로서, 그들은 60가지 어류와 85가지 연체동물을 포함한 461가지의 서로 다른 동물의 종들을 구별하고 있었다. 물론 이들이 이런 구별을 해 내는 것이 현대의 동물학자들의 관점과 다른 것은 사실이지만 이 같은 분류를 위해서는 대단한 관찰 능력이 필요한 것 또한 사실이다.

기술은 기원전 4000~2000년을 통해서 굉장한 발전을 이루었다. 그러나 고대 중동문명들에는 고대 그리스과학과 더 밀접히 관련된 다른 두 가지 요소들이 있다. 이 중 첫째는 의술이고, 둘째는 수학과 천문학이다. 이집트와 메소포타미아 의술은 모두 마술적 믿음과 미신의 영향을 크게 받았다. 아시리아(Assyria)와 바빌로니아(Babylonia)의 의술문헌들은 질병의 진단이 점술에 크게 의존했음을 보여 주고, 처방에 있어서 주된 관심은 대부분의 질병의 원인으로 믿은 악마(demon)들을 내쫓는 데 있었음을 보여 준다. 이집트의 의술 파피루스들은 그 지역에서도 처방은 보통 주문과 마법, 그리고 간단한 식물과 광물 요법의 혼합으로 이루어졌음을 보여 준다. 그러나 적어도 이집트 의술은 어떤 측면에서는 민속의술(folk medicine)의 수준을 넘어서는 진보를 보였다.

기원전 1600년경의 것으로 추정되지만 훨씬 전의 자료들도 포함하고 있는 유명한 에드윈 스미스(Edwin Smith) 파피루스는 머리와 상체의 상처를 포함한 48개의 임상외과 경우를 다루고 있다. 각각의 케이스 보고는 제목, 검사, 진단, 치료 및 어려운 의술용어들의 설명 등의 항목으로 나누어져 있다. 전체적으로 논조는 침착하며 처방된 치료법은 대체로 간단하고 뚜렷하다. "상처에 기름을 바르다"는 것이 전형적인 예이다. 그리고 때로는 치료법이 없다는 것도 인식되어 있다. 물론 이 파피루스가 이런 종류로서 현존하는 유일한 것이지만, 이것만으로도 이집트인들이 일찍부터 구체적 케이스들에 관련된 경험적 데이터를 기록해 두려고 한 것을 분명히 알 수 있다. 그러나 마술과 미신의 영향이 놀랄 정도로 작은 이 파피루스에서도 그 저자가 초자연적인 도움을 청하는 일이 발견된다. 예를 들어 제9 케이스는 처방이 효험을 지니기 위해서 외워야 할 주문을 기술하는 것으로 끝나고 있는 것이다.

수학의 발전과 그것의 천문학에의 응용은 길게 봐서는 의술보다도 더 중요했다. 이 분야에서 이집트인의 주된 업적은 태양력(solar calendar)의 발명이었다. 그들은 1년 365일을 30일씩으로 이루어진 12개의 "월"과 여분의 5일로 나누었는데, 이것은 바빌론 사람들이 사용했던 태음력(lunar calendar)이나 여러 그리스 도시국가들이 사용했던 혼동스러운 역법들에 비해 훨씬 우수한 것이었다. 그러나 전반적으로는 바빌로니아 사람들이 수학과 천문학 모두에서 이집트인들보다 훨씬 앞서 있었다. 우선 바빌론 사람들은 60진법의 숫자체계를 가지고 있었고, 특히 2차방정식도 다룰 수 있었다. 천문학에서도 바빌로니아 사람들의 지식의 증거는 단편적일망정 많이 남아 있다. 특히 셀레우시드(Seleucid) 시기(대략 기원전 3~1세기)는 많은 천문학 문헌들을 남겼는데, 그 이전인 기원전 1500년경부터도 많은 천상의 "징조(omen)"들이 관측되고 기록되고 있었다. 초기의 그 같은 자료들 중 하나는 금성의 나타남과 사라짐에 관한 것으로서, 암미사두카(Ammisaduqa, 기원전 1600년경) 재위시기에 수년 동안 기록되었다. 그리고 기원전 8세기경까지는 왕실을 위해 몇 가지 천문현상과 기상현상들이 체계적으로 관측되기 시작했다. 이런 관측들은 당초에는 왕국이나 왕의 운수를 예측하려는 점성술적인 목적이나 달력을 확립하려는 목적으로 행해졌다. 물론 이와 같은 바빌론의 초기 관측들의 정확도를 지나치게 과장해서는 안 될 것이다. 그들이 관심을 가졌던 현상들 중 많은 것들이 지평선 가까이에서 일어났고 따라서 이들을 관측하기가 힘들었기 때문이다. 또한 천문데이터들에 대해 체계적인 수학적 이론이 응용된 시기도 정확히 밝혀질 수 없다. 예를 들어 바빌로니아 천문학에 대한 가장 권위 있는 현대의 학자 노이게바우어(Otto Neugebauer)는 그러한 일이 기원전 500년경 이전에 일어났을 가능성을 받아들이지 않는다. 그렇다고는 해도 두 가지 확실한 결론이 얻어질 수 있다. 첫째, 바빌로니아 사람들은 그리스 과학이 시작되기 오래전에 천상의 현상에 대해 광범위한 관찰을 행했다. 둘째로, 많은 기록을 축적함에 따라 그들은 몇 가지 현상을 예측할 수도 있었다. 물론 한 번도 그들이, 또는 고대의 어느 누구도, 지표면의 어느 특정한 위치에서의 일식을 정확히 예견할 수는 없었다. 기껏해야 그들이 할 수 있었던 것은 언제는 일식이 결코 일어날 수 없다는 것이나, 언제는 그것이 일어날 수도 있다는 가능성을 이야기하는 것이었다. 반대로 그들은 월식에 대해서는 예측을 할 수도 있었을 것이다. 그리고 그러한 예측들은 천체들의 기하학적인 모형에 바탕을 둔 것이 아니라 순전히 산술적인 방법인 과거의 관측들로부터 얻어진 주기표들로부터의 계산에 의해서 얻어졌다.

의술 · 수학 · 천문학 등의 분야에서 중동지역 사람들의 이 같은 업적들이 있었음에도 불구하고, 밀레토스(Miletos)의 탈레스(Thales)가 첫 번째 철학자이자 과학자였다고 말하는 것은 어디까지나 타당하다. 그렇다면 우리는 이제 주장이 무엇을 의미하고 얼마만큼 합리화될 수 있는가를 살펴보아야 할 것이다. 먼저, 우리는 확실한 방법을 지니고 오늘날 자연과학이라고 부르는 모든 분야를 망라하는 완전히 발달된 탐구의 체계를 밀레토스인들이 얻어내었다는 생각을 해서는 안 된다. 그들의 탐구는 아주 좁은 범위의 토픽들에 한정되어 있었고 그들은 "과학적 방법"이라는 관념을 가지지 못했다. 우리는 그들이 관심을 지녔던 문제들을 "물질(matter)", "실제(substance)"와 같은 개념들을 사용하지 않고서는 표현하기도 힘들지만, 이에 해당되는 그리스 단어들은 기원전 4세기까지는 정의되기는커녕 만들어지지도 않고 있었다. 그럼에도 불구하고 밀레토스 철학자들의 생각을 그 이전 사상가들의 생각들로부터 구분시켜 주는 두 가지 중요한 특징이 존재한다. 첫째는 자연의 발견이고, 둘째는 합리적 비평과 토론의 전통이다.

자연의 발견이라 함은 자연스러운(natural) 것과 초자연적인(supernatural) 것 사이의 구별을 의미한다. 다시 말해서 자연현상들은 무질서하고 임의적인 영향력의 산물이 아니라, 규칙적이며 원인과 효과로 규정될 수 있는 순서에 따라 일어나는 현상이라는 것이다. 밀레토스인들의 생각들 중 많은 것이 그 이전의 신화들을 연상케 하지만 그것들은 초자연적 힘에 대한 언급이 빠져 있다는 점에서 신화적 설명들과는 엄격히 구분된다. 물론 초기의 철학자들이 무신론자였던 것은 아니다. 사실 탈레스는 "모든 것들이 신(god)들로 가득 차 있다"고 말한 것으로 전해지고 있다. 그러나 신적인 것에 대한 생각이 그들의 우주론(cosmology)에 자주 나타나기는 하지만, 그들의 설명들에서는 초자연적인 것은 아무런 역할도 하지 않게 된 것이다.

탈레스는 땅이 물에 의해 지탱되고 있고 지진은 땅덩어리가 떠 있는 물에 파동이 생기면서 일어난다고 생각했다. 땅이 물 위에 떠 있다는 생각은 이집트와 바빌론 지역의 여러 신화들에서 나타나며, 그리스 자체에도 그러한 신화의 선례가 있어서 바다의 신인 포세이돈(Poseidon)이 지진을 일으킨다고 많은 그리스인들이 믿고 있었다. 그러나 지진에 대한 탈레스의 설명은 포세이돈이나 다른 어떤 신도 언급하지 않은 "자연적인" 설명이었다. 첫째로, 페링튼(Benjamin Farrington) 같은 학자의 말을 빌리면, 밀레토스인들은 "신을 내몰았다", 호머(Homer)나 헤시오드(Hesiod)가 지진이나 번개를 기술할 때는 대개 제우스(Zeus)나 포세이돈이 화난 것으로 설명한 데 반해, 밀레토스 철학자들은 신의 의지 · 사랑 · 미움 · 열정이나 다른 인간적인 동기들을 제외시켰던 것이다. 둘째, 호머가 설명한 것은 대체로 특정한 지진이나 특정한 번개인 데 반해, 밀레토스인들은 그 같은 현상의 특정한 예가 아니라 일반적인 지진, 일반적인 번개에 관심을 쏟았다. 그런 점에서 그들은 구체적이고 우연적인 것이 아니라 과학의 특성인 보편적이고 본질적인 것을 탐구하는 태도를 보여 주었던 것이다.

엄밀한 의미에서 메소포타미아와 이집트의 고대과학은 오늘날의 과학과는 거리가 먼 것이었다. 자연 그 자체의 이해에 목표를 두었다기보다는 종교적인 또는 일상생활의 필요 때문에 점차로 얻어진 지혜라는 점에서 오늘날의 과학과는 전혀 그 목적을 달리한다. 따라서 고대과학은 경험의 종합이었을 뿐이고 그 경험들 사이에 내재하는 어떤 법칙성 같은 것에는 거의 관심을 갖지 않고 있었다. 그러나 바빌로니아의 수학과 천문학은 초보적인 이론화 과정에 들어가 있었던 것도 사실이다.

종교적이고 주술적인 원시 상태에서 인간이 벗어나기 시작했다는 점에서 메소포타미아와 이집트의 자연관은 비로소 서양과학사에 첫발을 내디딘 것으로 인정된다. 그러나 그것은 과학자 없는 과학 또는 이름 없는 과학사의 단계를 넘지 못한다. 학자의 이름이 역사에 남는, 지식을 위한 지식으로서의 서양과학은 그리스에서 시작되었다고 할 수 있다.

1.1.2 고대 그리스 과학

(1) 고대 그리스 전기의 과학

기원전 600년경, 고대 그리스의 식민지 밀레토스는 독립된 도시 국가였고, 독재자에 의해서 통치된 적도 있지만 대체로 민주제도를 가지고 있었다. 그래서 정치에 참여할 수 있는 자유민들이 자유롭게 생각할 수 있고, 각각 다른 의견을 가지고 있을 때조차 활발하게 토론할 수 있는 여건이 마련되어 있었다.

초기 그리스의 자연철학은 주로 만물의 근원에 대한 연구였다. 그 대표적인 것은 물활론(hylozoism)이다. 물활론은 물질 안에 생명원리가 있어서 물질이 살아 있다고 가정한다. 그래서 모든 사건의 궁극적인 토대로서 살아 있는 원질4를 상정했는데 그 근본물질은 "arche"라고 불렀다. 탈레스(Thales, 기원전 625~545년경)는 세계를 구성하는 근본물질은 물이라고 했고, 자연현상을 설명하기 위해 여러 가지 이론을 만들어 냈다. 흔히 그의 과학은 자연철학이라는 이름으로 알려져 있다. 탈레스에게서 특징적인 것은 그가 천둥, 번개, 지진 같은 자연현상을 초자연적인 것, 예를 들면 신의 활동이나 의지 같은 것이 아니라 인간이 자연에서 관찰할 수 있는 것을 가지고 설명하려고 시도했다. 수학과 천문학에 능했던 탈레스는 여러 가지 자연 현상을 탐구했고 추상적인 사고를 통해서 자연을 설명하려

했다. 탈레스의 제자 아낙시만드로스(Anaximandros, 기원전 611~547년경)는 우주는 "작용하는 원리(arche)"로서 "무한하고 정할 수 없는 것(apeiron)"을 주장했다. 그는 만물의 구성요소는 흙, 물, 공기, 불 순서로 층을 이루어 나누어진다고 했다. 그는 원초적 수분에서 최초의 생물이 발생했다고 주장하여 최초로 진화론적 사상을 제창하였다. 그는 여러 원소의 상호전환과 원소들로부터 사물이 생성되는 과정은 침략과 보복의 과정이라고 보았다. 원인을 제공하는 것이 죄이므로 원인을 의미하는 그리스어 "아이티아(aitia)"의 원래 의미는 "죄"였다. 그러나 이러한 생각도 나중에는 자연계도 인간사회와 같이 법률로 지배된다는 관념으로 바뀌었다. 아낙시만드로스의 제자 아낙시메네스(Anaximenes, 기원전 6세기)는 공기를 근원물질로 보고, 이 공기의 희박화와 농축화에 의해서 다른 물체가 생성된다고 주장했다. 이러한 밀레토스 자연철학자들의 중요한 특징은 첫째, 자연현상을 초자연적인 것이 아니라 자연적인 원인으로 설명했으며, 둘째, 다른 사람의 주장을 검토하지 않고 자기 주장을 내세운 것이 아니라 자기 주장을 다른 사람의 것보다 더 설득력 있는 것으로 만들려고 노력함으로써 그 후 그리스 자연철학자들에게 일반적인 연구방법을 제시했다는 것이다. 한편 아낙시메네스의 공기의 희박화와 농축화에 의해서 만물이 생성된다는 이론은 탈레스의 물에 대한 비판을 통해서 형성되었을 것임을 알 수 있다.

(2) 변화의 자연철학

밀레토스학파의 자연철학은 관찰과 사변이라는 두 가지 요소를 가지고 있었다. 그들은 먼저 자연현상을 관찰했고, 그 다음에 왜 그러한 현상이 일어나는지를 사변을 통해 설명하려고 시도했다. 헤라클레이토스(Herakleitos, 기원전 6세기)와 파르메니데스(Parmenides, 기원전 6세기)는 우리가 감각으로 파악하는 온갖 변화의 문제, 감각에 의한 지각과 그것의 신뢰성이란 문제를 풀기 위해 깊이 고민했다.

기원전 500년경에 활동했던 헤라클레이토스는 감각을 불완전하다고 보고 그다지 신뢰하지 않았다. 그러나 그는 감각을 통한 지각을 인정하고 그것을 제대로 해석하는 것이 중요하다고 보았다. 그는 세계의 모든 것이 끊임없이 변한다는 것에 주의를 기울였는데 이로부터 만물은 끊임없이 흐른다(또는 변화한다)는 결론에 이르렀다. 만물이 끊임없이 흐른다는 생각은 그로 하여금 자연스럽게 우주의 원물질은 변화를 시작하게 하는 것이며 이것은 불이라는 결론에 도달하게 했다.

헤라클레이토스와는 반대로 파르메니데스는 우리가 감각을 통해서 얻는 것은 모두 환상에 불과하다고 주장했다. 파르메니데스에 의하면 우리가 의지해야 할 것은 오직 이성뿐이다. 헤라클레이토스는 모든 것이 변화한다고 말함으로써 만물의 근본을 물질 자체의 변화에서 찾았지만, 파르메니데스는 아무것도 변화하지 않으며 변화는 모두 외견상 그럴 뿐이라고 주장했던 것이다. 그에게는 변화 · 운동 · 다양성과 같이 우리가 감각을 통해서 지각하는 것은 모두 감각의 환상일 뿐 실제 존재하는 것이 아니었다. 파르메니데스가 생각하기에 변화는 없기 때문에 존재의 다양성은 불가능하며 존재는 오직 하나일 뿐이었다. 파르메니데스와 엘레아학파의 "변화는 없다"라는 주장과 "존재하는 것은 오직 하나"라는 주장은 그 후에 나온 그리스 자연철학자들에 의해서 많은 비판을 받았다. 그러나 그의 감각과 변화의 부정은 그리스 자연철학자들에게 깊은 영향을 주었다.

엠페도클레스(Empedocles, 기원전 493~433)는 만물을 구성하는 뿌리(rhizomata)로서 흙 · 물 · 공기 · 불 등의 4원소를 내놓았으며 이들은 변하지 않는다고 했다. 그래서 그는 우리가 감각으로 지각하는 존재의 다양성에 대해서는 파르메니데스와 생각을 달리했다. 또 그는 사랑과 미움이라는 두 종류의 힘이 4원소를 결합시키고 분리시켜 만물을 생성 · 소멸시킨다고 했다. 우리는 엠페도클레스의 네 개의 뿌리와 엘레아학파의 영향을 찾아볼 수 있으며, 그가 이 학파의 주장에 대해 어떻게 대응했는지를 알 수 있다.

아낙사고라스(Anaxagoras, 기원전 500~428)는 파르메니데스가 남긴 문제에서 자연철학을 시작했다. 그는 감각이 불완전하다는 것을 인정했지만, 감각이 불완전한 것이라 해도 우리는 이 감각을 통해서 얻은 것을 기초로 해서 관찰 불가능한 것에 대해 사변할 수 있다고 생각했다. 그는 "변화하지 않는 다수의 원소가 존재한다"라고 하는 엠페도클레스의 생각을 극단적으로 밀고 나아가서 변화하지 않는 "씨앗"이 무수히 많다고 보았다. 그는 이 "씨앗(종자)" 하나하나는 우리가 지각하는 성질을 하나씩 가지고 있으며, 어떤 물체든 간에 많은 씨앗을 포함하고 있다고 주장했다.

최초의 원자론은 기원전 5세기 말에 나왔다. 원자론을 대표하는 사람은 레우키포스(Leukippos, 기원전 480년경)와 데모크리토스(Demokritos, 기원전 460~370)이다. 이점이 엘레아학파의 주장(존재만이 존재하고 비존재는 존재하지 않는다는 주장)과 다르다. 데모크리토스는 엘레아학파의 관념론과 형이상학적 이론에 반대했다. 원자론자들에 의하면 세계에는 수많은 원자와 무한한 허공만 존재한다. 이 원자들은 모두 같은 물질로 되어 있고 모양과 배열만 서로 다른데, 이것들은 허공을 끊임없이 움직이면서 서로 부딪쳐서 결합하거나 다시 분리된다. 원자론자들의 이론에서 우리는 그들이 헤라클레이토스와 파르메니데스 두 사람의 영향을 받았다는 것을 분명하게 발견할 수 있다. 우선 원자론자들은 변하지 않는 원자를 도입함으로써 파르메니데스의 영원한 불변을 만족시켰고, 또 이 원자들이 허공을 끊임없이 움직이면서 충돌하고 결합하고 분리된다고 함으로써 헤라클레이토스의 영원한 변화도 만족시켰던 것이다. 또한 그들은 우리가 감각을 통해서 느끼는 물체의 다양성에 대해서도 설명했는데, 그들은 이 다양성이란 원자들의 위치, 배열, 모양의 차이 때문이라고 주장했다. 그들은 영혼도 물질적이라 하여 영혼 불멸이라는 관념론적 입장을 반대했다.

자연철학자들은 모두 물체의 근원인 원물질은 창조된 것이 아니고 우연히 존재하는 것이라고 생각했다. 그들은 원물질이 세계를 구성하는 모든 것의 근원이고 처음부터 있었으며, 신들은 인간에 의해서 고안된 것이라고 보았다. 반면에 종교적 전통을 중시하는 사람들은 영혼이 모든 물체보다 먼저 존재했고, 세계는 정신이라든가 계획이라든가 신의 섭리에 의해서 지배된다고 보았다. 사모스에서 출생한 피타고라스(Pythagoras, 기원전 582~497)는 그리스 식민지인 크로톤으로 이사하여 그곳에서 수학적 사색과 종교적 명상을 하는 단체를 결성하였다. 피타고라스학파는 일종의 종교 집단이었다. 그들은 영혼은 불멸이고 한 육체에서 다른 육체로 전달된다고 믿었으며, 육체는 영혼을 잠시 가두어 두는 역할을 할 뿐이라고 생각했다. 그들의 근본적인 목적은 영혼의 정화를 통해서 정신의 세계에 도달하는 것이었다. 피타고라스학파에서 특이한 점은 그들이 영혼의 정화를 위한 도구를 수학에서 발견했다는 것이다. 그들은 기하학과 수 이론에서 두드러진 발전을 이룩했으며, 더 나아가서 세계를 구성하는 물체가 모두 추상적인 수로 이루어져 있다고 주장했다. 피타고라스학파에서는 수는 우주의 관념적 모델이며 자연물의 형식(form)임과 동시에 형상(image)이라고 생각하였다. 피타고라스학파에서는 우주를 세 부분으로 나누었는데 항상 천구인 코스모스(Cosmos)와, 지구와 달 사이의 우라노스(Uranos), 그리고 신들의 주거지인 올림포스(Olympus)였다.

(3) 의학의 아버지 히포크라테스의 4체액설

히포크라테스(Hippokrates, 기원전 약 460~475)는 종래의 의학이 의존해 오던 미신을 배격하고 실증 위주의 의학체계를 수립하였다. 인체는 피, 점액, 황담즙, 흑담즙의 4체액을 갖고 있는데 이들의 혼합이 균형을 이루고 있는 것이 건강상태이고, 변조가 일어나면 병이 된다고 주장했다. 이 4체액설은 후에 갈레노스에 의해서 발전된다. 그는 또 인체에는 자연치유능력이 있으며, 치료제는 자연 속에 있다고 믿었다.

(4) 고대 그리스 후기의 과학

일반적으로 소크라테스의 죽음(기원전 399)을 전후하여 고대 그리스를 전기와 후기로 나눈다. 소크라테스는 자연에 대한 관심이 거의 없었으나 그의 제자였던 플라톤, 플라톤의 제자였던 아리스토텔레스 등은 탁월한 업적을 남겼다. 특히 플라톤은 자연에 대한 연구에 열성적이지는 않았으나 수학과 천문학의 연구가 본질의 세계를 파악하는 데 도움이 된다고 보았다. 아리스토텔레스는 많은 자연연구에서 뛰어난 업적을 남겼으며 후에 헬레니즘 시대와 중세 유럽, 이슬람 문명 등에 지대한 영향을 끼쳤다.

① 플라톤(Platon, 기원전 427~347)

플라톤은 종교적 전통에 속했던 철학자였다. 그는 세계를 보이는 현상의 세계와 본질의 세계로 나누었다. 본질의 세계는 영원히 존재하고 불변이며, 보이는 세계는 본질세계의 그림자에 불과하다. 플라톤은 보이는 현실세계는 본질세계를 본떠서 창조되었고, 그것은 엠페도클레스의 4원소, 즉 흙, 물, 공기, 불로 구성되어 있다고 말했다. 본질의 세계와 기하학을 중요시했던 플라톤은 이 4원소의 형태가 단단한 정다면체이며, 흙은 정팔면체, 물은 정이십면체, 공기는 정팔면체, 불은 정사면체의 형태를 가지고 있다고 했다. 플라톤의 물질이론 중에서 그 이전의 철학자들의 주장과 구별되는 독창적인 주장 두 가지는 그가 4원소를 기하학적 입체로 보았다는 것과, 이 원소들이 서로 변환될 수 있다고 생각한 것이다. 그는 삼각형이 따로따로 분리되었다가 다시 결합하면 다른 정다면체로 바뀔 수 있으며, 따라서 4원소들이 서로 변환될 수 있다고 보았다. 플라톤은 우주는 완전한 공의 형태를 띠고 있고 그 자체의 축을 중심으로 돌고 있으며, 지구는 그 중심에 고정되어 있다고 주장했다. 둥근 우주의 중심에 고정되어 있는 둥근 지구라는 생각을 가장 처음으로 분명하게 내놓은 사람은 플라톤이다. 그는 지구 주위를 도는 각 천구(天球)들의 반지름은 수학적인 조화의 관계를 가지고 있다고 주장했다.

② 아리스토텔레스(Aristoteles, 기원전 384~322)

아리스토텔레스의 아버지는 마케도니아 왕 필리포스(Pilippos) 2세의 시의(侍醫)였으며 아리스토텔레스는 플라톤의 수제자였다. 그는 아테네에 있는 플라톤의 아카데미아에서 공부하는 동안 종종 플라톤의 가르침을 비판하기도 했지만 스승이 살아 있는 동안에는 공개적인 부정을 하지 않았다. 아리스토텔레스는 13년 동안 거의 대부분의 시간을 플라톤과 그의 제자들이 매우 천한 학문활동으로 여겼던 생물학 연구에 쏟았다. 그는 물질의 존재와 변화에는 네 종류의 원인(질료인, 형상인, 목적인, 동력인)이 있다고 했다. 그중에 특이한 것이 목적인이다. 그의 목적론(teleology)에 의하면 목적인이 신에 의해서 주관되기보다는 물리에서는 자연이 갖는 방향성에 대한 본질이며 생물에서는 기능적인 것으로 이해된다.

가. 물질이론

엠페도클레스의 4원소설을 받아들여서 만물의 근원은 흙, 물, 공기, 불이라고 보았다. 네 원소는 끊임없이 변화하고 있지만 변화과정이 평형상태에 있기 때문에 지상세계의 4원소의 양은 일정하게 유지된다. 4원소는 각각 고유한 위치를 가지고 있고 제자리를 찾아가려는 성질을 지니고 있다고 보았다. 그에 의하면 우주의 중심에는 흙이 있고, 그것은 흙보다 가벼운 물로 둘러싸여 있으며, 물은 공기가, 그리고 공기는 가장 가벼운 원소인 불이 둘러싸고 있다. 하늘의 운동을 설명하기 위해서 제5원소인 에테르(ether)를 도입했는데, 이로 인해서 그는 그 뒤의 철학자들에게 비판과 조롱을 받기도 했다. 그러나 하늘의 운동을 설명하기 위해서 제5원소의 도입은 필연적인 것이었다. 그는 항상성을 지닌 운동을 자연스럽고 완전한 것으로 보았다. 그런데 하늘도 4원소만으로 구성되어 있다고 하면 하늘에서도 상승운동과 하강운동만이 자연스러운 운동이 되어 원운동은 자연운동에 반대되는 강제운동이 되고 만다. 에테르는 완전한 원소로서 변화하지도 소멸하지도 않으며, 끊임없이 자연스러운 운동인 원운동을 하고 있다. 아리스토텔레스는 지구 상의 거의 모든 물리, 화학현상

(예를 들면 번개, 천둥, 포도주가 시어지는 현상, 얼음이 어는 일 등)을 모두 그 4원소설로 설명했는데, 그의 설명은 일관성이 있고 상당한 설득력을 지니고 있다. 엠페도클레스는 4원소가 변하지 않는 기본 뿌리라고 말했지만, 아리스토텔레스는 4원소는 네 가지 성질을 갖고 있으며 기본 원소들은 각각 그중에서 두 가지 성질을 가지고 있는데 이 성질 중 한 가지가 변하면 다른 원소로 바뀐다고 주장했다. 네 성질은 뜨거움, 차가움, 습함, 건조함이다. 흙은 차갑고 건조하며, 물은 차갑고 습하고, 공기는 뜨겁고 습하며(공기는 일종의 증기이므로), 불은 뜨겁고 건조하다. 네 가지 성질은 둘씩 결합해서 짝을 이룰 수 있다. 이때 모두 여섯 개의 짝이 성립하지만 차가움–뜨거움, 습함–건조함의 두 짝은 서로 상반되는 것으로서 결합이 불가능하므로 네 개의 짝만 남는다. 이것들은 뜨거움–건조함, 뜨거움–습함, 차가움–건조함, 차가움–습함이다. 물체는 감각을 통해서 인지되며 이때 감각 중에서 가장 기본적인 것은 촉각이다. 아리스토텔레스는 무거움과 가벼움, 거칠음과 매끈함, 두꺼움과 얇음도 촉각으로 느낄 수 있는 정반대되는 성질이지만, 이것들은 차가운 것이 뜨거운 것을 삼키듯이 상호작용을 할 수 있는 것이 아니므로 기본적인 것이 아니라고 보았다.

나. 운동이론

아리스토텔레스는 운동을 자연운동과 강제운동으로 구분했다. 자연운동의 원인은 우주 속의 자기 자리를 찾아가려는 물체 내부의 고유한 경향 때문이며, 강제운동은 항상 외부에서 움직여 주는 존재, 즉 외부의 원인이 끊임없이 힘을 공급해 주어야만 일어난다. 아리스토텔레스는 낙하하는 물체는 무게가 클수록, 그리고 매질의 밀도가 작을수록 빨리 떨어진다고 말했다. 그는 여러 이유에서 진공을 부정했는데, 만일 진공이 존재한다면 진공에서 매질의 밀도는 영이기 때문에 낙하하는 물체는 무한의 속도를 가질 것이나, 투사체는 동인과의 접촉이 없어진 뒤에는 더 이상 움직이지 않을 것이기 때문이다.

다. 우주론

아리스토텔레스는 그 이전의 자연철학자들과 플라톤의 견해를 비판하고 지구가 중심에 놓여 있는 우주체계를 제시했다. 아리스토텔레스는 경험에 입각해서 지구 중심의 우주체계를 제시했던 것은 아니다. 오히려 자신의 4원소설의 논리적 결과로서 지구가 중심에 놓여 있는 우주체계를 제시했다. 지구가 어떤 강제운동에 의해서 달 근처로 옮겨진다면 흙은 지구를 향해서 떨어지는 것이 아니라 그 본래의 위치인 우주의 중심으로 떨어질 것이고, 이때 지구는 우주의 중심에 위치하지 않게 될 것이다. 아리스토텔레스의 우주를 간단하게 묘사하면 중심인 지구를 아홉 개의 구가 둘러싸고 있는 형태가 된다.

라. 생물학

아리스토텔레스는 많은 생물에 관한 관찰과 해부를 바탕으로 발생학, 생태학, 생식, 분류학 등에 관해 풍부한 연구를 남겼다. 그의 고래와 물고기, 새와 박쥐가 다른 종류라는 것을 밝혔으며, 오징어의 양성생식을 기술했다. 그의 물리과학은 형이상학적 전제를 바탕으로 세워졌고, 따라서 어느 정도 통일성을 지니고 있기는 했지만 사변적이고 독단적이었다. 아리스토텔레스의 생물학은 정확한 관찰에 입각하여 기술된 매우 근대적인 것으로 생물학의 많은 분야를 포괄하고 있다. 그는 아카데미아를 떠난 후 많은 시간을 생물학 연구에 바쳤다. 아리스토텔레스는 많은 동식물을 수집하여 관찰하고 묘사했으며, 내장기관을 조사하기 위해서 스스로 동물을 해부하기도 했다. 그는 약 500종 이상의 동물에 관해 묘사했고, 그 스스로 50가지 형태의 동물을 해부했다. 그는 생물에 관한 관찰과 해부를 바탕으로 발생학, 생태학, 생식, 분류학 등에 관해 풍부한 연구를 남겼다. 그의 무척추동물 분류는 근대 분류학을 체계화한 린네의 분류보다 더 뛰어난 일면을 보인다.

1.1.3 헬레니즘과 로마의 과학

알렉산드로스의 정복에 의해 그리스 문화가 전파되고, 이를 바탕으로 광범위한 지역에 걸쳐서 공통의 문화가 꽃피었던 시기를 흔히 헬레니즘(Hellenism) 시대라고 부른다. 이 시기를 정확하게 구분한다면 알렉산드로스 대왕이 죽은 기원전 323년경부터 이집트가 로마제국에 의해서 멸망당하는 기원전 30년까지를 말한다.

(1) 헬레니즘 철학

그리스의 도시국가들이 알렉산드로스 대왕에 의해 정복당한 뒤에 그리스 철학은 커다란 변화를 겪었다. 아테네에 있던 플라톤의 아카데미아와 아리스토텔레스의 뤼케이온은 그 후에도 오랫동안 존속했지만, 철학자들은 혼란했던 시대 상황의 영향을 받아 자연에 관한 연구보다는 인생문제를 더 많이 다루었다. 에피쿠로스(Epicuros) 철학은 즐거움을 통해서 마음의 평안을 추구했으며, 스토아(Stoa) 철학은 욕망의 절제를 통해서 마음의 안식을 추구했다.

에피쿠로스(Epikuros, 기원전 341~270)는 기원전 5세기 나왔던 원자론자들의 주장과 같이 세계에는 수많은 원자들과 공허가 존재하며 원자가 공허 속을 빠른 속도로 움직인다고 말했으며, 스토아학파의 창시자 제논(Zenon, 기원전 335~263)은 세계는 가득 차 있고 연속적이며 그것을 구성하는 물질은 끊임없이 분화될 수 있다는 우주관을 제시했다. 그는 생물체와 마찬가지로 우주도 전체로서 하나의 거대한 생물체라고 주장했다.

(2) 알렉산드리아 과학

헬레니즘 시대의 수학자 에우클레이데스(Eukleides, 기원전 300년경)는 불변이고, 영속하며, 이상적인 형상을 찾는 피타고라스 이래의 그리스 수학의 전통 위에 서서 그가 활동하기 전에 발견된 수학의 지식을 체계화한 사람이다. 아르키메데스(Arkimedes, 기원전 287~212)는 실제 문제에 많은 관심을 가졌던 사람으로서 물을 끌어올리는 데 쓰이는 아르키메데스의 나사와 기중기를 만들었으며, 그 외 많은 전쟁무기도 고안했다. 기원전 210년을 전후해서 활동한 아폴로니오스(Apollonios)도 알렉산드리아에서 연구를 한 것으로 전해지는데, 그는 원추를 절단했을 때 원추곡선이라고 부르는 타원, 포물선, 쌍곡선이 얻어진다는 것을 발견했다.

헬레니즘 시대에는 많은 생물학자들이 나왔다. 그들 중에서 가장 중요한 사람은 기원전 3세기 전반기에 알렉산드리아에서 활동했던 헤로필로스(Herophilos, 기원전 4세기 말)와 에라시스트라토스(Erasistratos, 기원전 3세기 전반)이다. 헬레니즘 생물학자들은 처음으로 인체해부를 시작했으며, 더 나아가서 왕의 허가를 얻어 중형을 받은 죄수들의 생체를 해부하기도 했다. 헤로필로스는 뇌에 대한 세심한 연구를 통하여 뇌가 신경체계의 중심이라는 것을 발견했으며, 맥박이 병을 진단하는 데 매우 중요하다는 이론을 전개했다. 또한 에라시스트라토스의 독창성은 그가 생리적 과정을 역학적인 것으로 파악한 데 있다. 아리스토텔레스는 소화를 음식물이 인체 내부의 열에 의해서 위에서 질적인 변화를 일으키는 것으로 보았는데,

그는 음식물이 근육의 기계적 작용에 의해 흡수된다고 했다. 갈레노스(Clauius Galenos, 129~201)는 의학과 생리학에 관한 많은 저작을 남겼다. 생리학 이론을 전개했으며, 이것은 피와 간, 심장, 폐, 뇌에 관한 이론에 잘 나타나 있다. 그리스 학자들은 생물을 식물, 동물, 인간으로 나누어서 생각해 왔다. 그들은 그중에서 식물은 성장의 원리, 동물은 성장과 운동의 원리, 인간은 성장, 운동, 사고의 원리를 가지고 있다고 생각했다. 갈레노스에 의하면 음식물은 위에서 유마(乳摩)와 같은 액체가 되며, 이 액체는 위와 소장을 통해서 흡수되어 간으로 보내진다. 정맥피는 우심실로도 흘러가는데, 그곳에서 일부는 허파동맥을 통해서 허파로 들어가고, 일부는 우심실과 좌심실 사이에 있는 심장 격막의 구멍을 통해서 좌심실로 들어간다. 생명의 영혼은 호흡에 의해서 허파로 들어온 공기가 변화한 것이다. 갈레노스의 이론은 소화, 호흡, 신경작용이라는 생리현상을 체계적으로 설명해 주었으며, 그래서 그 후 심장을 중시한 아리스토텔레스의 생리학 이론보다 훨씬 더 큰 영향을 미칠 수 있었다. 갈레노스의 관찰상의 오류는 심장 격막에 구멍이 있다는 것과, 폐정맥이 피가 아니라 생명의 영으로 가득 차 있다는 것이었다.

헬레니즘 시대에는 천문학에서도 많은 발달이 있었다. 헤라클레이데스(Herakleides, 기원전 388~310)는 지구가 우주의 중심에 있지만 자신의 축을 중심으로 하루에 한 바퀴씩 돈다고 함으로써 태양, 행성, 항성천구의 일주운동을 설명했으며, 수성과 금성의 천구는 지구 주위를 도는 것이 아니라 달 다음에 위치한 태양 주위를 돈다고 주장했다. 아리스타르코스(Aristarchos, 기원전 310~230)는 매우 독창적인 사고와 정확한 관찰력을 가진 사람으로, 자신의 우주체계를 물리적 실재로 보았는지 단순한 현상을 설명하기 위한 가상적인 것으로 보았는지는 분명치 않지만, 태양 중심의 우주체계를 매우 진지하게 받아들이고 설득력 있는 것으로 만들기 위해서 노력한 것은 틀림없다. 아리스타르코스의 태양중심체계는 상당한 설득력을 가진 것이었으나, 종교적 · 물리적인 이유에서 수용되지 않았다. 사람들은 종교적인 이유에서는 신들의 활동무대인 지구를 우주의 중심으로 보지 않는 것을 신에 대한 불경이라고 생각했으며, 물리적으로 아리스토텔레스의 자연운동에 따르면 지구는 부동이어야 하며 지구가 움직일 경우 공기 중에서 운동하는 물체는 뒤로 떨어져야 할 것이라는 등의 이유로 그것을 받아들이지 않았던 것이다. 아폴로니오스(Apollonios, 기원전 3세기)는 지구중심체계에 바탕을 두고 하늘에서 일어나는 행성들의 역행 운동과 불균일 운동, 4계절의 길이의 차이에 에우독소스의 동심모델보다 더 잘 설명하기 위해서 소원(picycle)과 이심(eccentric)을 도입했다. 헬레니즘 시대에 지구 중심의 우주체계를 더욱 발전시킨 또 한 사람은 히파르코스(Hipparchos, 기원전 2세기)이다. 그는 태양의 이심의 위치를 계산하는 것과 같이 천체현상을 더 정확하게 설명하는 체계를 만드는 데에도 노력을 기울였으나, 그가 가장 두드러진 업적을 남긴 부문은 천체관측 분야였다. 150년경에 알렉산드리아의 프톨레마이오스(Klaudios Ptolemaios, 100~170년경)는 그 이전의 천문학 지식을 종합하여 『알마게스트(Almagest)』라는 책을 저술하였다. 『알마게스트』에는 매우 정교한 지구 중심의 우주체계가 담겨 있고, 이 체계에 의해서 거의 모든 천체의 현상이 설명되고 예측될 수 있었기 때문에 이 책은 그 후의 천문학자들에게 매우 큰 영향을 미쳤다. 그러나 여기서 기술된 천체의 운동은 플라톤과 아리스토텔레스가 천체에 불변의 것으로서 부여한 등속원운동을 깨는, 매우 문제가 많은 것이었다.

(3) 로마시대 과학

로마시대에는 과학과 기술의 상호작용이 존재하지 않았다. 그 시대는 새로운 기술이 필요하지 않았던 시대라고 할 수 있다. 왜냐하면 헬레니즘 사회나 로마는 노예제 생산체제 위에서 거의 모든 제품(그것이 작은 제품이든 대건축물 같이 아주 거대한 것이든)을 많은 노예를 사용해서 생산했기 때문이다.

로마가 제국을 건설하고 나서는 그리스 과학의 전통이 거의 자취를 감추게 되었다. 로마인은 행정, 도시계획, 건축 등 응용 과학에서는 탁월한 능력을 보였지만 자연에 관한 탐구에는 거의 관심이 없었다. 백과전서의 편찬으로 유명한 플리니우스(Plinius, 23~79)의 『자연사(Natural History)』는 37권으로 되어 있는데, 그것은 100명의 저자가 쓴 2,000권의 책을 바탕으로 편찬한 것이라고 한다. 로마인들은 추상적인 사고에는 관심이 없었다. 헬레니즘 시대에 그리스 과학이 점차 실용화되는 과정 중에 추상적인 사고에 대한 관심은 점점 줄어들고 실용에 대한 관심만 남고 말았다. 프란시스 베이컨이 말했듯이 그리스에서 과학이 처음 시작될 때는 과학과 기술이 서로 밀접한 관계를 맺고 있었지만 시간이 흐르면서 과학이 기술로부터 유리되었으며 그 결과 과학은 발전의 기반을 잃었다.

과학은 실용적인 것과 조금이라도 관련을 가지고 있을 때 계속해서 존립할 수 있다.

기술이 과학적 발견을 이용해서 발전을 계속하고, 이에 따라 과학이 생산력의 향상에 간접적으로나마 기여할 때 과학은 존립 근거를 갖는다. 17세기에 형성된 근대 물리학, 근대 천문학이 계속해서 발전할 수 있었던 이유는 그 과학들에서 이룩된 새로운 발견이 실제 기술, 즉 항해, 건축, 기계 제작에 응용될 수 있었기 때문이다.

로마시대에는 과학과 기술의 상호작용이 존재하지 않았다. 그 시대는 새로운 기술이 필요하지 않았던 시대라고 할 수 있다. 헬레니즘 시대에는 알렉산드리아를 중심으로 활발한 과학연구가 있었지만 로마시대는 과학 활동에 대한 왕의 후원이 중단되고, 기술 자체에 대한 필요가 없었기 때문에 과학은 쇠퇴할 수밖에 없었다.

1.2 중세 과학

1.2.1 중세과학과 기술

중세는 보통 서로마 제국이 게르만족의 침입에 의해서 붕괴되기 시작하는 5세기 중엽부터 르네상스와 종교개혁 등이 시작되는 14세기 말, 15세기 초까지를 말한다.

학문연구만을 따로 떼어 놓고 볼 때 서유럽의 중세 초부터 10세기경까지는 학문의 불모시대라고 말할 수 있다. 그 이유는 중세 이전의 로마인들이 그리스인들이 남긴 찬란한 학문적 업적에 별다른 관심을 보이지 않았으며, 로마 초기의 학자들이 그리스 학문을 라틴어로 옮기는 일을 아주 등한히 했기 때문이다. 중세의 기술발달을 촉진한 요인으로는 노예 공급의 감소를 들 수 있다. 노예 공급이 줄어든 이유로는 우선 로마제국이 세계 지배권을 상실한 결과 외부로부터 노예의 유입이 줄어든 것과, 인간이 하느님 앞에서 평등하게 창조되었다고 하는 기독교 교리 때문이었다. 고대 그리스의 많은 자연철학자와 달리 자연을 두려워하거나 부정한 것이 아니라 하느님의 피조물로 보았다. 또한 육체적인 노동을 경시하지 않는 수도원 전통도 중세의 기술 발전에 일조를 한 것으로 보인다.

1.2.2 이슬람 과학

이슬람 과학(아랍 과학)은 약 8세기부터 15세기까지 이슬람 문화의 지배 영역 속에서 발달했던 과학을 말한다. 아랍 과학은 8세기 중엽에 그리스 과학저작들이 아랍어로 번역되는 번역작업에 의해서 시작되었다. 처음에 아랍어로 변역된 것들은 페르시아어와 시리아어로 된 의학 및 천문학 관계 서적들이었다. 이 저작들은 비록 그리스어로 쓰인 것은 아니었지만, 실제로는 그리스 과학의 영향을 크게 받은 것이거나 그리스 저작의 번역본들이었다. 시리아어와 페르시아어 저작들이 어느 정도 번역되고 나서 그리스어로 쓰인 서적들이 번역되기 시작했으며, 그 결과 불과 수십 년 안에 고대의 중요한 과학연구서들이 아랍어로 옮겨질 수 있었다. 알-마문이란 칼리프(caliph)는 바그다드에 "지혜의 집"이라는 이름을 가진 연구 센터를 세우고, 여러 지역으로부터 많은 학자들을 초빙해서 번역과 연구활동을 지원했다.

고대 그리스와 헬레니즘 시대의 많은 저작들이 번역된 후 이슬람 세계에서는 이 새로운 지식을 소화하는 작업과 함께 그것을 바빌로니아, 이집트, 페르시아, 인도 등지의 지식과 결합시키는 작업이 행해졌고, 또한 여러 면에서 그것을 독자적으로 발전시키는 활동이 일어났다. 이러한 작업에 기여한 대표적인 학자로는 알-킨디(Al-kindi, 9세기), 알-하이셈, 그리고 아비케나(abicenna, 980~1037), 아베로에스(Averroes, 1126~1198) 등이 있다. 아랍 과학은 11세기 초에 전성기에 도달했는데, 그 후 12세기 들어서면서부터는 천문학만 제외하고는 더 발달하지 못했다. 그 이유는 학문에 적대적인 이슬람 정통파의 득세와 아랍세계의 정치적 · 경제적 상황이 나빠진 것에서 찾을 수 있다.

아랍어로 번역된 그리스 문학과 이슬람화된 그리스 학문은 10세기 말경부터 당시에 이슬람 지배를 받고 있던 스페인과 이탈리아 반도 옆의 시칠리아 섬을 통해서 유럽으로 조금씩 들어오기 시작했다. 본격적인 유입은 11세기 말에 이슬람이 지배하고 있던 스페인 남부의 톨레도와 시칠리아 섬이 함락됨으로써 시작되었다. 12세기 초부터 유럽 전 지역의 많은 학자들이 스페인과 남부 이탈리아로 몰려들었고, 닥치는 대로 새로운 지식을 번역 · 도입했다. 그 결과 아리스토텔레스의 저작 전체가 번역되었고, 갈레노스, 프톨레마이오스, 아르키메데스 같은 학자들의 저작들이 번역되었다. 대다수가 아랍어본의 번역이었으며,

아랍어에서 스페인어를 거쳐서 라틴어로, 혹은 아랍어에서 히브리어를 거쳐서 라틴어로 번역되는 경우도 많았다. 이 과정에서 많은 오류가 생기는 것은 피할 수 없는 일이었다. 르네상스 시대에 일어났던, 원전으로 돌아가자는 운동은 바로 이러한 오류를 고치고자 하는 움직임이다. 12세기에 활발하게 일어났던 번역작업과 이로 인한 학문의 팽창을 흔히 12세기 르네상스라고 부른다.

1.2.3 대학의 출현과 아리스토텔레스의 학문에 대한 비판

대학이 설립되기 전까지 중세에서 교육을 주로 담당했던 기관은 수도원 학교와 성당학교였다. 그러나 번역으로 인해 학문의 양이 엄청나게 팽창하자 이를 가르치기 위한 교육기관이 필요하게 되었다. 아리스토텔레스 등의 그리스 학문을 발전시키는 역할은 새로 출현한 교육기관인 대학이 담당하게 되었다. 대학은 12세기 말경부터 프랑스의 파리, 영국의 옥스포드, 이탈리아의 볼로냐와 파도바 등지에서 교수와 학생의 자치조합 또는 학생들만이 자치조합 형태로 나타났다. 대학들은 보통 교양학부, 법학부, 의학부, 신학부 등 4개의 학부로 구성되어 있었다. 이들 중에서 신학부, 법학부, 의학부는 교양학부를 거친 다음에 들어갈 수 있었는데, 교양학부에서는 인문계 학문이라 할 수 있는 3학(문법, 수사학, 논리학)과 이학계 학문이라 할 수 있는 4학(산학, 기하학, 천문학, 음악)을 주로 가르쳤다. 13세기 초에 교양학부의 주된 교과목은 아리스토텔레스의 논리학, 과학, 철학 같은 학문이 차지하게 됐다.

아리스토텔레스는 그리스 철학자들 중에서 자연주의적 전통에 서서 학문을 연구했기 때문에 그의 학문에는 기독교 교리에 위배되는 사상이 담겨 있었다. 이로 인해 신학자들과 교양학부의 아리스토텔레스 학자들 사이에 마찰이 빚어지게 되었다. 교양학부 교수들은 중세 대학에서 아리스토텔레스의 주석자로 불렸던 아랍의 아베로에스의 전통을 따르는 사람들이었다. 과학과 신앙의 영역을 분리하고 각 영역에 고유한 진리가 있다는 생각을 이중진리설이라고 부르는데, 이러한 "이중진리(Double Truth)"설을 옹호하는 사람들은 당연히 과학의 영역에서 기독교의 기본 교리에 위배될 수도 있다는 것을 가르쳤다. 13세기 초부터 시작된 아베로에스주의자들과 신학자들 사이의 마찰, 또는 자연철학과 신학의 충돌에 주교와 교황까지 개입했으며, 그 후 몇 차례 아리스토텔레스의 자연철학에 대한 단죄(Condemnation)가 단행되었다. 대표적인 단죄로는 1277년, 파리 교구에서 땅비에(Etinne Tempier)가 교양학부 교수들의 가르침 중에서 219개의 명제를 지정하여 금령을 내린 것을 들 수 있다. 1277년의 단죄에 의해서 금지된 명제들 중에는 오늘날의 입장에서 보더라도 별 문제가 없는 것들이 많지만 몇몇 명제들에 대한 것은 터무니없거나 다분히 감정적인 것들이었다. 단죄 이전까지는 학자들이 아리스토텔레스의 권위에 짓눌려서 자연현상에 대한 자유로운 사변을 하기가 어려웠지만, 단죄로 인해 자연철학자들이 아리스토텔레스의 권위로부터 해방되어 자유로운 상상을 할 수 있었다고 보는 사람들도 있다.

1.2.4 중세 후기의 과학

이 시기의 특징은 교회의 지배적인 사상인 실념론(또는 실제론 : realism)에 맞서는 유명론(nominalism)의 출현으로, 그 대표적인 학자는 오캄(William Occam, 1285~1349)이다. 오캄은 프란치스코 교단의 수도사로서 철학과 논리학에 능통했던 신학자였는데, 단죄 이후에 나온 신학자들의 노력을 계승하여 신학을 아리스토텔레스 철학으로부터 해방시키려고 노력하였다. 오캄은 아베로에스학파가 자연 탐구의 영역에서 제한을 가했던 신의 전능성과 자유를 강조했고, 따라서 신은 무엇이든지 창조할 수 있으며, 이 창조된 것들 사이에는 아리스토텔레스주의자들의 주장과는 달리 어떠한 필연적 연관성도 존재하지 않는다고 주장했다. 그 결과 오캄은 필연적 연관성의 부재에서 출발하여 모든 지식은 선험적 추론이 아니라 직접적인 경험에 의해서만 얻어질 수 있다는 "급진적 경험주의"에 도달했다. 또한 오캄은 보편개념이란 실재하지 않으며, 그것은 단지 개개의 물체를 나타내기 위한 이름에 불과하다고 주장한 유명론자였다.

유명론자들은 천문학 이론에 있어서도 아리스토텔레스의 체계로부터 상당히 벗어나는 생각을 했다. 중세에 지배적이었던 우주체계는 지구가 부동이고 그 주위를 달, 태양, 행성 그리고 마지막 항성들의 천구가 돌고 있다고 하는 아리스토텔레스-프톨레마이오스의 우주체계였다. 그러나 14세기 파리의 유명론자들은 지구의 자전 가능성에 대해서 심각하게 고려하기 시작했다. 우선 뷔리당은 별들의 일주운동은 하늘이 지구 주위를 하루에 한 바퀴씩 도는 것에 의해서도 설명되지만, 그와 반대로 지구가 그 축을 중심으로 하루에 한 바퀴씩 도는 자전에 의해서도 설명될 수 있다고 생각했다. 오캄은 지구의 자전 가능성에 관해서 더욱 진지하고 날카롭게 논의했다. 그의 근본적인 관심은 과학적 논의를 통해서 새로운 이론을 만드는 것이 아니라 기독교 신앙을 철학의 침윤으로부터 건져 내는 일이었다.

중세의 스콜라 학자들은 진공이 존재할 경우를 가정하고 그 속에서 낙하운동과 투사체 운동은 어떻게 일어날 것인가에 관해서 많은 논의를 했다. 아리스토텔레스의 이론에서 벗어나는 논의들이 진행되면서 공기뿐만 아니라 진공 속에서 일어나는 낙하운동과 투사체 운동을 가장 잘 설명할 수 있었던 이론은 임페투스 이론이었는데, 이 이론을 체계화한 사람이 뷔리당(Jean Buridan, 1295~1358)이었다. 임페투스 이론에 의하면, 외부의 동인이 맨 처음 물체 내부에 운동을 지속시킬 수 있는 임페투스(impetus)를 넣어 주기 때문에 물체가 운동을 계속한다는 것이다. 뷔리당의 이론에 따르면 임페투스의 크기는 물체의 속도와 질량에 좌우되며, 외부의 저항에 의해서 감소되거나 변형되지 않는 한 영원히 지속되는 성질을 가지고 있다. 그러므로 뷔리당은 저항이 제거되었을 경우 운동하는 물체는 영원히 등속운동을 한다는 관성개념을 암시한 셈이다. 뷔리당은 임페투스를 자유낙하운동에도 적용했다. 오렘(Nicole Oresme, 1320~1382)은 낙하하는 물체가 통과한 거리에 관한 "중간속도 정리"를 오렘의 도형이라고 불리는 것을 이용하여 증명했다.

1.3 근대 과학

1.3.1 르네상스 시대

르네상스(Renaissance) 시대는 보통 15세기 초부터 17세기에 걸쳐 라틴 서양세계에서 학문과 예술이 크게 부흥한 시기를 말한다. 당시에는 중세 말부터 형성되기 시작했던 수공업자와 상인계층의 활동도 두드러지게 나타났다. 그 결과 개인의 활동이 전보다 더욱 크게 평가받게 되었고, 개인은 교회나 공동체로부터 상당히 해방되었으며, 이러한 개인의 해방과 해방에 대한 욕구에 힘입어 종교개혁이 유럽의 넓은 지역에서 단단히 뿌리를 내릴 수 있었다. 이러한 변화는 중세와는 다른 좀 더 역동적이고 반권위적인 사회 분위기를 만들어 냈다. 그리고 주로 아리스토텔레스 철학체계를 고수했던 스콜라 학문에 대한 적대적인 감정이 퍼져 갔고, 가톨릭 교회의 권위에 대항하는 종교개혁이 성공했다. 신비주의, 연금술(alchemy), 실용학문도 널리 퍼졌다.

(1) 학문의 발달

르네상스기에는 중세 스콜라 학풍의 번역과 주해를 거부하고 그리스 원전 자체를 중시하는 경향이 나타났다. 중세에는 학문적 저작과 학자들의 대화에서 라틴어만 사용하였던 것에 반해, 르네상스기에는 자국어의 사용이 늘어나기 시작했다. 스콜라 학자들은 어떤 이론이나 주장을 입증하기 위한 도구로서 논리만을 주로 사용했는데, 르네상스 시대에는 관찰과 실험, 즉 직접적인 경험을 중시하는 경향이 나타났다. 교회의 권위와 봉건제가 서서히 쇠퇴하면서 기술이 발달했고, 그 결과 수공업자들의 지위가 상승했다. 과학의 발달과 관련해서는, 특히 역사상 처음으로 과학활동을 하는 학자들이 장인들의 작업에 관심을 갖게 되었다. 그리고 신비주의가 널리 퍼졌다. 예를 들면 우주의 신비를 푸는 열쇠는 수학과 기하학에 있다고 하는 신플라톤주의(Neo-Platonism), 우주는 신비한 힘들로 가득 차 있는 네트워크이고 인간은 이 힘들과 상호작용해서 우주에 영향을 미칠 수 있다고 하는 헤르메스주의(Hermeticism), 인간이 본질적으로는 우주의 축소판이라고 하는 대우주-소우주 유비관계에 관한 생각, 그리고 성서를 숫자로 풀려고 했던 카발라주의(Cabalism) 전통과 같은 신비주의가 널리 퍼졌던 것이다.

(2) 헤르메스주의

르네상스 시대의 헤르메스주의는 1453년 콘스탄티노플 함락 직후 헤르메스 문헌(Corpus Hermeticum)들이 이탈리아의 피렌체에 소개되면서 유럽에 퍼지기 시작했다. 당시에 사람들은 이 문헌들의 저자가 모세와 같은 시대에 살았던 이집트의 사제 헤르메스 트리스메기스토스(Hermes Trismegistos, 삼중으로 위대한 헤르메스)라고 생각했으며, 이것은 1463년 이탈리아의 인문주의자 피치노(Marasilio Ficino, 1433~1499)에 의해서 라틴어로 번역되었다. 이 문헌들은 성경이 쓰이기도 전에, 모세와 대등한 또는 더 위대한 현자에 의해서 쓰여진 것으로 생각되었기 때문에 서유럽에서 대단한 반향을 일으켰으며, 그에 따라 헤르메스주의는 유럽에서 급속히 퍼져 나갔다. 헤르메스주의의 대표적인 가르침은 세 가지로서 하나는 소우주-대우주 유비 관계이고, 전체로서의 세계와 세계에 존재하는 만물이 혼을 가지고 있다는 전심론(全心論, panpsychism), 그리고 세계의 각 지점들이 상호작용한다는 공감-반감론이다.

(3) 르네상스 학자들

근대과학의 탄생에서 커다란 역할을 한 쿠자누스(Nicolaus Cusanus, 1401~1464), 다빈치(Leonardo da Vinci, 1452~1519) 그리고 파라켈수스(Paracelsus, 1493~1541) 중 쿠자누스는 인문주의자이면서 신비주의자였고, 이성과 수학적 조화를 중시했으며, 케플러에게 큰 영향을 미쳤다. 다빈치는 예술가이자 기술자였으며, 당시 장인들의 기술 수준과 그들의 기술을 과학적으로 뒷받침하려는 노력이 그의 업적에 잘 나타난다. 파라켈수스는 의학과 화학을 연구했는데, 경험과 관찰을 중시한 신비주의자였다.

독일 출신의 추기경으로서 이탈리아에서 활동했던 쿠자누스는 대학에서 스콜라 학문을 배웠을 뿐만 아니라 당시의 인문주의와 신플라톤주의도 받아들였던 사람이다. 그래서 그는 중세 후기의 유명론과 르네상스 인문주의의 이상, 그리고 신플라톤주의를 종합하려고 했다. 근대 과학의 탄생과 관련해서 쿠자누스에게서 특별히 주목할 만한 것이 두 가지가 있는데, 그것은 그의 기하학적 신비주의와 우주가 무한하다는 주장이다. 쿠자누스는 우리 인간의 모든 인식은 수학적이고 기하학적인 비(比)의 결정을 통해서 얻어진다고 주장했다. 우주에 관해서 쿠자누스는 우주는 무한하다는 독특한 주장을 폈으며, 무한 속에는 중심이 존재할 수 없으므로 지구는 우주의 중심이 될 수 없다고 주장했다. 또한 그는 지구를 비롯한 많은 천체들이 움직인다는 생각도 했는데, 바로 이 점 때문에 간혹 쿠자누스가 코페르니쿠스의 선구자라는 평가를 받기도 하지만 그가 코페르니쿠스에게 영향을 미친 흔적을 발견할 수 없다.

르네상스 시대에는 이탈리아 알베르티(Leon Battista Alberti, 1404~1472)와 건축가로 유명한 브루넬레키(Filippo Brunellechi, 1377~1446), 그리고 근대 화법의 창시자로 잘 알려져 있는 독일의 뒤러(1471~1528)와 같이 예술가이자 기술자였던 사람들이 많이 나타났는데, 다빈치도 그중 한 사람이었다. 다빈치는 우리에게 화가로 잘 알려져 있지만, 토목 기술자, 무기 기술자,

해부학자 등으로도 활동했던 만능 천재였다. 다 빈치는 역학과 기술의 거의 모든 분야에 손을 댔고 많은 발명을 남겼다. 역학 분야에서는 낙하운동과 투사체 운동에 관해서 연구했고, 공기와 물의 흐름과 같은 유체역학에 관해서도 연구했다. 그는 특히 비행문제에 관한 연구에 대단한 노력을 쏟았는데, 이 과정에서 그는 낙하산을 발명했고 날개의 지지력을 측정할 수 있는 매우 근대적인 실험방법을 고안했다.

파라켈수스(본명 : Philippus Aureolius Theophrastus Bombastus Von Heheheim)는 르네상스의 인문주의, 연금술, 신비주의(신플라톤주의가 아니라, 특히 헤르메스주의), 그리고 더 나아가서는 종교개혁의 영향을 아주 풍부하게 받은 사람이었다. 인문주의는 그가 아리스토텔레스나 전통 의학에 반기를 드는 데 영향을 미쳤고, 연금술은 그에게 실험과 직접적인 경험에 의지해야 한다는 것을 가르쳐 주었다. 그리고 신비주의는 우주와 생명체를 보는 새로운 관점을 제공했다. 파라켈수스는 이론과 실제 행동이 일치하는 사람이었다. 그래서 그는 스위스 바젤에서 갈레노스 의학 서적을 공개적으로 불태워 버리기도 하고, 찰스부르크에서는 농민봉기에 가담하는 등 자기가 생각하는 바를 즉각 행동으로 옮겼기 때문에 가는 곳마다 박해를 받았다. 파라켈수스는 많은 책과 업적을 남겼다. 그는 물질이 황, 염, 수은으로 구성되어 있다는 3원소설을 제시했다. 이 이론은 금속이 황과 수은의 원소로 이루어져 있다는 연금술사들의 생각을 발전시킨 것으로서, 아리스토텔레스의 4원소설에 기초한 물질이론을 부정했다는 점에서 매우 획기적인 것이었다. 그는 3원소로 이루어져 있는 물질을 병을 치료하는 데 사용해야 한다고 주장했으며, 이 이론에 기초하여 매독 치료에 수은을 사용해서 큰 성공을 거두었다. 화학물질을 치료에 이용해야 한다는 그의 가르침을 우리는 의화학이라고 부른다. 파라켈수스의 질병이론도 매우 독창적인 것이었다. 당시에 의사들 사이에서 널리 받아들여졌던 질병이론은 갈레노스의 이론이었다. 갈레노스는 히포크라테스의 4체액설(인체는 피, 점액, 황담즙, 흑담즙을 갖고 있다는 학설)을 답습하고, 체액의 균형에 혼란이 일어날 때 병이 발생한다고 가르쳤다. 그러나 파라켈수스는 갈레노스의 가르침을 완전히 부정하고, 인체는 작은 우주라는 이론 위에서 질병이론을 만들어 냈다. 그는 병이란 외부에서 인체로 들어오는 것이고, 인체 내에는 우주에 있는 것과 유사한 것이 모두 들어 있다고 보았기 때문에 우주에 존재하는 물질 중에서 치료제를 찾아야 한다고 주장했던 것이다.

1.3.2 과학혁명의 시작

과학혁명은 16세기 중반(르네상스 시대의 중엽)부터 시작하여 역학혁명과 생리학 혁명은 17세기에, 화학혁명은 18세기에, 생물학 혁명은 19세기에 완성되었다. 구체적으로는 천문학과 물리학 혁명은 코페르니쿠스(Nicolaus Copernicus, 1473~1543)가 그의 저서 『천구의 회전에 관하여』에서 태양중심 사상을 발표한 1543년에 시작하여 뉴턴이 1687년 『자연철학의 수학적 원리(Principia)』를 출판하여 역학을 완성함과 동시에 완성되었다고 볼 수 있다. 이 기간 동안 그때까지 받아들여져 왔던 아리스토텔레스의 과학 체계가 새로운 것으로 대체되었다. 우주론과 천문학에서는 아리스토텔레스와 프톨레마이오스의 지구 중심체계가 코페르니쿠스의 태양 중심체계로 대체되었다. 역학에서는 아리스토텔레스-스콜라학파의 역학이 갈릴레이-뉴턴 역학으로 대체되고, 생리학에서는 갈레노스의 체계가 하비의 생리학 이론으로 바뀌었다. 프란시스 베이컨, 르네 데카르트, 갈릴레이가 새로운 방법론을 제시했고, 영국의 왕립협회, 프랑스의 과학아카데미 등 과학단체들이 출현했다.

1.3.3 천문학 혁명

고대 바빌로니아 시대부터 천체 관측자료를 축적해 오다가 그리스 시대에는 지구 중심체계가 성립되었다. 이 작업은 지구를 중심으로 행성과 별들과 태양의 수정천구가 원운동을 한다는 플라톤의 우주체계에서 시작하여, 물질이론을 바탕으로 한 아리스토텔레스의 지구 중심체계에 이르게 된다.

지구 중심체계는 2세기에 프톨레마이오스에 의해서 수학적으로 거의 완벽하게 다듬어졌다. 이 체계는 많은 천구가 뒤엉켜서 돌고 있는 매우 복잡한 우주체계인데 아리스토텔레스의 우주론과 결합하여 고대와 중세의 지배적인 우주체계가 되었다.

천문학 혁명은 코페르니쿠스가 1543년 저서 『천구의 회전에 관하여(De revolutionibus orbium coelestium)』에서 태양 중심체계를 제시하면서 시작하였다. 그러나 그는 행성들이 붙어서 돌고 있는 수정구라는 기존의 개념을 그대로 사용했고, 우주는 단순하고 질서 정연하며, 조화롭다는 신플라톤주의의 주장에 지배되어 천구들이 원운동하고 있다는 견해를 고수했다.

브라헤(Tycho Brahe, 1546~1601)는 자신이 건설한 천체 관측소에서 자신이 제작한 관측기구를 써서 별들을 관측하였으나 지구 중심체계의 틀을 고수하였다. 케플러를 조수로 채용하여 공동연구를 수행하였으나 갑자기 사망하는 바람에 모든 자료는 케플러의 손에 들어가고 말았다. 케플러는 브라헤와 공동 수집한 화성궤도에 관한 실험 자료를 분석하여 케플러의 법칙을 발표했다.

태양 중심체계가 보편적으로 받아들여지게 된 것은 17세기 중엽의 일이고 그 후 1687년 뉴턴이 『프린키피아(Principia philosophia mathematica : 자연철학의 수학적 원리)』를 발표하여 천문학과 지상물체의 역학을 통합하였다. 천체에 지상물체와 똑같은 역학법칙과 만유인력의 법칙을 적용하여 케플러의 법칙을 수학적으로 유도했다.

1.3.4 역학혁명

아리스토텔레스는 세계를 천상세계와 지상세계로 구분했고, 운동을 자연운동과 강제운동으로 나누었다. 자연운동은 세 가지, 즉 지상세계의 상승운동과 낙하운동, 그리고 천상세계의 완전한 원운동으로 나눌 수 있다. 상승운동과 낙하운동은 지상세계에서 물체를 구성하는 원소가 자신의 고유한 위치를 찾아가려는 경향 때문에 일어났고, 천상세계의 원운동은 하늘을 구성하는 에테르(ether)라는 원소가 완전한 원소이기 때문에 일어났다고 했다. 강제운동은 외부에서 물체를 움직여 주는 힘이 있어야만 일어나고 투사체는 주위에 있는 매질을 끌어들여서 그것이 물체에 힘을 가하는 동인으로 작용하기 때문에 투사체운동이 일어난다고 하여 진공의 존재를 부정했다. 낙하하는 물체는 무게가 무겁고 매질의 밀도가 작을수록 빨리 떨어진다고 생각했다.

그러나 중세 후기에 들어서면서 유명론자들을 중심으로 근대적인 생각들이 나타나기 시작했고, 진공 속에서 낙하하는 물체 등의 속도는 그것들이 만일 동일한 물질로 구성되어 있을 경우에는 무게에 상관없이 항상 똑같다는 결론에 도달했다. 뷔리당은 물체 내부에 존재하는 임페투스라는 운동원이 있어서 운동을 시킨다고 임페투스 이론을 제시했으나 아리스토텔레스 체계로부터 거의 벗어나지 못하고 있었다.

역학혁명은 갈릴레이(Galileo Galilei, 1564~1642)에서 시작되었다. 낙하하는 물체가 서로 다른 속도를 가지는 것은 매질 때문이라고 가정했고 진공 속에서는 모든 물체가 똑같은 속도로 떨어진다는 낙체의 제1법칙과, 낙하하는 물체가 통과한 거리는 낙하시간의 제곱에 비례한다는 제2법칙을 도출했다. 투사체 운동은 수평방향의 등속운동과 수직방향의 등가속 운동이 결합된 것으로, 궤도는 포물선이라는 것이 증명될 수 있었다. 그는 또 V자형의 경사면을 굴러 내리고 다시 오르는 공에 대한 사고 실험을 통하여 운동하는 물체가 방해받지 않는 한 그 운동을 계속하려고 한다는 초보적인 관성개념을 설명했다. 데카르트는 방해받지 않는 운동은 기본적으로 직선 방향으로 일어난다고 하여 갈릴레이의 곡선운동의 관성개념을 거부하고 직선운동에서 벗어나는 것은 다른 힘의 작용에 의한다고 하였다. 역학혁명의 완성은 뉴턴의 『프린키피아』에 의해서 이루어졌다. 이것은 운동의 법칙과 만유인력의 법칙을 수록하고 있으며 천체와 지상물체는 똑같은 역학법칙을 따른다고 하여 천문학과 역학을 통합시킨 걸작이다.

1.3.5 생리학 혁명

고대 생리학자 갈레노스는 생물체가 성장의 원리, 운동의 원리, 사고의 원리라는 세 가지 중에서 하나 또는 그 이상을 가지고 있다고 보았다. 식물은 자라기만 하므로 성장의 원리를 가지고 있고, 동물은 장소이동도 하므로 성장과 운동의 원리를, 그리고 인간은 성장과 운동의 원리 외에 사고의 원리를 가지고 있다고 생각했다. 갈레노스는 생리과정을 인간의 소화, 호흡, 신경계와 결합시켰다. 즉 소화는 성장의 원인이 되는 자연의 영혼, 호흡은 운동의 원인이 되는 생명의 영혼, 그리고 신경은 사고작용을 일으키는 정신의 영혼과 관련되어 있다고 보았다.

갈레노스는 정맥과 동맥이 서로 독립적이고 완전히 다른 작용을 하는 것으로 보았다. 정맥피는 섭취한 음식물이 위와 소장을 거쳐 간에서 만들어지고 자연의 영혼을 가지고 있으며 인체의 각 부분에 보내져서 주로 그것이 성장하는 데 사용된다. 정맥피는 우심실로도 가서 일부는 폐동맥을 통해서 폐로 전달되고 일부는 심장 격막을 거쳐서 좌심실로 들어간다. 좌심실로 들어간 정맥피는 폐정맥을 통해 전달된 공기와 섞여서 생명의 영혼이 되는데, 그것은 피와는 다른 액체이다. 갈레노스는 생명의 기초인 영혼, 즉 뉴마(pneuma)를 가정했기 때문에 그의 학설은 생기론적 입장을 취했다. 이 이론은 성장이나 호흡과 같은 생리현상을 잘 설명할 수 있었기 때문에 심장을 중시한 아리스토텔레스의 생리학 이론보다 훨씬 더 큰 영향을 미칠 수 있었다. 그러나 르네상스 시대에 베살리우스(Andreas Vesalius, 1514~1564), 세르베토(Niguel Serveto, 1511~1553), 콜롬보, 파브리키우스(Girolamo Pabricius, 1533~1619) 등에 의하여 동·정맥의 개념이 다소 수정되었다.

생리학 혁명은 하비에서 시작되었다. 하비는 "동물의 심장은 생명의 근본이고, 소우주의 지배자이며, 모든 생기와 힘이 발산되는 태양"이라고 말했다. 하비는 대정맥을 통해서 우심실로 들어간 피는 허파동맥을 통해서 모두 허파로 들어가고 허파를 통과한 후에는 좌심실로 전달된다는 사실을 발견했다.

하비의 발견은 세르베투스와 콜로보가 발견한 허파 통과를 확인하고 그 과정을 더욱 자세히 밝힌 것으로 볼 수 있다. 하비는 심장판막의 작용에 의해서 피가 정맥을 통해서 심장 쪽으로 들어가기만 하는 것이 아니라 온몸을 통해서 계속 흐른다는 결론에 도달했다. 하비의 학설에서는 심장활동은 근육 수축 작용에 의한 단순한 펌프작용으로 보고, 혈관은 단순한 관, 혈액은 단순한 액체라고 하여 갈레노스의 뉴마와 같은 것을 부정하였기 때문에 기계론적 입장을 취하고 있다.

또 하비는 순환을 증명하는 증거인 정맥과 동맥을 연결하는 모세혈관의 존재를 보여주지 못했고, "피가 왜 허파를 통과하는가?"와 같은 호흡과 관련된 문제도 설명하지 못했다. 모세혈관이 발견되지 않았다는 것은 코페르니쿠스의 태양 중심체계에서 시차가 확인되지 않았다는 것과 비슷한 면이 있는데, 시차가 정교한 기구에 의해서 확인되었듯이 모세혈관은 현미경에 의해서만 발견될 수 있는 것이었다. 하비의 혈액순환 이론은 점차 확고한 사실로서 인정되었고, 그에 따라 생리학의 혁신이 이루어졌다.

1.3.6 과학방법의 혁명

근대 과학을 발전시키는 데 크게 기여한 대표적인 사상은 경험주의인데, 그 대표자는 프란시스 베이컨(Francis Bacon, 1561~1626)이다. 자연을 있는 그대로 놓고 관찰하는 데서 출발하는 아리스토텔레스의 경험주의와는 다르게, 베이컨은 자연이란 인간에게 봉사해야 하며,

그것을 가능하게 하는 것이 바로 과학이라고 생각했다. 베이컨의 귀납적 방법과 그것에 입각한 과학활동이 참된 것이라는 생각은 그 후에 영국의 과학자들과 왕립학회에 매우 큰 영향을 미쳤다.

데카르트(Rene Descartes, 1596~1650)도 낡은 철학을 대체할 새롭고 보편적인 철학을 만들려고 했다. "나는 생각한다. 그러므로 나는 존재한다(cogito ergo sum)"라는 그의 말은 자신의 실재를 믿는다는 뜻이다. 그의 방법은 연역적이고 수학적이었다. 데카르트는 사변을 통해서 우주가 물질(외연)과 운동으로 가득 차 있고 기계적인 접촉에 의해서 운행한다는 결론에 도달했고, 이에 입각해서 매우 기계적인 우주체계를 제시했다. 그러나 실제로 과학의 발달에 필요했던 연구방법은 연역과 귀납이 상호작용하는 종합적인 것이다. 갈릴레이는 먼저 수학적으로 기술할 수 있는 문제를 설정하고, 그 다음에 그 문제에 관한 기본가정을 만들고, 이 가정을 실험 또는 사고실험을 통해서 검증하는 작업을 했던 것이다. 갈릴레이의 특징은 자연에 대한 정량적 탐구와 자연현상의 이상화, 그리고 이상적인 상황하에서의 자유로운 실험이라 할 수 있다.

1.3.7 화학혁명과 근대화학

16, 17세기를 근대적인 역학, 천문학, 생리학이 등장한 시기라고 한다면 18세기는 근대화학이 탄생한 시기라고 할 수 있다. 르네상스 시대의 파라켈수스의 3원소설에 의하면 물질의 모든 성질은 가연성을 나타내는 황과, 유동성 및 휘발성을 나타내는 수은, 그리고 고체성을 나타내는 염으로 설명할 수 있다. 이 시대의 화학은 실용적인 기술이나 연금술과 관계가 깊었고, 따라서 16, 17세기에 화학 업적을 남긴 사람은 대체로 화학기술과 연금술 두 분야에 모두 관여하고 있었다. 화학 발전에는 연소와 열의 연구가 큰 역할을 했다.

18세기 화학의 발전에 큰 걸림돌이 된 것은 독일의 화학자 베허(Johan Becher, 1635~1682)와 슈탈(Georg Stahl, 1660~1734)에 의해 제창된 플로지스톤(Phlogiston)설이었다. 이 가설에서는 플로지스톤이 모든 가연성 물질의 기본 요소이고, 플로지스톤을 많이 가진 물질일수록 잘 타며, "연소"란 이 플로지스톤이 물질에서 떠나는 것이라고 하였다. 플로지스톤설은 연소 현상 외에도 금속이 녹스는 현상까지도 설명하는 화학현상의 보편적 원리가 되었다.

이 설은 18세기 후반까지도 거의 모든 학자들의 지지를 받았다. 이산화탄소를 발견한 블랙(Joseph Black, 1728~1799), 산소의 발견자로 알려져 있는 프리스틀리(Joseph Priestley, 1733~1804)나 수소의 발견자인 캐번디시(Henry Cavendish, 1731~1810)도 플로지스톤설에 기초하여 기체의 성질을 설명하려고 노력하였다. 18세기를 풍미하던 플로지스톤설은 결국 18세기 후반에 라부아지에(Antone Lavoisier, 1743~1794)에 의해 무너졌다. 그는 이전부터 행해지고 있던 연소현상에 대한 연구에 체계적인 정량적 실험 방법을 도입하였다. 라부아지에는 1789년 출판된 『화학 요론(Traité elémentaire de chemie)』에서 플로지스톤설을 완전히 부정하는 혁신적인 화학이론을 선언하였는데, 이로써 화학혁명이 시작되었다. 그는 이 선언을 통하여 연소와 산화는 모두 가연성 물질과 산소의 결합이며, 그 생성물의 무게는 반응물질의 무게와 항상 같다는 것을 밝혔다. 라부아지에의 새로운 연소이론을 분기점으로 하여 화학은 급격히 발전하기 시작했다. 1799년에는 프루스트(Joseph Proust, 1754~1826)가 순수한 물질은 항상 일정한 화학조성을 가진다는 일정 성분비의 법칙을 발견하였다. 라부아지에의 질량 보존의 법칙과 프루스트의 일정 성분비의 법칙은 돌턴(John Dalton, 1766~1844)이 1803년에 제출한 근대적 원자설로 이어졌다. 돌턴은 각 원소는 각각 고유의 원자로 구성되어 있고, 각 원소의 원자는 각각 그 고유의 질량을 가진다고 생각하였다. 그의 이론은 그의 저서 『화학철학의 신체계(A new system of chemical philosophy, 1808)』에 기술되어 있다. 한편 돌턴과 같은 시대 사람인 게이뤼삭(Joseph Gay-Lussac, 1778~1850)은 1808년 기체의 부피는 온도와 함께 증가한다는 사실을 발견하여 기체 반응의 법칙을 수립하였다. 이어서 1811년 아보가드로(Amedeo Avogadro, 1776~1856)가 같은 온도, 같은 압력하에서 일정한 부피 내의 기체는 같은 수의 분자를 가진다는 아보가드로의 법칙을 발표하였다. 그러나 이 법칙은 약 반세기 동안이나 학회로부터 인정받지 못하다가 1860년 그의 제자인 칸니자로(Stanislao Cannizzaro, 1826~1910)를 통하여 인정받게 되었다.

근대 화학의 기초를 확고히 한 것은 원자량의 측정과 기호 및 주기율표의 창안이었다. 돌턴이 정한 원자량은 수소를 1로 한 정수로 표시하였으나 베르셀리우스(Jöns Berzelius, 1779~1848)는 수소 대신 산소의 원자량 16을 기준으로 원자량표를 만들었다. 그는 2,000종 이상의 화합물을 제조 · 정제 · 분리하여 43종의 원소에 대한 원자량을 측정하였고, 현재 사용하고 있는 것과 같은 원소기호를 고안하였다. 1864년 뉴랜즈(John Newlands, 1837~1898)는 원소를 원자량의 순서대로 배열하면 8번째마다 화학적 성질이 닮은 것이 되풀이되어 나타난다는 사실을 발견하였는데, 이를 옥타브의 법칙(Law of octaves)이라 한다. 5년 후인 1869년에는 마이어(Julius Meyer, 1830~1895)와 멘델레예프(Dmitri Mendeleev, 1834~1907)가 각각 독립적으로 원소의 주기율(periodic rule)을 발견하였다. 멘델레예프는 이 주기율을 토대로 하여 그 당시까지 발견된 50여 종의 원소를 분류한 주기율표(periodic table)를 만들었다. 그의 주기율표에는 빈 칸이 많았으나 이를 통하여 그는 아직 발견되지 않은 새로운 원소들이 어떤 화학적 성질을 가질 것인지를 예언하였다. 실제로 멘델레예프가 예언한 원소들 중 갈륨(Ga), 스칸듐(Sc) 및 게르마늄(Ge)이 그 주기율표 발표 후에 속속 발견되었다.

19세기 화학분야에서 이룩한 또 다른 획기적인 성과는 생명력의 힘을 빌리지 않더라도 유기물을 인공적으로 합성할 수 있다는 사실을 실험적으로 증명한 것이다. 당시까지 화학자들은 무기물은 생명력의 작용이 없어도 생성될 수 있으나, 유기물은 반드시 생명력에 의해서만 생성될 수 있다는 생기론적 견해를 가지고 있었다. 1828년 뵐러(Friedrich Wöhler, 1800~1882)는 시안산암모늄으로부터 생명력의 도움 없이 유기물질인 요소를 플라스크 안에 인공적으로 합성하는 데 성공했다. 이 성공으로 생기론적 개념은 화학계로부터 추방되었고, 그 후 합성화학이 급속하게 발전하게 되었다. 리비히(Justus Liebig, 1803~1873)는 뵐러와 함께 기름을 원료로 하여 여러 가지 화합물을 합성하였다. 그는 1832년 벤조일기(C_6H_5CO-)를 발견하였고, 유기화합물의 분석법을 확립하였다. 19세기 후반의 유기화학은 더욱 진전을 계속하였다. 케쿨레(Friedrich Kekule, 1829~1896)가 1858년 벤젠구조를 규명하였고, 1874년에는 반트호프(Jacobus van't Hoff, 1852~1911)가 유기물의 탄소들이 동일한 평면 위에 있는 것이 아니라 입체적으로 배치되어 있음을 확인하였다. 이들의 연구결과는 극히 복잡하게만 생각되었던 유기화합물의 구조해석에 크게 공헌하였다. 19세기 중엽에는 석탄의 부산물로 얻어지는 많은 콜타르(coltar)의 이용에 관한 관심이 대두되었다. 1843년 호프만(August Hofman, 1818~1892)은 콜타르에 함유되어 있는 여러 가지 유기물을 검출하고 분리하는 데 성공하였다. 이어서 1856년에는 호프만의 제자인 퍼킨(William perkin, 1838~1907)이 아닐린 염료를 합성하는 데 성공하였는데, 이 염료는 최초의 합성염료였다. 바이엘(Johann Baeyer, 1835~1917)은 유기물의 입체구조를 정확히 밝힘으로써 아름다운 홍색 합성염료를 무한히 제조할 수 있게 되었다. 그는 그 후 메틸렌블루(methylene blue) 등 중요한 염료의 합성에 몰두하였고, 1878년에는 다시 인디고(indigo)의 합성에 성공하였다.

19세기 후반의 화학계를 화려하게 장식한 것은 물리화학의 등장이었다. 1887년에 반트호프와 오스트발트(Friedrich Ostwald, 1853~1932)의 공동 편집으로 물리화학 전문잡지인 『물리화학회지』가 창간되었다. 반트호프의 화학동력학의 연구 및 삼투압 법칙의 발견, 아레니우스(Svante Arrhenius, 1859~1927)의 전해질 용액의 이론, 오스트발트의 희석률 연구 등이 물리화학의 출발을 장식하였다. 이 무렵에 깁스(Josiah Gibbs, 1839~1903)는 『상이 다른 계의 평형에 관하여』라는 논문을 써서 화학평형의 문제를 열역학적으로 취급하는 기본적인 방법을 처음으로 제시하였다. 1889년에는 아레니우스가 『활성분자의 가설』을 발표하여 화학반응 속도에 관한 연구가 시작되었다. 화학공업에서 화학반응의 속도를 빠르게 하는 것은 화학제품의 생산 효율을 높일 수 있기 때문에 반응속도를 촉진시키는 촉매에 관한 연구가 오스트발트 등에 의하여 시작된 것도 이 무렵이다. 물리화학의 기초 이론들은 석유의 크랙킹으로 가솔린의 수율을 높일 수 있게 하였으며, 인조견사, 합성 고무 등 화학공업의 발달에 크게 기여하였다.

1.3.8 생물학 혁명

18세기 초까지를 근대 화학이 등장한 시기라고 한다면 19세기는 근대 생물학이 성립된 시기라고 할 수 있다. 19세기 전반 유럽의 분위기는 낭만주의적인 색채가 짙게 배어 있었고 이것은 과학에서도 예외가 아니었다. 흔히 19세기 생물학 혁명의 3대 축이라고 말하는 세포설, 진화론, 유전법칙은 낭만주의 과학의 전형이라고 할 수 있다.

(1) 세포설

1831년 브라운(Robert Brown, 1773~1858)은 식물의 세포에서 핵을 발견하였는데 그 후 동물 세포에서도 핵이 발견되었다. 실라이덴(Matthias J. Schleiden, 1804~1881)은 1838년에 식물의 모든 부분이 세포로 되어 있다는 것을 발표하였고, 이듬해 시반(Theodor Schwann, 1810~1882)은 동물체에 대한 것을 확장하여 모든 생물의 모든 부분은 세포로 구성되어 있다는 세포설을 확립하였다. 그들이 제시한 세포형성이론은 잘못된 점이 있으나 세포설을 확립한 의의는 매우 크다. 즉 물질계로서의 세포를 생명과 직결시켜 생명에 대한 생기론을 타파한 점이다.

1844년 몰(Huge von Mohl, 1806~1872)은 세포 내의 점액유동물질을 원형질이라 명명하였고, 1861년 슐츠(Max Johann Sigismund Schultz, 1825~1874)는 세포가 구획된 원형질의 덩어리라는 세포의 현대적 정의를 성립시켰다. 1852년 비르효우(Rudolf Virchow, 1821~1902)는 실라이덴과 시반의 세포형성이론을 부정하면서, 세포는 세포분열로 증식된다는 의미의 "모든 세포는 세포로부터"라는 주장을 하였다. 1875년에는 슈트라스블그(E. Strasburger, 1844~1912)가 식물에서, 플레밍(Walter Fleming, 1843~1905)이 동물에서 핵 분열을 발견하였다. 1842년 네게리(Karl Wilhelm von Nägeli)는 염색체를 발견하였고, 그 후 베네덴(E. von Beneden, 1846~1910)은 생식세포가 분열할 때 염색체의 행동을 관찰하여 감수 분열을 밝혔다.

(2) 진화론

진화에 대한 연구는 화석을 연구한 고생물학자들에 의해서 시작되었다. 그들은 라마르크(Jean Baptiste Lamarck, 1744~1829)만 빼고는 대부분 꾸비에(Georges Cuvier, 1769~1832)로 대표되는 격변설(激變說, catastrophism)을 지지하는 사람들로서, 생물체가 진화한다는 생각에는 철저하게 반대했다. 19세기 초까지 사람들은 대체로 종은 처음부터 현재 가지고 있는 형태를 갖추고 있었고 변하지 않는다고 하는 종의 안정성, 불변성을 믿었다. 그러나 고생물학에서 화석 연구 분야가 발달하면서 이러한 견해는 서서히 바뀌게 되었다.

라마르크는 무척추동물의 화석들이 서로 다른 지층에서 나왔음에도 불구하고 비슷하다는 사실을 발견하고 생물이 진화했다는 결론을 내리게 되었다. 꾸비에는 비교해부학 연구를 통해서 모든 생물체는 각각 그 자체로서 존재의의가 있고, 내장기관도 매우 정교해서 생물들 사이의 변환은 불가능하다고 생각했다. 격변설(혹은 홍수설)을 통해서 꾸비에는 생물의 멸종은 지구에 여러 차례 대격변이 일어났으며 그때 멸종된 생물들이 화석으로 출토된다고 설명했다.

생물 분포의 연속성을 강조하면서 다분히 진화론적 분류체계를 주장한 뷔퐁(Georges Louis Leclere Buffon, 1707~1788)의 분류학에 반대하여 스웨덴의 린네(Carl von Linné, 1707~1778)는 꾸비에와 같이 종의 불변성을 믿으면서 생물의 종 사이에는 명백히 메워질 수 없는 간격이 있음을 지적하였다. 그러나 1742년 어떤 식물에서 변이를 관찰하게 되자 부득이 그의 초기 사상을 수정하고 불변론 대신에 일종의 제한된 가변론으로 대체하였다.

진화론의 완성자는 다윈(Charles Darwin, 1809~1882)이었다. 다윈은 22세의 젊은 나이에 헨슬로우 교수의 추천을 받아 박물학자의 자격으로 비글호(Beagle)에 승선하게 되었다. 항해 중에 갈라파고스 군도의 동물을 관찰한 결과 종의 다양성을 보고 연구하게 되었다. 다윈은 육지의 동물과 섬의 동물들은 조상이 같지만 시간이 지남에 따라 변화해서 현재는 완전히 다른 종이 되어 버렸다고 결론지었다. 귀국 후 그는 하나의 종으로부터 새로운 종들이 변이과정을 거쳐 생겨난다고 하는 생각을 발전시키는 데 몰두했다. 다윈은 농부들이 식물과 동물들을 인위적으로 번식시켜 우수한 형질을 얻는 것에서 어떤 실마리를 찾을 수 있지 않을까 하는 생각을 하게 되었고, 생물을 인위적으로 선택해서 번식시키면 많은 변이를 일으킬 수 있다는 사실을 확인했다.

자연 속에서 작용하는 변이 메커니즘을 찾던 중에 다윈은 1838년 가을에 우연히 맬서스(Thomas Robert Malthus, 1769~1834)의 『인구론(An Essay on the Principles of Population)』에서, 식량은 부족 현상이 있을 수밖에 없고 생존을 위한 싸움이 존재할 수밖에 없다는 주장을 접하게 되었는데, 그는 이 생존경쟁의 개념을 생물의 진화에 적용했다. 자연에서 태어나는 개체의 수가 살아남아서 번식하는 개체의 수보다 항상 많고, 이 개체들 속에서 변이가 일어나고 그 변이가 유전된다면, 끝까지 살아남는 데 도움이 되는 변이가 일어난 개체가 자손을 번식시키게 될 것이라는 결론을 내렸다. 이렇게 해서 태어난 것이 『종의 기원(On the Origin of Species, 1859)』이다.

다윈 진화론의 영향을 받아 나온 사상은 개인과 개인 또는 국가와 국가 사이의 생존을 위한 경쟁이 인류역사의 발전에 기여한다고 하는 사회다윈주의(social Darwinism)로서 스펜서(Herbert Spencer)가 그 대표인물이다. 그는 적자생존(survival of the fittest)이라는 말을 만들어 냈고, 거의 모든 사회현상에 이 진화관념을 적용했다. 다윈의 이론에서 가장 큰 문제점은 변이가 어떤 방식으로 유전되는가 하는 것이었다. 이 문제를 해결하기 위해 다윈은 많은 노력을 기울였지만 끝내 문제를 해결하지 못했다.

(3) 멘델의 유전법칙

다윈의 『종의 기원』이 발표된 지 6년이 지난 1865년, 멘델(Gregor Mendel, 1822~1884)은 「식물 잡종에 관한 연구」라는 제목의 논문에서 유전법칙(세 개의 법칙)을 발표했는데, 이 법칙은 오늘날 유전학의 기초가 되었다. 그러나 당시에는 주목을 받지 못했는데 그 이유는 우선 진화론의 기본개념이 유전법칙의 개념과 상충된다는 점 때문이었다. 유전법칙의 결론은 부모에게 있는 형질만 자손에게 발현된다는 것인 데 반해, 진화론의 결론은 부모에게 없던 형질도 자연환경의 변화에 따라 자손에게 나타날 수 있다고 가정하기 때문이었다. 멘델의 유전법칙은 1900년에 가서야 드브리스(Hugo de Vries, 1848~1935), 코렌스, 체르막(Erich von Seysenegg Tzchermak) 등에 의해 인정받게 되었고, 그 후에 생물학자들은 다윈의 진화론과 유전법칙을 종합하려고 노력하였다.

1.3.9 근대적인 과학 단체들

(1) 프랑스 왕립 과학아카데미

프랑스 왕립 과학아카데미의 회원은 16명으로 제한되었고, 정부의 임명을 받았으며 정부로부터 봉급도 받았다. 그리고 정부의 지원을 받아 재정이 풍부했기 때문에 지구의 크기를 측정하는 연구와 같이 개인으로서는 할 수 없는, 대규모 관측이 수반되어야만 가능한 연구도 수행할 수 있었다. 그렇지만 그들은 정부를 위한 특허국 역할도 했고, 따라서 순수한 과학연구에 제한을 받기도 했다. 17세기 초반 프랑스에서는 데카르트의 친구이자 신부였던 메르센(Marin Mersenne, 1588~1648)을 중심으로 사교적인 모임과 비슷한 비공식 모임이 형성되었다. 메르센은 유럽 각지의 과학자들과 서신을 교환하면서 과학적 발견이나 의견을 전달해 주는 역할도 했다. 1657년에 프랑스 최초의 본격적인 과학단체라고 할 수 있는 것이 생겼는데, 이것은 프랑스 아카데미(Academie francaise)의 활동에 자극을 받아서 나타난 몽모르 아카데미였다. 과학아카데미는 그 전의 민간단체와 달리 국가의 후원을 받는 동시에 국가의 통제를 받는 기관이었다.

(2) 영국 왕립학회

영국에는 1640년경부터 런던에 과학자들이 모여서 토론을 벌이곤 하는 작은 집단들이 있었는데, 여기에 참여했던 과학자들이 1660년에 왕립학회라는 공식적인 과학 기구를 결성했다. 왕립학회의 운영은 거의 전적으로 회원들의 회비에 의존했고, 이 점에서 왕립학회는 프랑스의 과학아카데미와 근본적으로 달랐다. 프랑스에서는 정부 주도로 엘리트 과학자를 회원으로 모으려 했고 그 숫자도 제한했지만, 영국의 왕립학회는 과학에 관심 있는 사람이면 누구나 가입할 수 있었다. 왕립학회는 아주 빠른 속도로 아마추어 과학자들로 채워졌는데, 회원들은 하나의 방향이나 목적을 가지고 모인 것은 아니었다. 학회가 주로 하는 일은 베이컨식으로 과학지식과 정보를 수집하는 것이었다. 그런 일 중에서 가장 성공적인 것은 『철학회보(Philosophical Transaction)』라는 학술지의 발간이었다. 왕립학회는 과학아카데미보다 재정이나 조직 면에서 빈약하기는 했지만, 17세기 말에 들어서면서 경직된 과학아카데미가 쇠퇴하고 영국의 왕립학회가 유럽과학의 주도권을 잡게 되었다.

1.4 과학혁명 이후

1.4.1 18세기의 물리학

18세기 물리학은 열과 전기의 연구로 대표된다. 열에 대한 양적 연구가 진행됨에 따라 와트의 증기기관이 발명되고 산업혁명이 가능하게 되었다.

18세기 물리학의 또 하나는 전기의 연구이다. 처음에는 전기의 저장과 전지의 발명에 머물다가 쿨롱(Charles Coulomb, 1736~1806)에 의해서 정전기력이 역자승력임이 확인되면서 수리과학으로서의 전기학이 자리 잡게 되었다.

1.4.2. 19세기의 물리학

(1) 열역학

카르노(Sadi Carnot, 1796~1832)는 열기관의 효율에 대한 카르노의 정리를 발표하였으나 열의 칼로릭 개념에서 탈피하지 못했다. 열은 칼로릭이 아니라 에너지라는 생각은 톰프슨(Benjamin Thompson, 후에 럼퍼드 백작(Count Rumford)으로 개명, 1753~1814) 이후에 이루어졌다. 마이어(Julius Robert von Meyer, 1814~1878), 줄(James prescott Joule, 1818~1889), 헬름홀츠(Herrman Ludwig Ferdinand von Helmholtz, 1821~1894) 등에 의해서 열의 에너지 개념이 확실해지고 고립계에서 열을 포함하는 에너지의 합은 일정하다는 열역학 제1법칙이 발견되었다. 또 열은 저절로 저온부에서 고온부로 흐를 수 없다는 클라우지우스(Rudolf Clausius, 1822~1888)의 생각과, 열효율이 100%인 단일기관은 존재할 수 없다는 톰슨(William Thomson : 후에 Lord Kelvin이 됨, 1824~1907)의 생각은 후에 열역학 제2법칙으로 승격되었다. 한편 클라우지우스는 엔트로피(entropy)라는 양을 정의하여 열역학 제2법칙을 수식으로 표현하였다.

(2) 전자기학의 성립

19세기의 업적 중 하나는 전기학과 자기학의 통합이다. 외르스테드(Hans Christian Örsted, 1777~1851)는 전류의 자기작용을 발견하였고, 암페어(Andrée Marie Ampére, 1775~1836)는 이것을 수식으로 표현(암페어 법칙)하였다. 또 패러데이(Michael Faraday, 1791~1867)는 코일을 관통하는 자기장의 변화가 전류를 만든다는 전자유도 현상을 발견하고 수식화(패러데이 법칙)하였다. 맥스웰(James Maxwell, 1831~1879)은 전자기학의 여러 법칙을 아름다운 수학적 표현으로 바꾸어 전자기장의 기초방정식을 만들고 이것을 써서 전자기파의 존재를 지적하였다. 맥스웰의 전자기파 이론은 후(1888)에 헤르츠(Heinrich Rudolph Hertz, 1857~1894)에 의해서 실험으로 입증되었다.

빛의 본성에 대한 연구는 호이겐스의 파동설(1678)과 뉴턴의 입자설(1704)의 대립으로 시작되었다. 초기에는 뉴턴의 권위 때문에 입자설이 우세하다가 영(Thomas Young, 1773~1829), 프레넬(Augustin Fresnel, 1788~1827) 등에 의해서 파동성(간섭, 회절, 편광성)이 확인되면서 파동설이 우위를 점하게 되었다. 드디어 맥스웰에 의하여 빛이 전자기파임이 확인되면서

19세기에는 빛의 파동성이 받아들여지게 되었다(그러나 20세기에 와서는 빛이 이중성을 갖고 있다고 인정된다).

1.4.3 현대 물리학

(1) 상대성이론

현대물리학은 상대성이론과 양자론이라는 두 학문과 그로부터 파생된 학문들을 말한다. 물리학에서 법칙(law)은 규정된 좌표변환에 대해서 불변(같은 형식을 취함)해야 함을 요구한다. 고전물리학에서 요구하는 규정된 좌표변환은 갈릴레이 변환이다(상대론편 참고). 그런데 갈릴레이 변환에 대해서 고전역학(뉴턴역학)의 법칙(뉴턴의 운동방정식)은 불변이지만 전자기학의 법칙(맥스웰 방정식)은 불변이 아니다. 이 고전물리학의 결점을 보완하기 위해서 태어난 것이 특수상대성이론이다. 특수상대성이론은 관성좌표계들(서로 등속도 운동을 하는 좌표계들)에서는 모든 물리법칙이 불변이라야 한다는 것과, 이들 좌표계에서 광속(빛의 속력)이 같다는 것을 가설로 설정한다. 이 두 가설을 이용하여 만든 좌표 변환(로렌츠 변환)은 고전물리학에서 채용하던 변환(갈릴레이 변환)과 다르다. 이 변환에 대해서 전자기학법칙은 불변이지만 고전 역학법칙은 불변이 아니다. 이것을 수정하여 정립한 것이 상대론적 역학이다.

(2) 양자론

고전물리학은 뉴턴의 결정론적 입장(역학계의 초기 조건만 주면 임의의 시간에서의 상태가 정확히 결정된다는 것)과 관련하여 모든 물리량이 연속적이라는 입장을 취하고 있다. 그러나 흑체복사와 같이 설명할 수 없는 현상이 발견되었다. 1900년 플랑크(Max Planck, 1858~1947)는 물질을 구성하는 입자(분자)의 진동에너지가 불연속임을 가정하고 흑체복사를 해석하여 새로운 물리학인 양자론을 내놓았다. 이것은 불연속적인 에너지 단위를 양자라고 하여 붙인 이름이다. 이후 양자론은 아인슈타인(Albert Einstein, 1789~1955)의 광자설, 보어(Niels Bohr, 1885~1962)의 수소 모형이론 등에 의해서 발전되어 왔으나 고전물리의 결정론적 입장에서 벗어나지 못했다. 이를 수정한 것이 양자역학이다. 양자역학은 질량입자의 파동성을 가정한 드브로이(Louis de Broglie, 1875~1960) 이론을 근거로 하여 슈뢰딩거(Erwin Schrödinger, 1887~1961)가 이 입자의 파동방정식을 도출하고 보른(Max Born, 1882~1970)이 확률개념을 도입하여 이를 해석하면서 틀이 잡히게 되었다.

1.4.4 현대 화학

뵐러가 실험실에서 요소를 생명력의 도움 없이 합성한 후, 리비히의 유기작용기의 분석법 개발, 케쿨레의 벤젠구조 규명 및 반트호프의 유기화합물들의 삼차원 입체 구조의 확인 등 유기화학 발전의 기반은 이미 19세기 말에 확립되어 있었다. 연이어 퍼킨에 의한 염료 합성의 성공은 화학 공업 발전의 초석이 되었다. 석유화학공업의 발전으로 값싼 유기원료 생산 및 공급이 가능해지면서 많은 유기화합물을 합성할 수 있게 되고, 따라서 유기화학의 발전이 급속도로 이루어졌다. 동시에 초기 유기화학자들이 참여하여 발전시킨 고분자화학은 천연 섬유보다 값싸고 질 좋은 인조섬유인 폴리에스테르, 나일론 등의 합성, 천연고무보다 값싸고 그 기능이 다양한 인조 고무의 합성, 다양한 기능의 플라스틱 및 수지의 합성 및 공급을 가능하게 하였다. 오늘날에도 새로운 의약품, 농약 등이 꾸준히 개발되면서 인류의 생활을 풍요롭고 즐겁게 해 주고 있다.

이러한 발전을 가능하게 한 것은 물질의 구조를 규명할 수 있게 한 분광학의 발전이다. 적외선, 자외선 및 가시광선 분광학뿐만 아니라, NMR, ESR, 질량분석법 및 X선 결정 구조학의 발전으로 과거 몇 달씩 소요되던 유기화합물 구조 결정이 하루 이틀에 끝날 수 있게 되었다. 또한 GC, LC크로마토그래피 등의 발전으로 미량으로 들어 있는 천연물 분리가 가능해짐으로써 발전의 속도는 더욱 빨라지게 되었다.

컴퓨터의 발전은 화학 전 분야에 그 영향을 미치고 있다. 예를 들면, X선 결정 구조학은 컴퓨터의 도움 없이는 불가능하였으며, 과거의 시행착오적인 의약품 개발 방식이 컴퓨터의 도움으로 정확한 약효의 반응기구를 이해함으로써 활성 화합물을 예측할 수 있게 되어 효율적인 합성 개발에 임할 수 있게 되었다.

그러나 무엇보다도 중요한 것은 양자화학의 발전이다. 돌턴의 원자설과, 아보가드로의 분자설에 의해 원자와 분자의 개념이 확립된 이후, 러더퍼드(Ernest Rutherford, 1871~1937)의 원자 구조, 보어의 수소 원자 모형이 제안되면서 원자 내의 전자 배열에 대한 개념이 확립되었다. 슈뢰딩거, 하이젠베르그 및 디락에 의해 탄생된 양자역학을 화학에 응용하면서 대두된 양자화학은 모든 원자 내의 전자 구조를 규명하였으며, 이로써 화합물의 구조와 화학변화를 이들 전자의 흐름으로 설명할 수 있게 되었다. 원자 내의 모든 전자는 4가지 양자수를 가지며 원자핵 주위의 특정한 궤도 내에서 특정한 에너지를 갖고 회전하고 있다. 4가지 양자수는 주양자수(n), 방위양자수(l), 자기 양자수(m_l) 및 스핀양자수(s)로서 어느 전자도 4가지 양자수가 모두 같을 수는 없다. 원자궤도는 핵에서 멀어질수록 에너지가 더 크며, 이 궤도들은 연속으로 이어진 것이 아니라 양자화되어 있어서 흔히들 계단에 비유하여 설명하기도 한다. 원자 내의 전자배치가 결정되면서 주기율표 역시 이들 전자배치로 설명할 수 있게 되었다. 또한 원자들이 모여 분자를 형성하는 화학결합에 대한 이해가 쉬워졌다. 화학결합은 이온결합, 공유결합 및 배위공유결합으로 대별되며, 이들이 어떻게 형성되는가를 잘 설명해 준다. 이온결합은 양이온과 음이온 사이의 정전기적인 힘에 의해 이루어진 결합으로서, NaCl과 같은 화합물이 그 예이다. 공유결합은 두 원자가 서로 결합전자를 공유하면서 튼튼한 결합을 형성하는 것인데, 주로 비금속원자가 분자를 형성할 때의 결합이다. CH_4, CO_2, H_2O 등이 그 예이다. 배위공유결합은 한 원자가 한 쌍의 결합 전자를 일방적으로 제공하여 서로 공유하는 결합으로서, 주로 전이 금속을 포함한 착화합물이 여기에 속한다. 이들 이외에 많은 고분자물질도 공유결합에 의해 이루어져 있다. 또한 많은 고분자물질들이 3차원 구조를 형성하는 데 필요한 수소결합도 화학결합의 한 형태이며 DNA의 이중나선 형성이 그 한 예이다.

이제 화학은 물질의 구조와 변화를 원자 및 분자 수준에서 관찰하고 예측하여 실험을 행함으로써 그 발전속도가 더욱 빨라질 것으로 기대된다.

1.4.5 현대 생물학

19세기 세포설의 확립, 다윈의 『종의 기원』, 그리고 멘델의 유전법칙 발견으로 성립된 생물학혁명을 뒤이은 20세기 90년간의 생물학 발달의 주요내용 9가지를 들면 다음과 같다.

① 생화학 - 효소, 미량원소, 비타민, 호르몬, 물질대사, 단백질 연구

② 미생물학 - 바이러스, 생명의 기원 연구

③ 의학에 있어서의 생화학 - 항생물질, 결핍증, 만성병 연구

④ 세포학의 발생학 - 세포기관, 전자현미경, 형성체 연구

⑤ 전일체로서의 생물학 - 내분비, 항상성, 신경연락, 행동의 연구

⑥ 유전학과 진화 - 유전학, 돌연변이, 방사선 생물학 연구

⑦ 생태학 - 생물과 환경, 공해, 바이오매스, 우주생물학 연구

⑧ 분자 생물학 - 핵산의 구조, 단백질 합성, 유전자의 조절기능 연구

⑨ 생명공학 - 유전자의 전환, 세포융합, 바이오일렉트로닉스

최근 20년간 생물학은 물질적인 기초인 효소, 단백질, 핵산, 유전자 등의 구조가 분자수준에서 규명됨에 따라 분자생물학이 눈부신 발전을 이루었다. 더 나아가서 최근에는 생명의 인조와 유전자를 인공적으로 조작하는 유전공학 등으로 성립되는 새로운 생물학의 영역으로 생명공학이 등장하였다. 한편 종래의 생태학은 근대생물학의 분석적인 물리화학주의에 도전하면서 새로운 방법론에 의한 생물사회학 영역을 개척하였고, 또한 우주개발에 수반한 우주생물학이 새로운 과제로 등장하였다.

1.4.6 현대의 우주관과 지구관

천문학 혁명과 역학혁명을 거치면서 행성들의 운행을 완전하게 이해한 천문학자들은 19세기에서 20세기 초반에 걸쳐 별의 내부와 일생을 이해하고자 하였다. 우주를 연구하는데 처음 도입된 분광학과 거대한 망원경을 바탕으로 여러 종류의 별들이 분류되었고 이들이 각각 어떤 연관성을 가지고 있는지를 연구한 결과, 마침내 별의 탄생에서 최후 순간까지의 진화단계를 이해하게 되었다. 특히 양자역학과 핵물리학의 발전에 힘입어 별이 중심부에서 수소를 헬륨으로 핵융합함으로써 빛을 내고 있다는 사실이 베테(Hans A. Bethe, 1906~)에 의해 밝혀졌다.

1920~30년대 허블(Edwin Hubble, 1889~1953)을 위시한 여러 학자들의 관측에 의해 안드로메다 대성운을 비롯한 여러 성운들이 우리 은하와 같이 많은 별과 기체들로 이루어진 독립적인

은하임이 밝혀지고, 1929년 허블은 이들 은하들이 우리에게서 멀리 떨어져 있을수록 더 빨리 멀어짐을 발견하여 우주가 팽창하고 있음을 입증하였다. 그 후 1956년 펜지아스(Arno A. Penzias, 1926~)와 윌슨(Robert W. Wilson, 1936~)은 우주의 모든 곳을 채우고 있는 미약한 전파를 검출하여 과거 우주가 더 작고 뜨거웠음을 증명하여 우주 대폭발설(Big Bang Theory)을 뒷받침하였다.

한편 방사성 동위원소를 이용하여 지구의 암석과 운석의 나이를 측정해 지구의 나이가 대략 45억 년임이 밝혀졌고, 지구는 50억 년 전 태양이 만들어질 때 다른 행성들과 같이 태양을 둘러싼 기체와 먼지로 된 원반에서 만들어졌다는 태양 성운설(Solar Nebula Theory)이 완성되었다. 달을 위시한 태양계 내의 다른 행성들에 대해서도 1960년대 이후 소련과 미국의 우주 탐사를 통해 정확한 모습을 알게 되었다.

지구에 대해서도 20세기 초 베게너(Alfred Wegener, 1880~1930)는 지질학 및 생물학적 증거들로 중생대 이전에는 한 개로 되어 있던 대륙이 나누어져 현재의 대륙분포가 되었다고 주장했고, 홈즈(Arthur Holmes, 1890~1965)는 지각 아래 맨틀에 대류가 있어서 이에 의해 대륙이 이동한다고 하여 판구조론(Plate Tectonics)의 기본 틀을 세웠으나 입증되지 않았다. 그 뒤 1960년대부터 레이저와 인공위성 등을 이용하여 정밀하게 관측한 결과, 대륙들이 실제로 1년에 수 cm씩 이동한다는 사실이 밝혀져 판구조론이 정착하게 되었다.

제2장

자연과학의 연구방법

2.1 17세기 이전의 연구방법

2.1.1 고대

과학은 관찰에서부터 시작한다. 기록되어 있는 바에 의하면 고대 바빌로니아인들은 사물을 관찰하고 지식을 기록한 후 그 기록을 축적해 왔다고 한다. 또 과학의 연구에 수학이 방법으로 등장하여 천문연구, 점성술, 건축학에도 응용되었다. 그러나 오늘날 과학적 방법이라고 일컬어지는 방법은 그리스 자연철학시대의 탈레스(Thales, 기원전 624~546)가 이끄는 밀레토스학파에서 비롯된다고 알려지고 있다. 이 시대의 사람들은 주제를 정하고 토론하며 이론과 학설을 만들고 그것을 비판하는 방법을 택했다. 또 탐구방법에는 추론도 쓰였다. 그 후 소위 일부의 소크라테스(Sokrates, 기원전 469~399) 이전 사람들(Vorsokratiker)에 의해서 행해지던 궤변이 하나의 논리방법으로 등장하게 되었다. 궤변술은 그리스 민주주의의 발전으로 사람들이 익혀야 할 변론술에 편승한 것이다. 대표학자 프로타고라스는 진리는 상대적이고 사물은 내가 본 대로 존재한다고 주장하여 객관적 진리를 부정하고 관념론적인 입장을 취했다. 후에 소크라테스는 이들로부터 진리를 바르게 지키려고 노력했지만, 그도 역시 유물론을 반대하고 관념론적이고 목적론적인 입장을 고수했다. 그러나 소크라테스는 대립되는 의견을 반복해서 질문하는 소위 산파술을 고안하여 진리를 찾아내는 데 공헌하여

서양 변증법의 시조가 되었다. 그의 제자 플라톤(Platon, 기원전 427~347)은 선험론자이고 서양 최초의 체계적인 관념론자였다. 그는 불변의 존재인 이데아(idea)가 현실세계의 배후에 존재한다고 하였고 이성(logos)을 감각에 우선하였다.

플라톤의 제자 아리스토텔레스는 관념론과 유물론의 중도적 입장을 취했고, 플라톤과는 다르게 인식은 감각에 기인하고, 대상이 감각기관에 작용함으로써 감각된다고 했다. 다시 말하면 감각적 경험을 중시한 실증주의자였다. 그는 또 형식논리학의 창시자였고, 두 종류의 추론방법, 즉 귀납법(induction)과 연역법(deduction)을 제시했다. 귀납법은 여러 가지 개별적 사례로부터 보편적 원리를 추론하는 것이며, 연역법은 보편적 원리에서 개별적인 것을 추론하는 것이다. 가장 단순한 연역추리 방법인 삼단논법은 대전제와 소전제에서 결론을 추론하는 방법이다. 아리스토텔레스에 의하면 물리학과 천문학에는 연역법과 사변적인 방법이 알맞고, 생물학에는 관찰과 귀납법이 알맞다고 하여 생물학에서만 실증주의 입장을 지지했다.

이와 같이 아리스토텔레스는 실증주의의 입장을 취했지만, 한편으로는 신의 합목적성을 강조한 목적론을 견지했고 자연의 사다리 사상을 바탕으로 둔 위계론적 입장을 취했으며 이데아(idea)에 대한 학문인 형이상학(metaphysics)이 그의 주된 업적이었다. 따라서 그의 업적은 후에 그를 맹목적으로 신봉하게 된 중세 기독교 사회의 스콜라철학(기독교적 관념론)이 지배하던 중세의 신학자들에 의해서 오용되어 과학발전에 장해를 주기도 했다.

헬레니즘 시대에 와서 자연과학은 큰 발전을 이루게 되었다. 유클리드 기하학이 출현하고부터 과학에서 수학의 사용도 고급화되었다. 또 실험도 물리학(특히, 역학)의 보편적인 방법이 되었는데, 아르키메데스의 지렛대 원리와 부력에 관한 원리가 그 산물이다. 이 시기의 인식론에서는 아직까지 두 개의 갈래가 대립하고 있었으나, 원자론자인 에피쿠로스는 감각이 인식의 근원이라고 주장하여 그리스 시대의 데모크리토스가 감성적 인식을 배격하고 이성적 인식을 중요시한 것에 반대했다. 이상을 종합해 보면 고대의 과학에서는 철학과 과학이 분화되지 않았고 관념론과 반관념론이 대립하면서 학자들의 개성에 따라 과학의 방향이 변하고 있었다.

2.1.2 중세

중세 초기의 교부철학과 중기의 스콜라철학 시대는 반과학의 시대라고 알려져 있다. 교부철학 시대에는 관념론에 입각하여 기독교 교리를 논증하는 일을 주로 했다. 8세기경에 시작된 스콜라철학은 플라톤(Platon, 기원전 429~347)과 아리스토텔레스(Aristoteles, 기원전 384~322)의 철학으로 신학을 논증했는데 특히 아리스토텔레스의 목적론, 위계론적 입장의 중시, 지구중심 사상 등을 신학논증에 채택하였다. 여기에는 삼단논법도 사용되고 객관을 배제했다. 또 보편(예를 들면, 인류 전체의 원죄)은 개별의 사실(예를 들면, 개인의 선악)에 선행하여 실제로 존재하는 것이라는 토마스 아퀴나스의 실념론(realism)이 모든 학문과 생활을 지배했다. 실념론에 대항하는 이론인 유명론(nominalism)에서는 보편은 존재하지 않고 객관적으로 존재하는 것은 개별적인 것뿐이며 우리가 감각하는 것만이 진실이라고 주장했다.

반관념론과 경험론 및 유명론은 억압되어 오다가 13세기 이후 유럽의 상공업시대를 맞이했다. 이것은 과학의 부활을 필요로 하는 시대이고 따라서 이들 사상들이 고개를 들기 시작했다. 로저 베이컨(R. Bacon)은 인식은 반드시 경험에 의해서만 가능하다는 경험주의(empiricism)를 주장하여 스콜라철학에 맞섰다. 유명론을 대성시킨 오캄(William Occam, 1285~1349)은 인식이 경험으로부터 시작한다고 주장했다. 유명론자들은 신학과 다른 학문(철학 따위)을 구별하였고 또 그렇게 요구했다. 그래서 이들 반(反)스콜라 학자들의 대부분이 박해를 받게 되었다. 그 후 십자군의 실패에 의한 교권의 쇠약과 궁핍에 의한 봉건제도의 몰락으로 스콜라 철학적 세계관이 붕괴되고 자연스럽게 중세 후기인 르네상스 시대를 맞이하게 되었다. 다빈치는 우리의 인식은 감각으로부터 시작되기 때문에 경험을 통해서 사물의 인과관계를 인식하고 탐구할 수 있다고 하였다. 태양중심사상을 발표한 코페르니쿠스는 단순한 감각적 경험은 잘못된 인식을 줄 수 있으므로 분석과 비교방법이 병행되어야 비로소 객관적 사물의 법칙을 인식할 수 있다고 주장했다. 코페르니쿠스의 사상을 계승·발전시킨 브루노(Girdano Bruno, 1548~1600)도 경험적 지식과 실험을 중요시했다. 이와 같이 중세 전기의 교부철학 시기와 중기의 스콜라철학 시기가 반과학의 시기라면, 후기인 르네상스 시기는 스콜라 세계관의 저항 속에서 경험주의를 바탕으로 한 과학의 회복이 시작되던 시기였다.

2.2 17세기의 연구방법

2.2.1 베이컨의 귀납적 방법

17세기에 와서 봉건주의가 퇴조하고 자본주의가 영국의 시민 계급 사이에 싹트기 시작했다. 과학의 부활과 함께 과학을 하는 방법의 연구도 관심의 대상이 되었다. 프란시스 베이컨(Francis Bacon, 1561~1626)은 스콜라철학의 관념론적 선험론을 배격하고, 자연계가 인간의 의지에 관계없이 존재하는 물질적인 것이며 자연을 지배하는 법칙은 객관적이라고 주장했다. 그는 또 1620년에 발표한 『신기관(Novum Organum Scientiarum : 과학의 신기관)』에서 올바른 과학지식을 얻기 위해서는 오류를 일으키는 잘못된 편견, 즉 우상(idola)을 제거해야 한다고 했다. 배격해야 할 네 가지의 우상은 다음과 같다.

(i) 종족의 우상(idola tribus) : 인류라는 종족은 선천적으로 갖고 있는 본성을 객관적인 실체인 사물 속에 혼입하여 사물을 그릇되게 반영하여 오류를 일으키기 쉽다.

(ii) 동굴의 우상(idola specus) : 개인은 빛이 들어오지 않는 동굴에 갇힌 상태와 같아서 개인적인 교육, 기호, 습관, 환경 등에 의해서 갖게 되는 잘못된 편견이 오류를 일으킨다.

(iii) 시장의 우상(idola fori) : 시장에서 사람들은 언어를 통해서 접촉하는데, 이 언어의 부적절한 사용은 오류를 가져온다.

(iv) 극장의 우상(idola theatri) : 사람들(특히 학자들)은 무대 위에 서 있을 때처럼 착각하여, 권위와 독단 및 전통적인 학문에 대한 맹신을 가지고 진리를 오도하기 쉽다.

종족의 우상은 인간의 본성에 내재해 있어서 인식에 대한 지속적인 장애물인 데 반하여, 동굴의 우상, 시장의 우상, 극장의 우상은 후천적인 것으로서 비판적 인식을 통하여 극복될 수 있다.

베이컨의 철학은 경험주의이고 연구방법은 귀납법이었다. 그는 또 수학의 중요성도 강조하여 수학을 통해서만 완전한 진리에 도달할 수 있다고 했다. 그는 스콜라철학에

논증을 제공한 아리스토텔레스철학을 배격했다. 그는 실용성을 중시하고 과학이 인간의 복리에 공헌해야 한다고 했다. 따라서 과학은 공적인 것이라야 하며 공중의 관심에 의하여 발전되어야 한다는 새로운 과학관을 확립했다. 그는 근원을 달리하는 두 종류의 진리가 존재할 수 있다고 믿어서, 감각과 경험으로부터 얻는 진리는 과학의 영역에 속하고, 신의 계시와 신앙으로부터 얻는 진리는 신학의 영역에 속한다고 주장했다. 이 두 진리는 양립하고 서로 간섭하지 않는다고 했다. 그래서 그의 철학은 다양성과 연관성을 인정하고 이성의 역할을 무시하지 않았다. 그러나 오늘날 우리는 그를 과학적인 면에서는 실험을 중시한 경험주의자이고, 체계적이며 귀납법적인 인식 방법을 최초로 확립한 학자로 이해한다. 연구 대상을 감각의 구성요소로 분해하여 분석한 후 개별적 사상에서 일반적 원리를 이끌어 내는 것이 진리의 올바른 발견방법이라고 했다. 다시 말하면 이것은 감각적인 데이터와 구체적인 사실들로부터 공리들을 유도하는 추론의 방법을 써서 단계적으로 일반적인 공리에 도달하는 방법이다.

그는 과학의 진보가 자연의 바탕 위에 세워져야 하며 그 진보가 누적되어야 한다고 주장했다. 그의 경험론의 특징은 과학에 의도적인 실험을 요구한 점이다. 실험을 동반하지 않는 과학행위는 형이상학을 벗어나지 못한다고 했다. 실험의 행위에는 조직이 필요하다. 그래서 조직에는 사물을 사고하고 실험을 계획하며 결과를 분석하여 결론을 도출하는 고급 두뇌층과, 그들의 지시에 따라 사실을 발견하고 실험을 수행하는 저급 두뇌층 모두 필요하다고 했다.

베이컨의 방법론을 계승하여 역학을 발전시킨 대표적인 사람은 호이겐스(Christian Huygens, 1629~1695)이다. 그래서 이 방법을 지지하는 학파를 베이컨-호이겐스의 실험파라고 부른다. 이 방법은 합리성을 중요시하지 않았기 때문에 착오의 우려가 있는 것이 결점이다.

2.2.2 데카르트의 연역적 방법

데카르트는 베이컨과 다르게 실험을 연역적 사고의 보조수단으로 격하시켰다. 그는 명석한 사고하에서 합리적 지식을 얻는 연역법을 중시하여 합리주의를 채택했다. 그는 1637년에 발표한 『방법서설(Discours de la methode Pour bien conduire sa raison et chercher la vérité dans les sciences : 이성을 올바르게 인도하고 과학에서 진리를 탐구하는 방법에 대한 서설)』에서 올바른 방법을 다음과 같이 제시했다.

(i) 명백한 것만 참(眞)으로 받아들이고 억척이나 선입견을 피한다.

(ii) 어려운 문제는 여러 개의 작은 부분으로 나누어 접근과 설명이 용이하도록 한다.

(iii) 단순한 것에서부터 시작하여 점점 복잡한 쪽으로 사고의 방향을 단계적으로 유도한다.

(iv) 전반적으로 재검토하여 오류를 조사하고 빠진 것을 보완한다.

데카르트의 철학은 합리주의적이고 연구방법은 이성적 연역법이다. 구체적 사실에 선행하여 일반적인 원리를 출발점으로 정했다. 다시 말하면 증명을 요하지 않는 공리로부터 출발하여 차츰 많은 명제를 추론하여 지식체계를 구성한다. 감각은 속일 수 있지만 이성적 지식은 신뢰할 수 있다고 했다. 따라서 일부분의 관념만을 감각에서 얻을 수 있고, 나머지는 선천적으로 얻는다고 하여 생득관념을 인정했다. 가장 명확한 관념을 찾아서 그것으로부터 출발하여 전체의 철학체계를 추론하는 학문이 바로 관념론적 선험론이다. 전통적 교육에서 얻어진 일체의 편견을 배격해야만 명확한 사상의 획득이 가능하고 편견을 제거하는 방법은 "회의"라고 했다. 철저한 회의를 통하여 의심할 수 없는 진리에 도달할 수 있는 가장 완벽한 존재는 신이고, 신은 존재의 속성도 포함하는 모든 속성을 포함한다 하여 스콜라철학의 본체론적 증명을 답습했다. 또 신은 완전하여 객관적 세계의 존재를 보장하고 연장적 실체인 물질과 사유적 실체인 정신을 함께 존재하게 했다고 말했다. 따라서 이 이원론적 세계관은 관념론적으로는 일원론이다. 그래서 과학 특히 물리학을 형이상학으로부터 분리한 업적을 평가할 수 있다. 데카르트는 갈릴레이 역학을 답습했기 때문에 그의 방법론을 따르는 학파를 갈릴레이-데카르트의 사고파라고 부른다. 과학에서 이 방법을 사용하는데 흔히 가설을 설정하고 이것으로부터 연역적 추리를 만들어 이론 체계를 수립한다. 그러나 이 방법에서는 실험을 보조수단으로 전락시키기 때문에 독단에 빠지기 쉬운 것이 결점이다.

2.2.3 뉴턴의 총합적 방법

미리 가설을 설정하고 나서 연역적 추리를 통하여 사실을 설명하려는 갈릴레이-데카르트의 사고파와, 경험적 사실에서 출발하여 사실을 규명하려는 베이컨-호이겐스의 실험은 모두 장점과 단점을 갖고 있다. 주로 메르센(Marin Mersenne, 1588~1647)과 같은 수학자들은 전자를 편들고, 보일(Robert Boyle, 1627~1691), 상동염색체(Robert Hooke, 1635~1703) 등의 물리학자들은 후자를 편들었다. 17세기 전반은 이 두 방법으로 대립되어 있던 시기였으나 그 후 영국이 과학의 중심이 되어 수학적 방법과 경험적 방법이 결합되면서 베이컨학파의 우위를 가져왔고 그 대신에 데카르트의 학문은 근대 철학의 주류가 되었다. 그러나 두 방법의 갈등이 끝나지 않은 채 뉴턴에 이르렀다. 뉴턴은 이 두 방법을 통합한 총합적 방법을 제시하고 총합적 방법에 의해서 만유인력의 법칙과 운동의 법칙을 발견했다. 1687년에 발표한 『프린키피아』, 즉 『자연철학의 수학적 원리(philosophiae naturalis principia mathematica)』에서 그의 우주관과 자연과학의 바른 태도를 소개했다. 그는 형이상학적 추론에 의하지 않고 기하학적 증명만으로 우주를 설명하였다. 그는 물리학과 천문학을 통합하였고 그가 지상물체와 천체에 대한 보편적인 힘으로 정의한 중력은 진공에서도 미치는 원격작용의 속성을 띠고 있다. 질량, 운동량, 힘, 시간, 운동 등의 기본 개념을 정의하고 이것을 사용하여 운동의 법칙을 기술하고 이 법칙으로부터 정리를 유도하였다.

『프린키피아』의 제3편에 소개된 자연과학을 연구하는 태도는 다음의 규칙을 포함한다.

(i) 현상에 참된 원인이 되는 것과 그 현상을 설명하는 데 충분하다고 생각되는 것만 인정한다.

(ii) 가능한 한 같은 결과는 원인에 귀착시킨다.

(iii) 현상에 별 영향을 미치지 않는 성질이라도 모든 물체가 갖고 있다고 실험적으로 확인되면 이것을 모든 물체의 보편적 성질로 인정한다.

(iv) 현상에서 귀납적으로 추론되는 명제는 이것을 제외시킬 다른 현상이 나타날 때까지는 진실에 가까운 것으로 인정하고, 반대가설을 설정할 수 있다는 사실만으로는 이 명제를 거부할 수 없다.

따라서 그는 실험과 귀납법을 중시했고 연역체계의 엄격함, 간결함도 중시했다. 이로써 케플러, 갈릴레이, 데카르트, 보일, 훅, 호이겐스, 뉴턴에 의한 과학의 집적으로 역학혁명이 완성되었다.

2.3 현재에 통용되는 방법

2.3.1 형식

자연과학은 자연에 관한 우리의 경험적 지식 가운데 보편적이고 객관적인 관계를 논리적으로 정리하는 학문이다. 이때 사용되는 방법에는 세 가지의 형식이 있는데 객관성(objectivity), 논리성(logicality), 실증성(positivity)이 그것이다.

첫째는 개념의 객관화이다. 감각과 의식은 주관적이므로 객관화할 필요가 있다. 이것을 위하여 관찰 · 실험 · 측정 등의 방법을 써서 양으로 표현하는 수량화와, 개념을 언어로 표현하여 명제(thesis)를 만드는 명제화가 쓰인다.

둘째는 개념 명제의 논리화이다. 개념과 명제 내부뿐만 아니라 개념과 개념, 명제와 명제, 개념과 명제 사이에도 모순이 없게 하는 것이 논리화이다.

셋째는 명제의 실증화이다. 이것은 명제를 관찰(observation)과 실험(experiment)으로 확인하는 것으로, 자연과학의 가장 중요한 방법이다. 명제의 실증이 바르게 이루어지면 그 현상에 대해서 예견할 수 있다. 실증할 수 없는 명제를 임시 학설이라는 의미를 갖는 가설(hypothesis)이라고 부른다.

2.3.2 탐구방식

자연현상에 대한 지식과 이해를 위하여 정보나 지식을 구하는 것을 탐구(inquiry)라 한다. 일반적으로 문제를 해결하는 과정은

문제발견 → 정보수집 → 가설설정 → 실험과 검증 → 결론도출

의 순서로 이루어진다.

문제의 발견은 호기심으로부터 출발하고, 정보수집은 문헌이나 관찰과 실험을 통하여 이루어진다. 관찰이란 현상을 특별한 목적으로 주의 깊게 경험하는 것이고, 실험이란 특정 목적하에 특정조건으로 관심대상의 현상을 제한시켜 관찰하는 것을 말한다. 자연과학의 연구에 실험이 도입된 시기는 17세기의 갈릴레이와 뉴턴의 시대였고, 이것으로 인하여 자연과학은 빠른 속도로 발전할 수 있었다. 실험은 질적 관계를 확립하는 정성적 실험과 수량화하여 객관화하는 방법으로서 이때 양의 단위를 정하여 서로 비교한다. 측정으로 주관이 배제되며 객관화가 이루어지지만 측정에는 오차가 따르게 되므로 정확도를 높이기 위해서 노력해야 한다.

가설은 어떤 사실의 원인을 설명하거나 어떤 이론체계를 연역하기 위하여 설정한 가설을 말한다. 가설설정은 주어진 요인과 그것으로부터 추론되는 결과 사이에 논리적 다리를 건설하는 역할을 한다. 또 가설은 어떤 사실이나 법칙이 어떻게 성립되는가를 설명하는 것 또는 현상을 법칙화하는 것 등에 다양하게 쓰인다. 어느 것이나 가설은 귀납적 결론의 일반화, 유추(analogy), 연연적 사고로부터 도출할 수 있다.

세워진 가설은 실험(experimentation)으로 검증되어야 한다. 실험을 통해서만이 그 가설의 옳고 그름을 판정할 수 있으므로 실험으로 얻은 자료(data)를 분석하고 해석한다. 결과가 유효하면 일반화하고 유효하지 않으면 적절한 다른 가설을 세워 재실험을 실시한다.

결론의 도출은 검증받은 가설을 법칙(law)이나 이론(theory)으로 발전시키든지, 검증받지 못한 가설을 무효화시키든지 하는 행위를 말한다. 자연과학의 최후의 목적은 자연의 사실에서 출발하여 보편적이고 필연적이며 본질적인 관계를 귀납적으로 도출하여 객관적 법칙과 이론을 만드는 것이다. 일반적으로 법칙이란 사실과 사실 사이의 필연적인 관계이고, 이론은 여러 개의 법칙이나 가설을 통일화하여 얻은 고차적이고 보편적인 종합법칙을 말한다.

과학에서는 무엇이(what), 어떻게(how), 왜(why)의 세 가지의 질문을 사용한다. "왜"에 답하는 것이 무엇보다도 중요한데 이때 설명이 쓰인다. 경험적 사실을 설명하는 데는 인과적 설명이 주로 쓰이고, 법칙의 성립이유를 설명하는 데는 주로 연역적 설명이 쓰인다.

이 장에서 말한 탐구방식은 문제해결의 과정이다. 이때 필요한 기본 요소는 관찰, 측정, 기록, 분류, 조건의 통일, 조작 적정성, 모형의 형성, 데이터의 해석, 가설의 설정, 실험 등의 기능이다. 또 여기에는 지각의 표상, 개념, 법칙, 원리, 이론 등에 대한 논리적 사고 훈련도 필요하다.

의문 → 관찰 및 정보수집 → 추론 → 가설설정 → 실험 → 데이터 분석 → 이론화와 개념화, 또는 새로운 가설 설정에 의한 반복

제3장

과학의 도약

3.1 과학혁명에 대한 쿤의 견해

1930년대 말에 코아레(Alexander Koyre)가 과학혁명이라는 용어를 사용하고, 1949년 버터필드(Herbert Butterfield)가 근대과학의 성립을 과학혁명이라 부를 것을 제의한 이래, 이 용어의 정의에 대한 논쟁이 계속되고 있다. 그러나 우리는 여기서 과학사고의 혁신에 바탕을 둔 "과학에서의 혁명"과 과학의 발전이 가져다 준 생산수단과 이념의 변화에 주목한 "과학에 의한 혁명"을 모두 포함하여 과학혁명을 이해하기로 한다. 후자에 대해서는 주로 막스주의자들에 의해서 연구되었고 전자를 연구한 대표적인 학자는 포퍼(Karl Popper)와 쿤(Thomas Kuhn)이다.

쿤의 학설은 패러다임(paradigm)의 정의로부터 시작한다. 패러다임이란 과학자 집단이 공통적으로 갖는 한계개념을 말하고 이 패러다임의 전환을 과학혁명이라고 정의했다.

3.1.1 쿤의 용어

(1) 패러다임

패러다임은 사물을 보는 방식과 문제를 인식하고 해결하는 방식에 관하여 특정한 시대의 과학자 집단이 공통으로 갖는 공약으로 이해할 수 있다.

쿤이 최초에 제시한 패러다임의 정의는 두 가지 의미를 갖는다. 어떤 과학자 집단이 공유하는 모든 공약을 포괄하는 총체적 의미와, 앞의 부분집합인 특별히 중요한 종류의 공약 하나를 따로 떼어서 생각한다는 다른 의미를 함께 포함한다. 그러므로 패러다임은 전문 분야의 종사자들이 공통적으로 소유하는 여러 가지 요소인데, 이들의 목록을 만드는 것이 가능하다. 이 목록 중 중요한 것 세 가지를 열거하면 기호적 일반화, 모형, 범례(examplar)이다.

기호적 일반화의 예는 $\phi = \phi(x,y,z)$, $F = ma$, $I = V/R$와 같이 논리적 형식으로 표현하는 것과 같다. 모형의 예는, 전기회로를 정상상태의 유체 역학적 체계로 간주하거나 기체를 무질서하게 운동하는 미시적 공의 집합으로 보는 것 또는 물체의 열을 구성입자들의 운동에너지로 보는 것 등이다. 범례는 그 집단이 범형적(모범적 · 전형적 · 표준적인 의미)인 것으로 받아들이는 구체적인 문제의 해들이다. 학생은 자신이 씨름하고 있는 문제를 이미 접해 본 다른 문제와 비슷한 방법으로 해결하는 훈련을 계속한다. 즉 유사와 유비관계를 통하여 문제를 푼다.

(2) 정상과학

특정 패러다임을 공유하는 과학자들의 공동체에 의해서 행해지는 연구 활동을 정상과학(normal science)이라 한다. 쿤은 정상과학을 수수께끼 풀이(puzzle-solving) 행위에 비유했다. 주어진 규칙에 근거하여 기존의 지식이 정의해 주는 어려운 문제를 확신을 갖고 집중한다는 의미이다.

과학자가 되기 위해서는 먼저 그것에 알맞은 교육을 받아야 하는데, 이때 표준이 되는 교과서를 쓰고 표준적으로 디자인된 실험을 배우면 그에 알맞은 능력을 습득할 수 있다. 단, 학생이 교과서의 내용이 잘못되었다고 의심하는 일은 허용되지 않는다. 또 실험이 해당 패러다임에 근거한 이론으로 예상한 것과는 다른 결과를 주더라도, 이론을 의심하는 것이 아니라 실험이 서툴러서 잘못된 결과를 얻은 것으로 생각한다. 그래서 이론으로부터 예상되는 결과가 나올 때까지 실험을 반복하도록 요구받는다. 이러한 훈련을 거듭하면서 학생은 그 분야의 패러다임을 맹신하고 이 정상과학이 요구하는 틀 안에서만 사물을 보는 과학자의 한 멤버로 키워지게 된다는 것이 쿤의 생각이다.

쿤은 과학이 연속적으로 발전하는 시기(정상과학의 시기)에는 이러한 패러다임이 지배한다고 하였다. 패러다임이 풀어야 할 문제가 풀리지 않는 일이 일어나도 과학자들은 비판하지 않는다. 과학자가 패러다임을 비판하는 것은 목수가 연장을 비난하는 것과 같아서 동료로부터 비판받는 결과를 초래한다. 즉 정상과학의 시기에는 보수적인 과학자가 득세한다.

(3) 과학혁명

정상과학에의 패러다임이 적용되지 않는 사례들(실험, 관측)이 빈번하게 발생하면 패러다임은 위기를 맞게 된다. 위기가 나타날 때는 그것과 경쟁관계에 있는 새로운 패러다임이 고개를 든다. 드디어 위기가 극에 달하면 기존의 패러다임은 파산하고 새로운 경쟁적 패러다임이 정권을 수립하여 새로운 정상과학이 탄생하게 된다. 이것이 과학혁명(scientific revolution)이다.

하나의 과학혁명을 통하여 나타난 정상과학의 전통은 앞서 지나가 버린 전통과 양립 불가능(incompatible)할 뿐 아니라 종종 공약 불가능(incommensurable)하다.

<혁명의 예>

첫 번째 예 : 고대 정상과학인 아리스토텔레스 역학은 위기를 만나 과학혁명이 일어나서 새로운 정상과학인 갈릴레이-뉴턴역학으로 대체되었다.

두 번째 예 : 고대 정상과학인 프톨레마이오스의 체계(지구중심 사상)는 위기를 만나(행성의 위치와 세차운동에 대해서 관측과 잘 맞지 않았다) 혁명이 일어나서 새로운 정상과학인 코페르니쿠스 체계(태양중심사상)로 대체되었다.

(4) 공약 불가능성

하나의 패러다임에서 사용하는 언어를 다른 패러다임 내의 언어로 바꾸는 것을 번역이라 하고 이론적 서술(statement)을 번역할 때 특히 해석이라 한다. 그러나 쿤에 의하면 하나의 패러다임을 경쟁적 관계의 패러다임으로 번역하는 것은 가끔 부적절하다. 그 이유는 경쟁적 패러다임의 추종자들은 서로 다른 세계에서 자신들의 작업을 수행하기 때문이다. 이것을 공약 불가능성(incommensurability)이라고 정의했다. 다시 말하면 공약 불가능성은 동일 표준상의 비교 불가능을 의미한다. 예를 들면, 지구 중심의 프톨레마이오스 체계와 태양 중심의 코페르니쿠스 체계는 행성의 개념에 있어서 공약 불가능했다. 프톨레마이오스 체계에서는 태양이 행성이지만 지구는 절대 정지한 우주의 중심이다. 반면에 코페르니쿠스 체계에서는 태양이 행성이 아닌 대신 지구가 행성이다. 따라서 양자는 공약 불가능하다.

<공약 불가능성의 예>

아인슈타인적 개념의 지시는 같은 이름의 뉴턴적 개념의 지시와 다르다. 예를 들면 뉴턴의 질량은 보존적인 데 반하여 아인슈타인의 질량은 보존이 아니고 에너지로 바뀔 수 있다. 따라서 뉴턴 체계에서 말하는 질량보존이라는 개념과 에너지 보존이라는 개념은 별개의 개념인 데 반하여, 아인슈타인 체계에서는 질량보존의 개념은 없고 그 대신 질량을 포함한 에너지 보존의 개념만 있다.

3.1.2 쿤의 이론

(1) 이론의 요약

정상과학이란 패러다임을 공유하는 과학자 집단의 과학행위(연구와 교육)이다. 이들 과학자들은 패러다임이 없으면 과학을 수행할 수 없고, 자기가 지시하는 패러다임을 맹신하고 고집한다. 그러나 이 패러다임이 적용될 수 없는 사례가 빈번히 발견되는 위기가 오면 이 기존의 패러다임은 파괴되고 전혀 새로운 패러다임이 정권을 인수하고 새로운 정상과학이 출현한다. 이것이 과학혁명이다. 그러나 쿤은 새로 수립된 패러다임이 파기된 기존의 패러다임보다 반드시 우월하다고 볼 수는 없다고 하였다.

(2) 이론의 선택은 어떻게 이루어지나

쿤에 의하면 좋은 이론이란 다음의 5가지 장점을 가진 이론이다. 그 자신의 영역 내에서 정확해야 하고(정확성), 자기 이론뿐만 아니라 다른 건강한 이론과도 일관성이 있어야 하고(일관성), 적용범위가 가급적 넓어야 하고(넓은 적용범위), 이론에 질서가 있어서 단순해야 하고(단순성), 그 이론으로부터 출발하여 새로운 결과를 많이 창출해야 한다(다산성)는 것이다.

그 예로써 프톨레마이오스의 체계와 코페르니쿠스의 체계를 비교해 보자. 초기에는 어느 체계가 우월한지 분명하지 못했다. 후자가 출현할 당시에는 어느 것이 더 정확한지 분명하지 않았다. 케플러가 후자의 이론을 수정한 후에 비로소 후자의 이론이 더 정확하게 되었다. 만약 누군가가 전자의 이론을 개선했더라면 어떻게 되었을지 모른다. 또 행성들이 태양에서 벗어나 보이는 각도의 제한이나 역행운동들을 설명하기에는 후자가 단순하다(전자는 두 개의 원이 필요하나 후자는 하나의 원만이 필요하다). 그러나 직업적인 천문학자들이 계산을 수행하는 데는 전자 쪽이 더 수월하다고 한다.

또 케플러가 후자를 선택한 데는 당시의 사회적인 배경의 영향도 있었다. 당시는 구체계에 대한 비판과 새로운 것의 갈구가 유행하던 시대였다. 즉, 경쟁이론(경쟁 패러다임) 사이에서 과학자들이 어느 것을 선택하는가 하는 문제는 그들이 공유하는 기준들뿐만 아니라 개개인의 생애나 개성에도 의존한다는 것이 쿤의 견해이다.

(3) 쿤의 학설에 대한 비판

쿤의 학설을 비판하는 사람들은 쿤이 과학자 집단을 패러다임을 공유하는 집단으로 정의한 것, 과학적 진리의 기준이 패러다임에 의해서 정해진다고 본 것, 또 과학적 인식의 문제도 과학자 집단의 내부 문제라고 한 것 등을 반대했다. 구체적인 예를 몇 가지 소개하면 다음과 같다.

과학이론에 대한 쿤 이전의 대표적인 학자인 포퍼(Karl Popper)에 의하면 과학이론은 가능한 한 엄격한 비판을 받아서 진보한다고 했다. 엄격한 비판으로 오류를 찾아내고 그것을 제거함으로써 좋은 이론을 만든다는 것이다. 이론에 불리한 현상이나 실험이 나타나더라도 그것을 무시하는 것은 과학자의 태도가 아니다. 다시 말해 포퍼에 의하면, 과학은 비판이나 논증에 의하여 발전하고, 기존의 이론체계에 오류가 발견되면 용기 있게 그 체계를 버리고 합리적인 방법에 의해서 새로운 체계로 전이하게 된다. 이것이 과학혁명이다. 따라서 포퍼와 그의 추종자들은 과학자들을 도장의 스승을 맹목적으로 추종하는 타락한 무리로 본 쿤의 견해를 맹렬히 비난했다. 포퍼와 추종자들이 본 과학자 집단은 깨끗이 승복할 줄 아는 용기 있는 무사집단과 유사하다.

또 토울민은 그의 논문「정상 과학과 혁명적 과학 사이의 구분은 완벽한가?(Does the Distinction between Normal and Revolutionary Science Hold?, 1970)」에서, 과학 발전의 정상적인 단계와 혁명적 단계 동안에 일어나는 변화들은 그 종류가 다르며 그 차이는 절대적이라는 쿤의 견해에 반대했다. 다시 말하면 그는 쿤이 과학이론들 사이에 불연속이 존재한다는 주장을 함축함으로써 극단에 치우치고 말았다고 비판했다.

이러한 비판에도 불구하고 시간이 흐름에 따라 쿤의 견해는 점점 더 주목을 받았다. 그것은 그의 사상이 과학혁명의 이념적 측면을 절묘하게 설명했기 때문이다. 그러면, 지금부터 고대 과학이 어떤 과정들을 거쳐 근대 과학으로 도약했는지를 살펴보자.

3.2 지구 중심에서 태양 중심으로

14세기에 들어서서 유럽 전역에 대한 교회의 영향력이 약해지면서 중세 사회는 새로운 모습으로 변하게 되었다. 동방과의 무역 등을 통해서 많은 부를 축적하게 된 도시들이 이탈리아에 생겨나면서, 이탈리아는 예술과 과학 발전의 중심이 되었다. 15세기에 이르러서는 이탈리아와 북유럽 또는 동유럽과의 통로에 있던 독일과 인근 지역들에도 부의 축적으로 독립적인 중산층들이 생겨났다. 또한 이들의 자녀들이 새로운 학문을 배울 수 있는 대학들이 프라하, 하이델베르크, 빈, 라이프치히에 생겼다. 한편 비잔틴 교회는 터키족에 밀려 로마 교회와 잦은 접촉을 하게 되었고 이로 인해 고대 희랍의 지식들이 온전한 형태로 이탈리아를 거쳐 유럽에 전달되었다. 당시 유럽은 이를 흡수할 모든 여건이 마련되어 있었는데 중세 봉건사회로부터의 탈피를 꾀하던 유럽은 고대 희랍과 아랍세계의 지식들에서 새로운 출발점을 찾았던 것이다.

사회의 변화와 동시에 과학적인 방법론도 큰 변화가 있었다. 이전의 과학자들은 학자들이지 탐구가는 아니었다. 지식은 책으로부터 나왔고 실험이나 관측은 학문의 방법이 아니었다. 그러나 이 시대에서는 새로운 실험이나 관측이 과학 발전의 원동력이 되고 있었다. 오래전 지중해를 누비던 희랍인들과 같이 이베리아 반도 민족들을 필두로 유럽인들은 대양으로 나아가 신대륙을 발견하였다. 이런 용감한 탐험정신은 과학에서도 새로운 발견들을 낳았다.

이 시기에 과학이라 불릴 수 있었던 유일한 분야인 천문학은 유럽인들의 생활 중심에 자리 잡게 되었다. 우선 기독교의 절대적인 영향하에 있는 유럽인들에게 부활절 같은 종교적인 휴일의 의미는 지대했다. 그러나 3월 21일이어야 하는 춘분은 3월 11일에 떨어질 정도여서 부활절 계산은 엉망이었다. 따라서 해와 달의 운동을 정확하게 기술하는 책력이 필요한 시기였다.

다음으로 천문학은 신대륙 탐험을 위해 망망대해를 항해할 때 필요했다. 14세기에는 이미 아랍의 천문학을 이용하여 천문력이 만들어졌고 포르투갈의 위도를 결정하였다. 콜럼버스(Christopher Columbus, 1451~1506)도 천문력에 나타난 1504년의 월식을 원주민들을 순응시키는 데 이용하였다. 선원들은 또한 항해를 통해 지구와 천구의 구형성을 피부로 느끼게 되었다.

그러나 무엇보다도 천문학에 가장 큰 영향을 미친 것은 점성술이었다. 이 시기 유럽에는 중세시대를 통해 신성한 하늘의 힘이 지상 만사를 결정한다는 믿음이 모든 계층의 사람들에게 뿌리내려져 있었다. 달력에는 일월식, 행성들의 위치와 더불어 날씨, 자연 재앙들에 대한 예측과 심지어 피 흘리는 일이나 이발 등에 길한 때와 흉한 때도 기록되어 있었다. 그중에서도 특히 목성과 토성의 운동은 지상의 운명에 지대한 영향을 미치는 것으로 믿어졌다.

16세기 유럽은 사회적 · 정신적 혁명을 맞이하였다. 시민들과 군주들의 힘이 증가하여 교회의 힘과 맞서게 되면서 교회가 지배했던 과거와의 단절이 이루어졌다. 또 신대륙으로의 탐험은 유럽인들의 마음을 과거의 좁은 세계로부터 해방시킴과 동시에 신대륙으로부터 유입되는 금, 은 등은 농민과 도시 기능공들에게 가난을 가져와서 이들에게 반감을 심어주었다. 이들에게 지상세계는 생활의 기반이 무너지고 모든 것이 불안정하며 혼동스러운 곳이 되었다. 어려움에 처한 사람들이 그러하듯 유럽인들도 초자연적인 하늘에 의지하는 점성술에 대한 믿음이 증가하였다. 이로 인해 천문학은 사람들의 현실 생활의 중심에 위치하게 되었고 다른 어떤 과학 분야보다 일반 사람들의 생활에 큰 영향을 미쳤다. 대부분의 왕가들은 점성술에 의지하기 위해 수학자들을 이용했으며 여러 도시 등 자치단체들도 농민과 시민들을 위한 책력을 정리할 수 있는 수학자들을 고용하였다. 이 시기에 수학은 바로 점성술, 즉 천문학을 의미할 정도였다.

이전 시기의 정체된 사회에 기초한 우주관은 이러한 시대적 상황에서 새로운 우주관으로 대체되었는데, 이를 홀로 이루어 낸 과학자가 코페르니쿠스(Nikolaus Copernicus, 1473~1543)였다. 이전 세기에 폴란드 지역으로 이민해서 번성하는 도시들을 세운 독일 이민들은 고향에 정주하던 사람들에 비해 편견이 적었고 새로운 생각에 대해 개방적이었다. 코페르니쿠스는 현 폴란드의 토룬에서 이들 이민의 후예로 태어나서 크라코우 대학에서 점성술을 배우고 다시 이탈리아에서 법학과 의학을 공부했다. 르네상스의 중심지인 이탈리아에서 그는 희랍어를 배우고 고대 희랍 철학자들의 다양한 세계관을 접할 수 있었다. 특히 그중 지구가 움직인다고 한 니세타스(Nicetas), 중심의 불 주위를 지구가 매일 돈다고 한 피타고라스학파의 필로라우스(Philola us, 기원전 480~?), 지구가 축 주위로 회전한다고 설파한 헤라클레이데스(Herakleides, 기원전 388~310)와 에크판투스(Ecphantus) 등은 그의 새로운 세계관 형성에 큰 영향을 미쳤다.

폴란드로 다시 돌아온 그는 1523년경에 친구와 천문학자들에게 보낸 짧은 해설에서 그의 새로운 우주관을 일곱 개의 명제로 기술하였다 : (1) 모든 천구에 공통되는 단일 중심은 없다. (2) 지구의 중심은 세상의 중심이 아니라 중력과 달 궤도의 중심일 뿐이다. (3) 모든 궤도(orbit)는 태양을 둘러싸고 있으며 따라서 세상의 중심은 태양 근처에 위치하고 있다. (4) 해와 지구의 거리 대 천구의 높이 비는 지구반경 대 해까지의 거리 비보다 작아서 감지할 수 없다. (5) 천구 상에서의 운동으로 보이는 것은 천구가 아니라 지구의 운동 때문이다. 지구는 변하지 않는 축 주위를 매일 회전하고 천구는 움직이지 않는다. (6) 해가 우리에게 움직이는 것처럼 보이는 것은 지구의 운동 때문이며 지구는 다른 행성들과 같이 공전한다. (7) 행성들의 순행, 역행 운동은 지구의 운동에 의한 것이며 지구의 운동 하나로 다른 많은 현상들을 설명할 수 있다.

코페르니쿠스가 설명하는 우주의 모습은 세상의 중심에 위치한 움직이지 않는 지구를 위주로 해, 달, 행성들이 위치한 천구들이 복잡한 운동을 한다던 이전의 우주관을 완전하게 대체하는 것이다. 지구 중심적인 기존의 우주관은 희랍의 프톨레마이오스(Ptolemaios, 87~165)에 의해 완성되어 천 년 이상 지속되면서 나름대로의 이론적 바탕을 공고히 하였기에 새로운 우주관은 기존 우주관을 조금씩 수정하는 형태로는 불가능했을 것이다. 새 우주관의 핵심은 지구가 차지하던 중심적 위치를 태양으로 옮긴 것이며 지구도 행성의 하나라는 것이다. 해의 각 크기를 발견했다고 하는 희랍의 아리스타르코스(Aristarchos, 기원전 310~230)도 오래전에 해가 중심에 있어야 한다고 생각했지만 구체적인 이유를 제시하거나 그 결과에 대해 설명하지 않았다. 코페르니쿠스는 해 아닌 지구가 움직인다는 가정에 따른 이론적인 결과들을 제시하고 동시에 행성들의 불규칙적인 운동도 지구의 운동에 의한 것임을 명확하게 밝히고 있다.

코페르니쿠스는 이 혁명적인 우주관에 대한 확신에도 불구하고 오래도록 세상에 발표하지 않고 시간이 허락하는 대로 행성들의 궤도 결정에 필요한 관측자료들을 모았고 이 일이 끝난 후에도 새로운 이론이 가져올 파문들을 걱정하며 출판을 미루다 자신이 사망하던 1543년에 이르러서야 『천구의 회전에 관하여(De revolutionibus orbium coelestium)』라는 제목으로 출판하였다. 비록 관측자료를 설명하는 정밀도 등에서는 프톨레마이오스의 우주관과 크게 다르지 않았지만 새 이론은 행성들의 운동을 구체적으로 설명할 수 있는 새로운 체계를 제공하였다. 또한 별들의 운동은 지구의 운동에 의한 것이므로 별들은 더 이상 천구에 붙어서 회전할 필요가 없어졌으며 천구는 별들을 포함하는 움직이지 않는 빈 공간이 될 수 있게 되었다.

코페르니쿠스는 지구, 해, 달, 행성들은 모두 구형이며 구의 특성은 한 축을 중심으로 처음과 끝이 없는 완전한 회전을 하는 것이므로 지구가 천구 운동의 중심이 아니라고 가정한다면 행성들의 여러 불규칙한 운동들이 지구 바깥의 한 중심을 지구와 행성들이 공전하는 것으로써 설명될 수 있다면서 프톨레마이오스를 반박하였다. 또 아리스토텔레스의 운동이론에 기초하여 지구가 회전할 경우 지구 상의 모든 것들이 흩어질 것이라는 프톨레마이오스의 걱정에 대해서도 "지구보다 더 크고 더 빠른 속도로 운동하는 천구에서는 왜 같은 문제들이 생기지 않는가?"라며 반박하였다.

물론 코페르니쿠스의 새로운 이론도 완벽한 것은 아니었다. 새로운 관측자료나 실험에 기초를 둔 것도 아니었고 이전 이론도 새로운 관측자료에 의해 부정된 것은 아니었다. 또 수성과 금성 궤도의 중심을 해의 위치와 약간 다른 지구 궤도의 중심으로 고집했기에 복잡한 설명이 필요했다. 또 고대의 잘못된 관측자료를 그대로 믿고 사용하기도 했다. 그의 새로운 세계관은 전체적으로는 아주 단순해졌지만 행성들의 구체적인 운동을 설명하는 부분은 여전히 복잡했다. 더불어 만약 지구가 빠른 속도로 회전하거나 공전한다면 지구의 물건들이 흩어지는 등의 혼란이 일어나야 하지만 사람들이 느끼는 지구는 여전히 평탄하고 움직이지 않으며 해와 달, 별이 움직이는 것이 너무도 명백했다. 이런 등의 이유로 사람들은 새 우주관을 신기한 이론정도로만 생각하고, 코페르니쿠스를 프톨레마이오스의 천문이론을 개선한 뛰어난 천문학자 정도로만 받아들였다.

그러나 그의 새 우주관은 브라헤를 거쳐 코페르니쿠스의 정신적 사도인 케플러(Johannes Kepler, 1571~1630)와 갈릴레이(Galileo Galilei, 1564~1642)에 이르러 완전한 모습으로 발전하였다. 케플러는 간단한 타원으로 행성들의 궤도가 정확하게 기술되고 궤도상의 운동 또한 단순한 법칙들에 의해서 완벽하게 설명됨을 보였다. 또 갈릴레이는 망원경의 관측을 통해 해와 달, 행성들의 모습이 관념상의 하늘과는 다름을 보이고 물체의 역학적 운동을 올바르게 이해함으로써 코페르니쿠스 우주관의 나머지 문제들을 깨끗하게 풀어내었다. 코페르니쿠스가 역설한 태양 중심의 우주관은 마침내 진짜 우주의 모습으로 사람들에게 받아들여지게 되고 뉴턴(Isaac Newton, 1642~1727)에 의한 역학혁명을 거쳐 근대 과학의 뿌리가 되었다.

3.3 역학혁명

고대 이집트와 바빌로니아 사람들은 벌써 힘에 대한 법칙을 생활에 이용하였으므로 힘과 물체의 운동을 연구하는 역학은 이때 벌써 시작되었다고 할 수 있겠다. 그들은 주로 비탈에서의 운동, 저울, 지렛대 등을 생활에 이용하였다. 그러나 초기의 역학은 주로 정역학에 국한되었다.

그리스 시대에 와서 아리스토텔레스가 동역학을 창시하고 아르키메데스(Archimedes, 기원전 287~212) 등에 의해서 실험적 방법이 활발하게 소개되었다. 더욱이 이때부터 정식화가 연구되었는데 아르키메데스의 원리(유체에 담긴 물체는 그것이 밀어낸 유체의 무게만큼 가벼워진다), 지렛대의 원리(지렛대의 양쪽이 비길 때 팔이 긴 쪽에 더 작은 힘이 필요하다) 등이 그 예이다.

그 후의 역학은 주로 천체역학(천문학)과 지상물체의 역학의 두 분야로 나누어져 구별되어 연구되었다. 기원후에는 주로 천체역학의 연구가 활발하였는데 기원후 2세기부터는 프톨레마이오스의 지구중심사상이 지배하였다. 이탈리아를 비롯한 서구 사회의 초기 자본주의가 시작되면서 역학은 비약적인 발전을 하게 되었고 다빈치는 힘의 연구에 수학을 이용하기 시작하였다. 1543년 코페르니쿠스의 지동설이 대두되면서 이것이 근대과학의 기점이 되었다. 이 학설은 브루노(Girdano Bruno, 1548~1600), 브라헤(Tycho Brahe, 1546~1601)에 이어 케플러에 의하여 천체 역학의 극치를 보게 되었다. 그러나 천체의 운동에 대한 기계론적인 입장을 분명히 취한 사람은 데카르트이다. 그의 역학적 우주론은 후에 뉴턴에 의하여 완성된다. 지상물체의 역학은 진자의 운동, 탄성체의 역학뿐만 아니라 진공이나 기체의 연구도 포함하였는데 주로 갈릴레이, 파스칼, 보일, 훅, 호이겐스에 의해서 연구되었다.

3.3.1 갈릴레이 역학

갈릴레이는 코페르니쿠스의 지동설을 지지하고 완성하는 데 공헌한 천문학자인 동시에 진자의 등시성과 낙체를 연구한 물리학자이다. 그는 1637년 역학과 물리학을 기록한 『신과학대화(Two New Sciences)』를 발표하였고 그의 제자로는 수학자 카발리에리, 대기압의 연구자 비비아니, 진공을 연구한 토리첼리(Evangelista Torricelli, 1608~1647)가 있다. 그의 역학을 소개하면 다음과 같다.

(i) 재료의 강약 : 재료의 크기가 증가하면 부피가 증가하고 중량이 증가하므로 부서지기 쉽다.

(ii) 자유낙하운동 : 낙하속도는 시간에 비례($v = gt$)하고 낙하거리는 시간의 제곱에 비례($s = \frac{1}{2}gt^2$)한다. 그는 이것을 등가속도 운동의 이치로부터 기하학적 도형을 써서 증명하였다(s = 평균속도 × 시간이고 이것은 도형의 넓이). 그러나 가속도 운동의 원인에 관해서는 설명하지 못했다.

(iii) 관성의 원리 : 그는 사고실험(thought experiment)을 통해 관성의 원리와 힘의 개념을 설명하였다. 그림과 같이 비탈 AB, BC와 수평면 BX가 있다. 정지해 있던 공이 A→B→C 또는 A→B→X로 운동하는 경우를 비교한다. A→B의 운동에서는 공을 가속시키는 외부요인이 작용하여 속도가 증가하나 B→C의 운동에서는 감속의 외부

요인이 작용하여 속도가 감소한다. 한편 B→X의 운동에서는 외부 요인이 작용하지 않아서 수평방향은 관성을 갖고 정지함이 없는 운동을 한다. 이것은 불충분하지만 힘과 가속도의 관계 및 관성의 개념을 설명하고 있다.

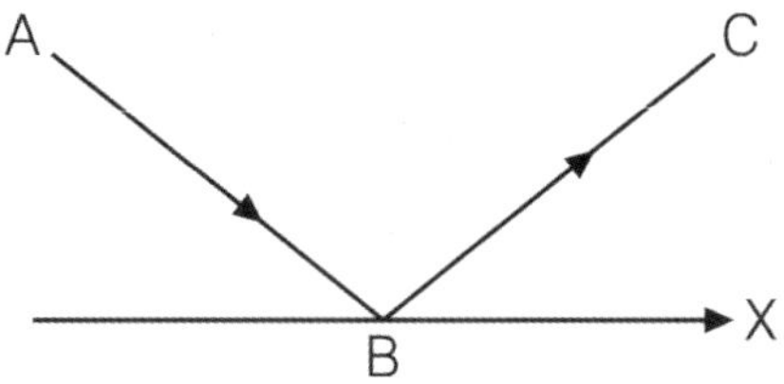

(iv) 포물체의 운동 : 갈릴레이는 수평으로 던진 물체가 포물운동을 하는 것을 관성의 원리와 낙하운동법칙을 써서 설명하였다. 수평방향의 운동은 위의 (iii)의 수평운동의 관성의 원리에 따라 등속운동이므로 $x = vt$이고(x는 수평거리, v는 속도, t는 시간) 연직하방운동은 (ii)의 자유낙하법칙을 따르므로 $y = \frac{1}{2}gt^2$이다(y는 낙하거리). 따라서 이 두 식을 합성하면 포물선의 방정식이 유도된다.

(v) 물리적 실제론 : 그는 자연의 진리가 우주라는 큰 책 속에 있다고 하여, 스콜라학파의 견해(자연의 진리는 책 속에 있다고 봄)에 반대했다. 그는 또 자연의 언어는 도형이고 수학이 자연을 이해하기 위해서는 이것을 알아야 된다고 했다. 그는 새로운 역학의 기초를 만들었으나 지구 중력장에만 근본을 두었기 때문에 제한적(예를 들어 무게를 본질적인 것으로 오해하여 중력질량에만 집착하였고 관성질량은 생각하지 못했음)이었다.

3.3.2 뉴턴의 역학

뉴턴이 『프린키피아』를 발표한 1686년은 역학혁명의 정점이다. 이 놀라운 저서는 다음과 같이 구성되어 있다.

서론 : 질량(물질의 밀도와 부피의 곱 $m = \rho V$), 운동량(질량과 속도의 곱 $p = mv$),

고유력(물체 내부에 있는 고유력으로 상태를 유지시킴), 외력(물체의 운동상태를 바꾸기 위해서 물체에 작용하는 힘), 구심력(물체가 곡선운동을 하는 데 필요한 힘으로써 곡률중심 방향으로 향함), 운동의 3법칙(관성의 법칙, 가속도의 법칙, 작용과 반작용의 법칙), 힘의 합성, 운동량 보존, 중력의 불변, 상대운동 등을 다룸.

제1편 : 저항이 없는 매질 내의 물체의 운동

제2편 : 저항이 있는 매질 내의 운동

제3편 : 만유인력, 만유인력과 제3법칙을 결합한 운동(위성, 행성, 혜성, 조석운동) 설명, 자연과학의 태도를 4개의 규칙(원인과 현상에 대한 엄격한 접근, 원인과 결과의 엄격한 대응, 실증만이 보편적임, 귀납법 중시)으로 설명

뉴턴은 실험과 관측을 중시한 근대과학적 연구방법을 창시한 근대과학의 건설자였다. 그의 역학은 천체역학과 지상역학을 처음으로 통합한 것이며 그의 우주관은 기계론적 우주관이다. 형이상학적 추론에 의하지 않고 순전히 역학과 기하학적인 증명만으로 설명하였으며 이 법칙을 태양계에 적용하여 케플러의 법칙을 증명하였다. 그는 또 수학과 물리학, 공간과 물질을 분리하였다. 중력을 진공 속까지 연장하여 힘의 원격작용의 견해(직달설)를 택했다. 자연은 물질에서는 불연속이지만 힘과 운동에서는 연속이라 하였는데 이것은 물리량이 연속이라는 고전물리학의 틀을 만들었다. 이것은 20세기에 들어 양자론(물리량은 불연속인데, 특히 미시세계에서는 이 불연속성이 뚜렷하다)에서 수정된다. 그는 또 시간과 공간의 절대성을 주장하였다. 절대적 시간은 그 본성에 따라 흐르는 것이고 외부의 요인에 따라 변하지 않는다. 또 절대적 공간도 그 본성에 의해서 정해지고 외부의 어느 것과도 관계없다. 상대적인 것처럼 느끼는 것은 오직 감각에 의한 것이다. 이와 같은 절대적 시간과 공간개념은 후에 마하(Ernst Mach), 포앙카레(Henri Poincaré) 등에 의해서 반론과 비판을 받은 후에 아인슈타인에 의해서 상대개념으로 수정된다(특히 속도가 큰 물체에 대해서는 뉴턴역학은 맞지 않고 아인슈타인의 상태성 이론을 써야 한다). 결론적으로 말하면 뉴턴의 역학은 속도가 작고 스케일(scale)이 큰 거시계에서만 성립하는 고전역학이다.

뉴턴의 운동법칙(특히 제2법칙)

$$F = ma$$

는 인과 법칙이다(F는 힘, m은 질량, a는 가속도). F가 정해지면 a가 정해지고 따라서 초기조건(초기위치와 초기속도)에 의해서 임의의 시간에서의 상태(나중위치와 나중속도)가 정해지므로 이것은 결정론적 인과법칙(Law of deterministic causality)이다. 그러나 이것은 이후 양자론에서 수정된다.

3.3.3 뉴턴 이후

뉴턴은 라이프니츠와 독립적으로 미적분을 소개하여 그의 역학을 발전시키는 데 크게 기여하였다. 그 후 오일러(Euler), 라플라스(Laplace), 라그랑주(Lagrange), 해밀턴(Hamilton) 등에 의해서 해석역학(Analytical mechanics)이라는 학문이 소개되어 고전역학을 다른 시각에서 발전시키게 되었다. 해석역학에서는 역학계의 좌표(일반화 좌표)와 운동량(일반화 운동량)으로부터 라그랑지안(Lagrangian)이라는 양 L과 해밀토니안(Hamiltonian)이라는 양 H를 도입한다. L을 시간 t에 대해서 적분한 값을 작용(action)이라고 하며

$$\text{작용} = \int L dt$$

를 도입했다. 이것이 극값을 갖는다는 소위 해밀턴의 원리로부터 그들은 라그랑주의 운동방정식과 해밀턴의 운동방정식을 유도했다. 이 두 법칙은 뉴턴의 법칙과 정확히 일치한다.

3.4 화학혁명

화학혁명은 보일(Robert Boyle, 1627~1691)에서 시작하여 라부아지에(Antoine Lavoisier, 1743~1794)에 이르기까지의 기간 동안 전개된 화학의 새로운 형태와 방법으로, 화학 체계를 새로이 형성하게 됨을 말한다.

3.4.1 화학혁명 이전의 화학 세계

그리스 시대부터 이어져 내려오던 물질의 4원소설에 따르면 우주의 물질은 4가지 원소, 즉 공기, 물, 불, 흙으로 이루어져 있으며, 주위에서 쉽게 관찰할 수 있는 연소(conbustion)와 하소(calcination)에 대해서는 슈탈(George Stahl, 1660~1734)이 제창한 플로지스톤(phlogiston) 이론이 지배적이었다. 플로지스톤설은 가연성 물질, 즉 기름, 나무, 숯과 같은 것은 모두 플로지스톤을 갖고 있고, 이들이 연소될 때 갖고 있던 플로지스톤이 화염의 형태로 빠져나간다는 이론이다. 또 하소 현상 역시 금속이 갖고 있던 플로지스톤이 공기 중으로 빠져나가는 현상으로 설명하였다. 하소 후에 남는 금속 재의 무게가 증가하는 현상을 설명할 수 없어서 플로지스톤은 중력의 작용을 받지 않는 음의 질량을 가질 수 있다고 하였다. 연소 후 발생하는 기체의 종류와 질량을 알 길이 없었던 그 당시는 연소 후 생성물의 총 질량도 증가한다는 사실을 몰랐기 때문이다.

3.4.2 기체 화학의 발달

기체에 대한 화학적 연구가 영국을 중심으로 본격적으로 이루어졌다. 블랙(Joseph Black, 1728~1799)은 석회석($CaCO_3$)과 같은 탄산염을 가열할 때 발생하는 기체를 탄산염에 고정되어 있던 공기라 하여 "고정 공기(fixed air)"라 불렀으며, 이들이 목탄을 연소시킬 때 발생하는 기체, 양조장에서 발효 시 발생하는 기체, 또는 동물이 호흡할 때 폐에서 나오는 기체와 동일하다는 사실을 알았다. 이것이 오늘날의 탄산가스다. 캐번디시(Henry Carvendish, 1731~1810)는 아연, 철, 주석 등을 묽은 염산이나 질산과 반응시킬 때 발생하는 기체에 불꽃을 붙이면 폭발하는 것을 보고 이 기체를 "가연성 공기(inflammable air)"라 불렀으며, 이때 물이 생성됨을 알았다. 이 기체가 오늘날의 수소이다. 프리스틀리(Joseph Priestly, 1733~1804)는 산화수은(HgO)을 가열하여 금속 수은과 새로운 공기를 얻었으며, 이 공기를 산화수은, 즉 수은 재에게 자기의 플로지스톤을 빼앗긴 공기라 하여 "탈 플로지스톤 공기"라 생각했다. 이것이 오늘날의 산소이다. 셀레(Karl Scheele, 1742~1786)는 공기 중에서 양초나 인을 태우면 공기의 1/4이 줄어들고 "질식성 공기(foul air)"가 남는다는 것을 알았다. 이것이

오늘날의 질소이다. 줄어든 1/4은 불의 공기로 산화수은을 가열하여 얻은 공기와 같음도 알았다. 이와 같이 공기는 성질이 다른 여러 가지 형태의 기체가 섞여 있는 혼합물임이 밝혀지고, 가연성 공기와 탈 플로지스톤 공기가 결합하여 물이 생성된다는 사실도 밝혀지면서 4원소설의 공기와 물이 순수한 원소가 아니라는 것을 인식하게 되었다.

3.4.3 라부아지에의 연소 이론

라부아지에는 개념적이고 정성적인 실험 단계를 넘어서 구체적이며 정량적인 실험을 구상하고 계획하였다. 금속이 하소할 때만 무게가 증가하는 것이 아니라 가연성 물질이 연소할 때도 생성된 공기의 무게를 감안하면 전체 무게가 증가한다는 사실을 발견하고, 연소할 때나 가소 시 어떤 공기와 결합한다고는 생각했으나 그 어떤 공기가 무엇인지는 알지 못했다. 그는 수은을 태워 얻은 수은 재의 무게가 증가하는 것은 수은이 어떤 공기와 결합하기 때문이라고 생각했다. 이 어떤 공기가 무엇인지를 몰라 고민하고 있던 중, 프리스틀리의 실험 결과를 듣게 되었다. 프리스틀리의 실험은 라부아지에 실험의 역과정으로서 수은 재를 가열하였을 때 금속 수은과 탈 플로지스톤 공기를 얻는 실험이다. 프리스틀리 실험을 반복한 결과 탈 플로지스톤 공기(오늘날의 산소)가 바로 그가 찾고 있던 공기임을 확인하게 되었고, 연소란 산소와 결합하는 현상임이 밝혀졌다. 또한 라부아지에는 비금속 원소가 타면 산이 생성된다는 사실을 알아내어 유황이 타면 황산, 질소가 타면 질산, 탄소가 타면 탄산이 생성되는 사실을 밝히고 모든 산에는 산소가 포함되어 있다고 주장했다. 수소가 탈 때 생성되는 산을 확인하지 못해 고민하던 중 자기가 찾고 있던 산임을 확인할 수 있었다. 라부아지에가 찾지 못했던 물은 수소가 탈 때 발생하는 기체를 일반적으로 많이 쓰이던 수상 포집 방법을 사용하였으므로 실패했으나, 캐번디시는 수은상 포집 방법을 써서 성공하였다. 그 이후, 이 방법으로 암모니아 가스, 염화수소 가스, 이산화황 가스 등 수용성 가스들이 모두 확인되었다.

산화수은 실험은 화학사에서 유명한 실험이다. 같은 실험 결과를 놓고 프리스틀리는 플로지스톤설을 굳게 믿고 모든 실험 결과를 플로지스톤설로 설명한 반면, 라부아지에는 새로운 착상으로 설명함으로써 오늘날 연소 이론이 확립된 좋은 예이다. 프리스틀리는 산화수은을 가열하면 공기 중의 플로지스톤을 흡수하여 금속 수은이 생기고 공기는 탈 플로지스톤 가스가 된다고 믿었으며, 금속 수은이 연소되면 갖고 있던 플로지스톤이 공기 중으로 날아감으로써 수은재가 생긴다고 믿었다. 라부아지에는 이와는 반대로 금속 수은을 연소시키면 금속 수은과 산소(탈 플로지스톤 공기)가 결합되고, 수은 재(산화수은)를 가열하면 산화수은이 분해되어 금속 수은과 탈 플로지스톤 공기(산소)가 발생한다고 믿었다. 이때 반응 전후의 무게가 변하지 않음을 밝힘으로써 질량보존의 법칙을 인식하게 되었다. 밀폐된 용기 내에서 가연성 물질을 태우는 일련의 실험을 통해 공기는 산소와 질소로 이루어져 있으며 이들의 비율이 1 : 4 정도라는 사실도 밝혔다.

3.4.4 화학의 혁명

화학의 혁명은 이렇게 시작되었다. 그러나 정량적인 방법을 화학에 도입한 것은 라부아지에가 처음은 아니며 그 당시 독일 등지의 많은 화학자들도 도입하기 시작했다. 그러나 라부아지에의 업적은 이로써 끝나는 것이 아니다. 그는 처음으로 체계적인 화합물 명명법을 도입했다. 임의로 사용되던 화합물의 이름을 그 구성 성분뿐만 아니라 성질을 이해할 수 있도록 명명하기 시작했다. 탄산염에 고정되어 있던 "고정된 공기"는 "산화탄소"로, 비트리올(vitriol)은 "황산"으로, 또 "초석의 공기"는 "산화질소"로 명명되었다. 화합물을 기호로 나타내고, 화학 반응을 기호로 표시하기 시작한 것도 라부아지에가 처음이다. 1789년 라부아지에는 그 당시 알려진 모든 화학 관련 지식을 체계적으로 기술한 최초의 교재인 『화학 요론』을 출간했으며, 최초의 화학 관련 전문지인 『화학 연보』를 창간하여 그의 실험 결과 외에도 많은 화학자들의 실험 결과를 발표하기 시작했다. 『화학 요론』에는 그 당시 알려져 있던 33가지의 원소 이름, 기호, 또 이 기호를 사용한 화합물의 기호가 수록되었다. 『화학 요론』은 물리학에서 뉴턴의 『과학 철학의 수학적 원리』와, 생물학에서 다윈의 『종의 기원』에 버금가는 책이다.

물론 아직 원소, 원자, 분자와 화합물의 개념이 완전히 확립된 것은 아니었으나, 그 이후 "일정 성분비의 법칙", "배수 비례의 법칙", 돌턴의 "원자설" 및 "아보가드로의 원리" 등이 잇달아 제안되면서 근대 화학의 기초를 확립하게 되었다.

3.4.5 근대 화학의 성립

라부아지에에 의해 시작된 화학혁명은 아직 원자나 분자의 개념이 확립되지 않은 상태여서 완전할 수는 없었다. 그 이후 유럽 전역에서는 화합물의 구성, 화학 결합 및 화학 반응의 형태에 대해 많은 논의가 진행되었다. 베르톨레(Claude Berthollet, 1748~1822)는 "질량 작용의 법칙"을 발표하였다. 이는 "일정한 온도에서 반응 속도는 반응 물질 농도의 거듭 제곱에 비례한다"는 내용으로, 농도의 개념과 반응 속도의 개념이 처음으로 도입되었다. 프루스트(Joseph Proust, 1754~1826)는 "어떤 화합물을 구성하고 있는 성분 원소 사이의 질량비는 항상 일정하다"는 "일정 성분비의 법칙"을 발표하였으며 돌턴은 원자설에 근거하여 "두 종류의 원소가 결합하여 두 종류 이상의 화합물을 만들 때, 한 원소의 일정량과 결합하는 다른 원소의 질량 사이에는 간단한 정수비가 성립한다"는 "배수 비례의 법칙"을 제안하였다. 게이뤼삭(Joseph Gay-Lussac, 1778~1850)은 "일정한 온도와 압력에서, 반응에 관여하는 기체들의 부피 사이에는 간단한 정수비가 성립한다"는 "기체 반응의 법칙"을 발표했다. 이 법칙에 의하면 수소와 산소가 화합하여 수증기가 될 때, 같은 압력하에서 수소와 산소 그리고 수증기는 2 : 1 : 2의 간단한 부피 비로 결합하는 실험 결과와는 달리 이론상으로는 2 : 1 : 1이어야 한다는 모순이 생긴다(아직 분자의 개념이 없었다).

$$2H + O = H_2O$$

이런 모순을 해결한 사람이 아보가드로(Amedeo Avogadro, 1776~1856)인데, 그는 일정한 원자가 결합하여 만든 새로운 입자인 분자를 생각하고 "분자설"을 발표하였다. 그는 "온도와 압력이 같으면 모든 기체는 같은 부피 속에 같은 수의 분자를 포함한다"는 아보가드로의 법칙을 제안하였다. 이 법칙에 의해 수소 분자를 H_2, 산소 분자를 O_2라 하면 실험 결과와 이론값이 같아진다.

$$2H_2 + O_2 = 2H_2O$$

이로써 분자의 개념이 확립되고 표준 상태(1기압, 0℃)에서 모든 기체의 부피는 22.4L이며, 이 부피 속에 포함되어 있는 기체의 분자 수는 6.02×10^{23}이라는 "아보가드로의 수"가 화학에서 기본 정수 중의 하나가 되었다. 이제 원자, 분자 및 몰(mole)의 개념이 완성되면서 화학 반응에 대한 정량적인 설명이 가능해졌고, 근대 화학이 확립되었다.

3.4.6 주기율표

역사적으로 주기율표는 1869년 러시아의 멘델레예프(Dmitri Mendeleev, 1834~1907)와 비슷한 시기에 독일의 마이어(Julius Meyer, 1830~1895)에 의해 제안되었다. 멘델레예프는 그 당시 알려진 63종의 원소를 원자량의 순서대로 나열했을 때 화학적인 성질이 비슷한 원소들이 주기적으로 나타나는 것을 발견하고 주기율표를 만들었으며, 그 당시 발견되지 않은 게르마늄과 스칸듐의 원소를 예측하고 그들의 성질도 예측하였다. 사실상 그 후 이들 원소들이 발견되었을 때 멘델레예프가 예측했던 성질과 비슷함이 확인되었다. 그 후 주기율표 발견의 영예는 멘델레예프에게로 돌아갔고 그의 이름을 기리기 위하여 101번째 원소 이름을 멘델레븀으로 명명하였다.

그림 3-1에서 보는 바와 같이 주기율표는 단주기와 장주기로 나뉜다. 처음 3개의 주기를 단주기, 그 다음 주기를 장주기라 부른다. 단주기는 각각 8개의 원소들로 구성되어 있고, 장주기는 각각 18개의 원소로 구성되어 있다. 주기율표에서 각 열을 족(group)이라 하는데, 1족부터 18족까지 있다. 1족, 2족, 13족에서부터 18족까지의 원소들을 주족 원소(representative elements), 3족에서부터 12족까지의 원소들을 전이 원소(transition elements)라고 한다. 같은 족 내의 원소들을 동족 원소라 부르는데 이들은 화학적인 성질이 비슷하다. 6주기 3족에 속해 있는 15개의 원소(57La-71Lu)를 란탄 계열 원소, 7주기 3족에 속해 있는 15개 원소(89Ac-103Lr)를 악티늄 계열 원소라 하며, 이들 두 계열 원소들을 내부 전이 원소(internal transition elements)라 한다. 또 1족 원소들을 알칼리금속 원소, 2족 원소들을 알칼리토 금속 원소, 16족 원소들을 칼코겐 원소, 17족 원소들을 할로겐 원소, 18족 원소들을 비활성 원소라 부르기도 한다. 주기율표에서는 원소들의 원자 번호와 질량을 표시하고 있다. 그런데 원자량을 보면 소수점 이하 3째 자리까지 표시되어 있는데, 자연에 존재하는 동위 원소(원자 번호는 같으나 질량이 다른 원소)들의 질량의 평균값을 나타내었기 때문이

주 기 율 표

번호	기호
원자량 영문이름	

1A	2A	3A	4A	5A	6A	7A	8	8	8	1B	2B	3B	4B	5B	6B	7B	8B
1 H 1.008 hydrogen																	2 He 4.003 helium
3 Li 6.941 lithium	4 Be 9.012 beryllium											5 B 10.81 boron	6 C 12.01 carbon	7 N 14.01 nitrogen	8 O 16.00 oxygen	9 F 19.00 fluorine	10 Ne 20.18 neon
11 Na 22.99 sodium	12 Mg 24.31 magnesium											13 Al 26.98 aluminum	14 Si 28.09 silicon	15 P 30.97 phosphorus	16 S 32.06 sulfur	17 Cl 35.45 chlorine	18 Ar 39.95 argon
19 K 39.10 potassium	20 Ca 40.08 calcium	21 Sc 44.96 scandium	22 Ti 47.90 titanium	23 V 50.94 vanadium	24 Cr 52.00 chromium	25 Mn 54.94 manganese	26 Fe 55.85 iron	27 Co 58.93 cobalt	28 Ni 58.70 nickel	29 Cu 63.55 copper	30 Zn 65.38 zinc	31 Ga 69.72 gallium	32 Ge 72.59 germanium	33 As 74.92 arsenic	34 Se 78.96 selenium	35 Br 79.90 bromine	36 Kr 83.80 krypton
37 Rb 85.47 rubidium	38 Sr 87.62 strontium	39 Y 88.91 yttrium	40 Zr 91.22 zirconium	41 Nb 92.91 niobium	42 Mo 95.94 molybdenum	43 Tc (98) technetium	44 Ru 101.1 ruthenium	45 Rh 102.9 rhodium	46 Pd 106.4 palladium	47 Ag 107.9 silver	48 Cd 112.4 cadmium	49 In 114.8 indium	50 Sn 118.7 tin	51 Sb 121.8 antimony	52 Te 127.6 tellurium	53 I 126.9 iodine	54 Xe 131.3 xenon
55 Cs 132.9 cesium	56 Ba 137.3 barium	57 La 138.9 lanthanum	72 Hf 178.5 hafnium	73 Ta 180.9 tantalum	74 W 183.9 tungsten	75 Re 186.2 rhenium	76 Os 190.2 osmium	77 Ir 192.2 iridium	78 Pt 195.1 platinum	79 Au 197.0 gold	80 Hg 200.6 mercury	81 Ti 204.4 thallium	82 Pb 207.2 lead	83 Bi 209.0 bismuth	84 Po (209) polonium	85 At (210) astatine	86 Rn (222) radon
87 Fr (223) francium	88 Ra 226.0 radium	89 Ac 227.0 actinium															

A : 고체원소 A : 기체원소 A : 액체원소 A : 합성원소

란탄계열	58 Ce 140.1 cerium	59 Pr 140.9 praseodymium	60 Nd 144.2 neodymium	61 Pm (145) promethium	62 Sm 150.4 samarium	63 Eu 152.0 europium	64 Gd 157.3 gadolinium	65 Tb 158.9 terbium	66 Dy 162.5 dysprosium	67 Ho 164.9 holmium	68 Er 167.3 erbium	69 Tm 168.9 thulium	70 Yb 173.0 ytterbium	71 Lu 175.0 lutetium
악티늄계열	90 Th 232.0 thorium	91 Pa 231.0 protactinium	92 U 238.0 uranium	93 Np 237.0 neptunium	94 Pu (244) plutonium	95 Am (243) americium	96 Cm (247) curium	97 Bk (247) berkelium	98 Cl (251) californium	99 Es (252) einsteinium	100 Fm (257) fermium	101 Md (268) mendelevium	102 No (259) nobelium	103 Lw (260) lawrencium

그림 3-1 원소의 주기율표

다. 현재까지 알려진 원소의 수는 모두 111개이다. 어떤 주기율표에서는 주족 원소는 A로, 전이 원소는 B로 나타내기도 한다.

3.5 생물학 혁명(세포설의 확립과 진화론)

3.5.1 세포설의 확립

세포에 관하여 처음으로 기술한 사람은 1665년 영국의 훅(Robert Hooke, 1635~1703)이다. 그는 자신이 만든 현미경으로 여러 가지 물체를 관찰하는 과정에서, 코르크 조각이 벽으로 나뉘어 있는 많은 작은 방들로 구성되어 있는 것을 발견하고 그것을 세포(cell)라고 하였다. 그가 관찰한 것은 죽은 코르크 세포의 세포벽이었다. 그 후 네덜란드의 레벤후크(Anton Van Leeuwenhoek, 1632~1723)이 270배의 확대율을 가진 현미경을 제작하여 세포를 관찰한 기록이 있다. 훅과 레벤후크 이후 세포에 관한 연구는 제자리걸음을 하다가, 1824년 프랑스의 뒤크로셰(Dutrochet, 1776~1847)가 생장과 세포의 관련성을 인지하였고, 1831년 브라운(Robert Brown, 1773~1858)이 식물의 세포에서 핵을 발견하였다. 그 후 동물세포에서도 핵이 발견되었다. 슐라이덴(Matthias J. Schleiden, 1804~1881)은 1838년 고등식물의 배 발생 과정을 관찰하여, 식물의 모든 부분이 세포로 되어 있다는 것을 발표하였다. 따라서 "모든 생물의 모든 부분은 세포로 구성되어 있다"는 세포설이 확립되었다. 그들이 제시한 세포 형성 이론은 잘못된 점이 있으나, 세포설 확립은 그 의의가 매우 크다. 즉, 물질계로서의 세포를 생명과 직결시켜 생명에 대한 생기론을 타파한 점이다.

1842년 네게리(Karl W. Nageli)는 염색체를 발견하였고, 1858년 피르호(Rudolf Virchow, 1821~1902)는 슐라이덴과 시반의 세포설을 보정하여, 세포가 세포분열로 증식되는 것을 두고 "모든 세포는 세포로부터"라고 주장하였다. 1861년 슐츠(Max J. S. Schultz, 1825~1874)는 세포는 구획된 원형질의 덩어리라는 현대적 세포의 정의를 확립하였다. 따라서 19세기에 와서 비로소 세포가 생물체의 구조적 · 기능적 기본단위라는 것이 분명해졌다. 세포분열은 세포질 분열에 앞서 반드시 핵분열이 일어난다는 것은 1875년 슈트라스블그(E. Strasburger,

1844~1912)가 식물에서, 플레밍(Walter Fleming, 1843 ~ 1905)이 동물에서 유사핵분열 과정을 상세히 관찰하고 "모든 핵은 핵으로부터"라고 말하였다. 1884년 몰(Hugo von Mohl, 1806~1872)은 세포 내의 점액 유동 물질을 원형질이라고 명명하였고, 그 후 베네덴(E.von Beneden, 1846~1910)은 생식세포의 분열 때 염색체의 행동을 관찰하여 감수분열도 밝혔다. 그 후 세포 학자들은 모든 생물의 세포들은 고유하고 종에 따라 다를 뿐 아니라, 같은 개체 내에서도 부위에 따라 다르다는 것을 알게 되었다. 이러한 외관상의 다양성에도 불구하고 세포들은 근본적인 방식이 유사함을 발견했다.

3.5.2 진화론

생물이 진화한다는 생각은 이미 그리스의 자연철학자들 사이에서 보편적으로 논의되었다. 일찍이 아낙시만드로스(Anaximandros, 기원전 610~547)는 생명체가 땅의 진흙 속에서 자연 발생하고 점차 발전하여 식물과 동물을 생성한 다음, 인간도 생성하였다고 생각하여 생물의 진화적인 발전을 구체적으로 인정하였다. 그리고 아리스토텔레스(Aristoteles, 기원전 384~322)는 자연은 간단하고 불완전한 것으로부터 복잡하고 완전한 것으로 진보한다고 하여 생물은 식물로부터 하등한 동물, 고등한 동물, 그리고 사람으로 단계적인 발전을 한다고 하면서 진화 사상을 간접적으로 시사하였다. 아리스토텔레스는 이와 같은 생각을 『자연의 사다리(Scala Naturae)』로 표현하였다. 초기 기독교 교리를 확립하는 데 크게 공헌한 아우구스티누스(Augustinus, 354~430)는 구약성서에 기록된 창조론을 비유적인 이야기로 받아들이고 생물의 진화적인 발전을 인정하였다. 그러나 중세의 과학적 암흑시대를 거치면서 진화사상은 더 이상 발전하지 못하고, 자연계의 모든 생물은 하느님이 창조한 것이라는 생각이 생명과학을 지배하는 주된 사상이 되었다.

따라서 생물 진화에 대한 현대적인 생각은 16, 17세기의 과학혁명(scientific revolution) 이후에 나타났으며, 18세기 말엽 프랑스의 진보적인 소장 과학자들 사이에서 활발히 논의되기 시작하였다. 이 당시 프랑스는 대혁명이 끝나고 새로운 사상에 대한 갈구가 급증하였으며, 학술적으로는 분류학, 고생물학 등이 크게 발전하여 진화사상이 태동할 기초가 충분히 마련되어 있었던 것이다.

초기진화론자의 한 사람인 뷔퐁(Georges Louis Leclere Buffon, 1707~1788)은 동물이 변하는 원인으로서 먹이와 기후의 직접적인 영향에 주목하고 자연은 동물에게 큰 변화를 일으켜 언뜻 보아 그 모습을 분별할 수 없을 정도라고 말하고 있다. 그는 또한 지구의 나이는 신학자들이 주장하는 것보다 훨씬 오래되었다고 생각하였으나, 당시 귀족사회를 중심으로 한 일반인들에게 생물의 종은 고정되어 있고 종과 종의 경계는 뚜렷할 뿐만 아니라 신종은 만들어지지 않는다는 린네(Carl von Linne, 1707~1778)의 생각이 보편적으로 받아들여지고 있어서 진화에 대한 사상을 공개적으로 펴지 못하였다. 그러나 영국의 에라스무스 다윈(Erasmus Darwin, 1731~1802)은 그의 저서 『식물원(Botanic Garden)』과 『동물 활성론(Zoonomia)』에서 진화적인 사상을 발표하였다. 그는 찰스 다윈(Charles Darwin, 1809~1829)의 조부로서 의사이자 시인이며 박물학자였는데, 동물은 원시 사상체에서 점차 발달하여 오늘날처럼 다양한 모습을 띠게 되었으며 이와 같은 변화는 환경의 영향뿐만 아니라 자극에 대한 감수성의 차이 때문이라고 생각하여 생물의 욕구가 진화의 요인이 된다고 주장하였다. 특히 그는 사람도 원숭이의 한 종류로부터 유래되었다고 하여 현대 진화론의 선구자가 되었다.

이와 같은 초기 진화 사상은 프랑스의 라마르크(Jean Baptiste Lamarck, 1744~1829)에 와서 비로소 학문적인 체계를 확립하였다. 그는 처음에 뷔퐁의 소개로 프랑스 왕립식물원에서 봉직하고 있었으나 프랑스 대혁명 이후 그곳이 박물관으로 개관됨에 따라서 그곳의 무척추동물학 교수로 재직하게 되었다. 그가 진화론을 발전시키면서 그 연구 대상으로 무척추동물을 택한 것은 이와 같은 까닭에서였다. 그는 무척추동물의 분류체계를 합리적으로 확립한 선구자가 되었다.

라마르크의 진화론은 그가 저술한 『동물철학(1809)』과 『무척추동물지(1815)』에 체계적으로 정리되어 있다. 그는 하등에서 고등으로 이르는 동물의 점진적인 발전에 주목하고 지구 상의 모든 생물은 자연의 산물로, 자연이 만들어 내는 최초의 생물은 단순하고 기본적인 체형을 가진다고 생각하였다. 따라서 좋은 환경에서 생활하게 된 생물은 보다 좋은 여건으로 인하여 기관의 발달이 가속되고 나아가 새로운 기관의 출현을 가능케 하고, 이와 같은 현상의 발전으로 마침내 새로운 종이 생성된다고 하였다.

라마르크의 진화론의 핵심은 '용불용설(Law of use and disuse)'로 새로운 기관의 형성을 통하여 종이 다른 것으로 변할 수 있다는 생각을 기초로 한 것인데, 그와 같은 새로운 기관의 형성은 주어진 환경 조건에 대응하여 끊임없이 느끼게 되는 내적 욕구와 이 욕구에 따라서 계속되는 새로운 운동의 결과로 이루어진다는 것이었다. 그리하여 개체가 일생 동안 획득하여 모은 형질은 자손에게 전해진다고 생각하였다.

기린을 예로 들어 보면 기린은 초식동물이어서 나무열매나 잎을 먹이로 하는데, 높은 나뭇가지에 달린 먹이를 먹고 싶은 내적 욕구가 목을 계속 사용하게 하였다. 그 까닭에 목이 조금씩 길어졌으며 이와 같이 길어진 기관의 특성은 자손에게 계승되어서 점점 누적됨으로써 오늘날과 같이 기린의 목이 길어진 것으로 설명한다.

라마르크의 진화 이론은 오늘날의 학문적인 입장으로 볼 때 여러 가지 결점이 드러나는데, 특히 진화를 일으키는 근본 원인으로서 내적 욕구를 든 것은 관념적인 것이어서 과학적인 해석이라고 할 수 없으며, 더욱이 이처럼 제1대에서 얻어진 특정 형질의 진보, 이를테면 목이 길어졌다는 사실이 자손에게 그대로 전달된다는 소위 획득 형질의 유전에 관한 생각도 잘못된 것임이 밝혀졌다. 그러나 이와 같은 문제들에도 불구하고 그의 업적이 크게 주목되는 것은 당시의 열악한 학문적인 여건하에서도 진화론을 그처럼 이론적으로 체계화시켰다는 사실 때문이라고 할 수 있다.

한편, 진화론의 대명사로 불리는 찰스 다윈은 라마르크의 『동물철학』이 발표되던 해에 태어나, 라마르크에 이어서 생물이 진화한다는 사실을 광범위한 자연 관찰과 자료를 모아 입증함으로써 과학적인 사실로 확고히 한 위대한 업적을 남겼다.

그는 1831년부터 1836년까지 지질학자로서 비글호라는 영국 해군의 측량선을 타고 남아메리카, 오스트레일리아, 남태평양의 여러 섬을 거치면서 세계일주를 하였다. 이 항해에서 그는 전 세계 곳곳의 지질과 동식물을 관찰하였고, 수많은 자료를 수집하여 생물 진화에 대한 확고한 신념을 얻고 귀국하였다. 그가 항해하면서 관찰한 수많은 생물들은 지역에 따라 여러 가지 변이를 나타내면서 서로 다른 모습을 하고 있었으며, 화석 생물과 현존생물의 계통적인 유연관계를 알 수 있게 하는 증거를 수없이 발견했을 뿐만 아니라, 항해 도중 읽은 라이엘(Lyell)의 『지질학 원론』의 사상적 영향을 크게 받았다.

귀국 후 그는 자신의 생각을 정리하기 위한 실증적인 자료 수집에 더욱 힘을 기울였는데, 특히 사람들이 기르는 동식물이 야생종과는 너무나 다른 모습으로 변한 사실을 통하여 인위선택에 의한 변종, 품종의 생성과 마찬가지로 자연의 선택작용에 의하여 생물의 종이 변한다는 사실을 생각하게 되었다. 다윈은 맬서스(Thomas Malthus) 신부가 30년 전에 쓴 『인구론』에 깊은 감명을 받았고, 거기서 해결의 실마리를 찾았다. 맬서스는 모든 종은 생식력이 대단하여 기아나 병에 의해 억제되지 않는다면 그 수가 기하급수적으로 증가하는 경향이 있다고 강조했다. 다윈은 귀국 후 20년간 이 연구를 발전시키며 진화의 요인으로 자연 선택(natural selection)을 들고 종의 기원에 관한 논문을 준비하였다.

그런데 1858년 월리스(Wallace, 1823~1913)라는 젊은 과학자가 자신과 같은 진화이론을 정리하며 논문을 마련한 사실을 안 다윈은 그해 7월에 월리스와 공동으로 「자연 선택에 의하여 종이 변종 또는 종을 형성하는 경향성」이라는 논문을 발표하였고, 이듬해인 1859년 12월에 그 유명한 『종의 기원(On the Origin of Species)』을 출간하였다. 그는 이 책의 전반부에 자연선택 이론을 도입하고, 후반부에서는 광범위한 자료를 가지고 생물 진화를 입증하였다. 다윈에 의하면 진화란 결국 새로운 종이 형성되는 것이므로 그 과정은 다음과 같이 설명할 수 있다. 즉, 생물은 자연계에서 수많은 변이성을 나타내는데, 이들은 자연이 수용할 수 없을 만큼 많은 자손을 퍼뜨리므로 그 자손들 사이에는 필연적으로 경쟁이 일어나고, 이때 그처럼 다양한 변이체 중에서 주어진 환경조건에 가장 알맞은 변이성을 지닌 개체가 생존 경쟁에서 보다 유리할 수 있다는 것이다. 따라서 이처럼 유리한 변이성을 가진 개체들은 더 많이 퍼지게 되고, 또한 이 자손들은 그들의 양친을 닮아 보다 유리한 변이성을 지닌 개체가 된다는 것이다. 이처럼 주어진 환경조건에서 최적자가 생존하는 현상을 자연선택의 결과라고 생각하였다.

결국 이와 같은 선택 작용은 그 자손의 대에서도 동일하게 일어나 선택의 누적 현상을 통하여 그 생물은 대를 거듭할수록 주어진 환경 조건에 보다 알맞게 적응된 개체들만 살아남게 되고 이러한 일이 오랜 세월 동안 반복되면서 결국 이 환경 속에서 생활하는 개체들은 원래의 종과 다른 모습으로 발전할 수 있고 마침내 새로운 종으로 진화하게 된다고 결론지었다. 따라서 이처럼 종의 출현은 새로운 종으로 발전할 수 있는 변이체들은 새로운 종의 씨앗의 점진적인 발전을 통하여 이루어진다고 생각하였다. 다윈은 사람들이 가축이나 농작물을 인위적으로 선택하여 품종을 개량하는 것도 이 원리를 바탕으로 한 것이라고 주장하였다.

다윈의 진화 이론에는 진화의 시발점이 되는 변이성에 대한 유전적인 기초가 뒷받침되지 못하여 유전적 변이와 비유전적 변이를 구분하지 못한 결점은 있지만, 자연 선택을 생물 진화의 주된 요인으로 지목한 것은 참으로 탁월한 생각이어서 오늘날에도 진화이론을 전개함에 있어서 핵심적인 원리로 받아들여지고 있다. 특히 그는 라마르크나 그 이전의 진화론자들과는 달리 진화의 기구를 설명함에 있어서 관념적인 요소를 배제하였고, 철저한 관찰을 통한 자료의 보완으로 그의 이론을 뒷받침하게 하여, 그의 생각에 대한 논란의 여지를 없애고 있음이 주목된다.

이를테면, 기린이 목이 길어진 사실에 대한 다윈의 해석에 의하면 기린은 생활환경이 수용할 수 있는 수보다 더 많은 자손을 낳고 이 자손들은 목의 길이에 변이성을 나타내므로, 높은 나뭇가지의 열매나 잎을 따 먹으려면 목이 긴 변이성을 지닌 기린이 더 유리하다는 것이다. 그러므로 이들은 생존의 기회가 더 많이 부여되어 자신처럼 목이 긴 기린을 더 많이 퍼뜨릴 수 있게 되며, 아울러 그 자손 또한 목의 길이에서 변이성을 나타내므로 양친의 대에서와 마찬가지로 선택 작용이 일어나고, 이와 같은 현상이 대대로 누적됨으로써 마침내 오늘날과 같은 목이 긴 기린이 출현하게 된 것이라고 설명하고 있다.

다윈이 진화이론을 정립한 당시에는 유전학에 대한 지식이 전무하다시피 하였으므로 생물이 지닌 형질의 유전을 바르게 설명하지 못한 아쉬움이 있다. 그는 생물 유전에 관한 Pangenesis Theory를 제창했는데, 이 이론에 의하면 생물의 몸은 게뮬이라 불리는 무수한 입자를 만들어 내고 이 입자는 혈액을 통하여 생식기관으로 운반된다는 것이다. 그리하여 한 기관이 지닌 특성은 그대로 생식 세포에 전달되어 다음 세대로 전해진다고 생각한 것이다.

오늘날 우리는 생물의 유전이 유전자에 의하여 이루어지고 그 핵심 물질은 DNA이며 그것이 혈액을 통하여 전달된다고는 생각하지 않지만, 그 당시의 생명과학자들은 이처럼 혈액이 여러 생명 요소들을 체내 곳곳으로 운반하는 역할을 하고 있다고 보편적으로 생각하였다.

다윈의 Pangenesis Theory는 1890년대에 독일의 바이스만(Weismann, 1834~1915)에 의하여 부정되었다. 그는 생식질설을 내어 생식세포와 체세포는 서로 독립적인 것이어서 전자는 수정을 통하여 자손에게 전달되며 영속하지만, 후자는 당대에 개체가 죽을 때 함께 죽어 사라진다고 생각하였다. 그는 이 이론을 정립하기 위하여 쥐를 잡아 꼬리를 자르고 교배시켜 얻은 자손이 꼬리를 갖는지의 여부를 20세대 이상 계속해서 실험하면서 양친세대에

꼬리가 잘렸다 하더라도 그것이 생식세포에 아무런 영향을 주지 않음을 입증하였다.

다윈의 자연선택설이 발표된 이후 생물이 진화한다는 생각은 많은 사람들이 보편적으로 받아들였으나, 그 진화의 메커니즘을 설명하는 데는 다윈의 생각만으로는 부족하다고 판단하고 여러 가지 대안이 마련되었다. 그리하여 19세기 후반에서 20세기 초에 이르는 기간에 수많은 진화이론이 제시되었다.

이를테면 정향 진화설은 아이머에 의하여 제시되고 코프, 오스본, 로사 등이 발전시킨 학설로, 생물은 내재적인 힘에 의하여 환경의 영향과는 관계없이 일정한 방향으로 진화한다는 생각이고, 격리설은 바그너(Wagner)가 1868년에 주창한 후, Ronanes, Gülick 등이 동조한 학설인데, 지리적 격리가 생물의 종을 분화시키는 요인이 된다는 생각이다. 반복설은 헤켈(Heackel)에 의하여 주창된 학설로서 생물의 계통발생 과정은 개체발생 도중에 반복된 다는 생각이다. 따라서 개체발생 과정을 조사하면 그 생물의 진화 경로를 알 수 있다는 것이다.

한편 돌연변이설은 드브리스가 주창한 것으로 돌연변이가 생물 진화의 요인이 된다는 생각이다. 그리고 앞에서 언급된 바이스만은 생식질 연속설을 주창하여 획득 형질의 유전을 부인하고 자연 선택 만능설을 부르짖어 신다윈주의를 발전시켰다. 그 밖에 요한센은 순계설로, Lotsy는 교잡설로 생물진화를 설명하려고 하였다.

3.5.3 유전법칙

“콩 심은 데 콩 나고 팥 심은 데 팥 난다”는 속담이 있는데 이는 유전법칙을 단적으로 표현한 말이다. 형질은 유전자에 의해 지배되며, 그 유전자는 주로 핵 내 염색체 상에 존재하고 유전자의 물질적 본체는 DNA이다. 세포에 있는 개개의 염색체는 많은 유전자들이 연관되어 있으며, 각 유전자마다 지배하는 형질이 다르다. 염색체에 있는 유전자는 배우자를 통하여 다음 세대로 전해진다. 따라서 감수분열을 통하여 상동염색체의 분리와 유전자의 교차에 따라 유전자조합이 달라지는 배우자를 형성한다. 유전의 법칙은 감수분열과 수정 시에 염색체의 행동과 밀접하게 연관된다. 형질의 유전은 기본적으로 우성의 법칙, 분리의 법칙, 독립의 법칙을 따르지만, 대립유전자 사이 또는 비대립유전자 사이에도 유전자 사이의 상호작용이 나타난다.

3.5.4 대립유전자

진핵세포에는 2쌍의 게놈이 있다. 각각의 유전자도 두 개씩 있다는 것을 의미한다. 실제로 한 쌍의 상동염색체를 보면 서로 대응하는 각 위치에는 반드시 동일한 형질을 지배하는 유전자가 있다. 염색체 상의 그 위치를 유전자 자리(gene locus)라고 한다. 따라서 한 쌍의 상동염색체에는 한 쌍의 대응하는 유전자 자리가 있으며, 그곳에 있는 두 개의 유전자는 서로 같은 경우도 있고, 서로 다른 경우도 있다. 한 쌍의 유전자 자리에 같은 유전자를 가진 세포는 그 유전자에 대하여 동형접합자(homozygote)라 하며, 두 유전자가 다를 때는 이형접합자(heterozygote)라고 한다. 이형접합자는 부친과 모친에서 유래하는 유전자가 서로 다르다는 것을 의미한다. 이러한 2개의 유전자를 대립유전자라 하고, 대립유전자에 의해 지배되는 형질을 대립형질이라고 한다. 멘델이 실험에 사용한 7가지 형질은 모두 대립유전자에 의하여 지배되는 대립형질이었다. 완두콩 종자모양(형질)이 둥근 것과 쭈글쭈글한 것은 대립형질이며, 이에 대한 유전자 R(둥근 것)과 r(쭈글쭈글한 것)은 대립유전자이다.

멘델은 1866년에 발표한 논문 「식물잡종에 관한 실험」에서 형질의 유전이 법칙성에 따라 이루어진다는 것을 실험적으로 증명하였다. 유전의 법칙성을 우성의 법칙, 분리의 법칙, 독립의 법칙으로 나누고, 이를 멘델리즘이라고도 한다.

3.6 현대물리학의 출현

현대물리학은 1900년, 플랑크(Max Planck, 1858~1947)의 복사에너지의 불연속적 에너지 덩어리인 양자(quantum)란 개념에 바탕을 둔 양자론과, 뒤이어 나온 아인슈타인(Albert Einstein, 1789~1955)의 상대성이론에서 시작된다. 이 절에서는 플랑크의 양자의 발견이 뒤에 보어(Niels Bohr, 1885~1962)를 중심으로 한 코펜하겐학파에 의해 완성되는 과정과 상세한 상대성이론의 내용에 대해서는 다루지 않고(양자론과 상대성이론은 제4장에서 상세히 다룰 것이다) 현대물리학이 탄생된 배경에 대해서만 알아보고자 한다. 17세기 말에 운동의 세 법칙을 토대로 완성된 뉴턴(Issac Newton, 1642~1727)의 역학은 만유인력, 탄성력 및 전자기력 등 자연계에 존재하는 힘에 의해 나타나는 보편적인 일반원리를 밝혀 주었다. 기계론적(결정론적)인 인과율에 바탕을 둔 이 역학원리에 따르면 모든 물체의 운동은 초기조건(원인)만 주어지면 과거로 소급하여 알 수 있으며 미래의 운동도 정확히 예측할 수 있다. 뉴턴은 자연현상을 가능한 한 단순화하여 자연의 모든 물질은 미립자로 구성되며 자연현상은 이 미립자의 운동에 의해 일어나서 모든 자연현상(빛을 포함해서)은 운동법칙을 따르는 인과적 역학운동으로 귀착된다고 본 것이다. 뉴턴의 역학적 모형에 기초한 기계론적 자연관은 19세기 중엽까지 자연과학의 주류를 이루었으며 19세기에 접어들어 발달하기 시작한 전자기 분야에도 영향을 끼쳐 전자기 유도법칙을 발견한 패러데이(Michael Faraday, 1795~1867) 마저 전자기 현상을 역학적 모형으로 설명하려고 하였다. 그러나 말뤼(Etienen Louis Malus, 1775~1812)의 편광실험에 의해 빛이 횡파임이 알려진 후, 횡파가 공간을 지나기 위해서는 우주 공간에 채워져 있다고 믿었던 에테르(ether)가 고체라야 하는 모순 때문에 빛이 에테르 내를 진동하는 파동이라는 역학적 모형은 수용될 수 없었다. 결국 모든 자연현상을 역학으로 환원하려는 역학적 세계관은 수정되어야 했고 1864년, 맥스웰(James Clerk Maxwell, 1831~1879)의 전자기 방정식을 바탕으로 완성된 전자기 이론에 의해 자연현상을 이해하게 되었다. 이와 같이 전자기 법칙이 자연법칙 중에서 가장 기본이 된다는 전자기학적인 세계관이 새롭게 나타나게 되어 19세기가 끝날 무렵 물리학에 관련된 이론체계는 완성된 듯이 보였다. 즉, 거시세계에서의 물체의 운동과 유체, 탄성체 및 소리에 관련된 역학 현상은 뉴턴 역학으로 설명될 수 있었고, 빛과 전자기 현상은 맥스웰의 전자기 이론으로 완벽하게 기술될 수 있는 것처럼 보였다. 19세기 전반부에는 고전 물리학(역학과 전자기학)의 적용한계를 자각할 계기가 마련되지 않았고 거시현상의 대부분이 고전물리학에 의해 잘 기술되기 때문에 그럴 필요도 없었던 것이다.

그러나 19세기 후반, 영국과 독일, 미국 등의 산업이 두드러지게 발전하자 필연적으로 과학과 기술의 혁신이 요구되었고, 특히 독일에서는 철의 열처리 기술 개발을 위해 열복사에 관한 실험적 · 이론적 연구가 활발히 일어나서 양자론이 탄생할 터전이 마련되었다. 이런 배경하에서 19세기 말부터 20세기로 접어들면서 고전물리학의 적용한계가 문제점으로 부각되기 시작하였다. 빛이 파동이냐 입자냐 하는 빛의 본성에 관한 오랜 논쟁(뒤의 6.2절참조)이 지속되다가 1887년, 빛의 파동론에서 주장하던 에테르의 존재를 찾기 위한 마이켈슨-몰리(Michelson-Morley)의 간섭 실험의 결과는 예상과는 아주 다르게 빛의 속도는 광원이나 관측자의 상대운동과는 무관하다는 것이 알려졌다. 빛의 속도가 달리는 기차 안에 있는 사람에게든 기차 밖에 서 있는 사람에게든 같은 값으로 측정된다는 것은 자연의 신비라고 할 수 있으나, 관측자의 운동상태에 따라 속도가 다르게 측정된다는 갈릴레이 변환식이 빛의 속도에서 성립하지 않는 것은 심각한 문제일 수밖에 없었다. 뉴턴 역학이 갈릴레이 변환식을 따르는 데 반해 맥스웰의 전자기 방정식은 그렇지 않고 상대성원리와 광속 불변의 원리를 만족시키는 새로운 변환식(로렌츠 변환식)에 따라야 한다는 것이 아인슈타인의 특수상대성이론의 출현 배경이다. 이처럼 상대성이론은 에테르라는 가상 물질과 관련된 빛의 본성에 대한 과학자들의 끈질긴 탐구 결과와, 이 실패한 실험 결과를 간과하지 않고 새로운 자연법칙으로 인식한 한 과학자의 깊은 통찰력이 빚어낸 산물이라 할 수 있다.

한편 양자론의 출현 배경은 직접적으로 19세기 후반 독일의 산업이 요구하는 고온열 측정 기술과 관련된 열복사에 관한 연구가 도화선이 되었지만 본질적으로는 기체운동론과 같이 물질의 본성, 즉 원자라는 미시세계에 대한 끊임없는 탐구 결과라 할 수 있을 것이다. 현대물리학의 출발점이 되었던 플랑크의 양자가설은 빛의 속도 문제와 함께 고전물리학의 한계를 들춰내고 자연에 대한 새로운 인식을 갖게 한 혁명적인 사건이었다. 물체 표면에 도달하는 모든 빛을 흡수하는 물체를 흑체라고 하는데 흑체에서 나오는 복사에너지의 파장에 따른 세기를 조사해 보면 어떤 특정한 파장에서 최대가 되며 파장이 짧아지거나 길어짐에 따라 약해진다. 또한 세기가 최대로 되는 복사에너지의 파장은 온도가 높은 물체에서 나오는 빛일수록 짧아진다. 이와 같은 흑체복사 현상에 대해 많은 통계물리학자들이 고전물리학인 전자기파 이론으로 설명하려고 시도했으나 번번이 실패했다. 플랑크는 흑체복사의 문제를 설명하기 위해 고전물리학에서 주장하듯이 흑체가 흡수하거나 방출하는 에너지가 연속적인 양이 아니라 불연속적인 양(에너지 양자)이며 이 에너지 양자의 크기는 진동수에 비례한다는 가설(양자가설)을 세움으로써 흑체복사 현상을 완벽하게 기술해 낼 수 있었다. 고전물리학과는 완전히 다른 에너지양자 개념은 연속과 불연속 사이에 존재하는 개념적 장벽 때문에 쉽게 용인되지 못했으나 1905년, 아인슈타인은 빛은 에너지

덩어리로서 공간에 전달된다는 광자설을 내놓아 이 문제를 해결하면서 광입자설을 주장하였다. 아인슈타인은 광자설을 이용해서, 빛을 금속에 쪼이면 금속 표면에서 전자가 튀어나가는 '광전효과'를 훌륭하게 설명하였다. 광전효과는 빛의 파동설을 지지하는 전자기파 이론으로는 설명할 수 없었던 현상이었다. 뉴턴에 의해 제시되었던 빛의 입자설은 아인슈타인의 광자설에 의해 다시 제기되었고 이후 1923년 콤프턴(Arthur Holly Compton, 1892~1962)의 산란실험에 의해 입증되었다. 그는 전자와 X선을 충돌시켜 산란실험을 수행하였는데 전자와 X선은 마치 두 개의 당구공이 충돌하여 튕겨 나갈 때와 같은 행동을 보였다. 양자의 개념에서 빛을 광자(photon)라고 부르는 소립자로 취급하게 되었으며, 광자는 정지질량 없이 광속으로만 운동할 수 있고 동시에 파동성을 갖는 이중성을 본성으로 하고 있다. 알고 보면 알쏭달쏭한 빛에 관한 신비가 결국 과학자들에게 상대성이론과 양자론이라는 혁명적 사고를 낳게 한 것이다.

상대성이론은 아인슈타인 한 개인에 의해 시작되어 그 스스로 완성하였지만 양자론은 플랑크 이후 보어, 파울리, 하이젠베르그, 슈뢰딩거, 디락 등을 거쳐 양자역학이라는 이론체계를 형성하게 된다. 상대성이론은 광속도에 비견되는 고속 운동체의 운동현상을 다루고, 양자론은 분자, 원자와 같이 미시 세계에 대한 이론체계이기 때문에 우리들의 감각에서 볼 때 모두 초경험적이다. 모두 우리가 직접 경험할 수 있는 것만으로 된 것은 아니므로 이 같은 미시세계도 우리 주변 거시세계와 마찬가지로 실제적이다. 상대론은 공간과 시간에 관한 고전적인 뉴턴 역학의 개념을 근본적으로 바꾸어 놓고 시공 4차원 세계에 기초하여 원자에서의 전자의 운동, 태양계에서의 행성의 운동, 우주에서의 은하의 운동을 논하는 데 중요한 변화를 가져왔다. 반면에 양자론은 뉴턴의 인과론을 정면으로 거부하면서 원자나 원자핵의 구조, 물질에 대한 인간의 인식에 대한 커다란 변화를 요구하고 있다. 두 이론 모두 현대물리학의 두 축을 형성하면서 우주와 물질의 본성뿐 아니라 생명의 신비에 대한 탐구에 이르기까지 큰 역할을 하고 있다.

3.7 생기론과 기계론

과학을 어떤 눈으로 보아야 하는가? 그리고 생명에 대해서는 어떻게 생각해야 하는가? 과학이란 우리 눈으로 볼 수 있는 실체를 가진 것만이 아니라 과학을 구성하고 있는 모든 요소들과 이들로부터 얻어 낸 결과를 그럴듯하게 설명하는 모든 내용을 일컫는 추상적인 개념이다. 따라서 과학을 알고자 할 때에는 우리가 생각하는 과학적 의문에 대해서 체계적으로 설명해 보려는 마음의 눈이 있어야 한다. 그것은 과학을 비롯한 모든 학문이 인간 중심의 사고에서 비롯되었기 때문이다. 마음의 눈으로 볼 수 있는 첫 번째 단계가 눈에 보이는 물체의 존재를 확인하는 것이다. 그리고 그 형체는 어떤 것으로 구성되어 있는지 분석해 보고 형체를 구성하는 질료를 살펴보는 것도 모두 마음의 눈을 통해 이루어져야 한다.

우리 주변에 있는 나무 한 그루, 돌멩이 하나는 옛 사람들의 눈에도 똑같은 형체로 보였을 터이지만, 그것들이 어떤 질료로 이루어졌고, 어째서 그 자리에 있는지 등은 시대가 변했다 하더라도 모든 사람들에게 궁금하기는 마찬가지일 것이다. 시대가 바뀌어 지식과 경험이 쌓이면서 물체를 보고 느끼는 의식도 함께 변하였고, 변화를 설명하기 위하여 조그마한 지식의 실마리를 풀어 가면서 과학적인 방법으로 의식의 변화과정을 더듬어 보는 것도 매우 흥미로운 여행이 될 것이다.

생명의 신비를 인간에게 초점을 맞추어 생각하는 바를 철학적으로 설명한 것을 생명철학이라고 부른다. 아주 오래전 그리스 시대의 자연철학을 비롯하여 고대 동양사상에서부터 생명이란 문제에 대하여 많은 가설들이 제시되어 왔다. 아낙사고라스(Anaxagoras, 기원전 500~428), 엠페도클레스(Empedocles, 기원전 493~433), 장자(莊子) 등에 의하여 자연철학적인 공상론이 이미 오래전부터 이야기되고 있었다. 그러나 생명현상은 물질현상 이상의 것이라는 생각이 예부터 일반적인 설명으로 알려져 왔다. 아리스토텔레스가 주장한 대로 "생물은 물질을 소재로 하고 거기에 영혼이 결부된 것이 생명이다"라는 영혼론(靈魂論)에는 생명에 철학적인 형식이 부여되었으며, 당시에도 모든 생물을 식물적 영혼, 동물적 영혼, 그리고 인간적 영혼의 3단계로 구분하였다. 근세 이후에도 생명론에서는 여러 가지 사상적인 형식이 가미된 영혼론들이 제창되었는데, 이들은 모두 초자연적인 힘에 의해서 생명이 영위된다고 하는 것으로, 이른바 생기론(生氣論)이라 불리고 있다.

생기(生氣)는 한마디로 살아 있는 생명체가 나타내는 기운을 뜻한다. 살아 있지 않은 것은 죽은 것이고, 따라서 생명이 없는 기계는 비록 움직일 수 있다 하더라도 스스로 조절하는 것은 아니라고 본다. 그러므로 살아 움직이는 생물체가 스스로 정해 놓은 목표를 향해 나아가는 것을 생기론이라 한다면, 이에 대응하는 기계론은 생명이 없는 무생물체나 기계가 자연의 힘에 따르거나 경우에 따라서는 사람이 원하는 대로 움직이는 것이라고 많은 사람들이 생각하고 있다.

생기론에서는 생명 현상의 발현은 비물질적인 생명력이라든지, 자연법칙으로는 파악할 수 없는 원리에 지배되고 있다고 하며, 다른 말로는 활력론(活力論)이라고도 한다. 이것은 인간의 행위뿐만 아니라 역사적 현상이나 자연 현상을 포함한 세계의 모든 현상들이 목적에 의하여 규정되고 지배되고 있다고 보는 기계론(機械論)과 대립된다. 아리스토텔레스는 그의 자연학(自然學)에서, 이 세상에서 운동하고 변화하는 감각적 사물의 원인으로 질료인(質料因)·형상인(形相因)·동력인(動力因)·목적인(目的因)의 5가지를 꼽으면서, 모든 것들이 신(神)을 궁극적 목적으로 삼아 움직이고 있다고 생각하였다. 이러한 생각은 아리스토텔레스 철학의 연장인 중세 스콜라 철학에서도 계속되었다. 당시의 인간중심주의·유기적 자연관(有機的自然觀)·유신론(有神論)의 입장에서는 목적론으로 기우는 것이 자연스러운 경향이었다.

근세에 이르러 물리·화학 분야에서 새로운 법칙과 원리들이 발견됨으로써 물리·화학적인 설명으로 생명을 이해할 수 있다는 주장이 나오게 되었다. 물질현상에 의해서 생명현상이 설명될 수 있다는 것이 기계론(機械論)인데, 이것은 17세기 데카르트(R. Decartes)에 의해서 처음으로 주장되었다. 데카르트는 정신과 물질을 분리하여 육체를 단지 물질로서 연구할 수 있는 문을 열게 하였으며, 더 나아가 물질을 생물과 무생물로 나누고 이 가운데 무생물을 연구하는 학문으로서 물리학이 크게 발전할 수 있게 만들었다.

생기론과 대립되는 개념을 갖춘 기계론은 일반적으로 우주 만물의 실재가 물질뿐이라는 유물론과 연결되기 쉽다. 고대 그리스에서는 데모크리토스(Democritus, 기원전 460~370), 에피쿠로스(Epicurus, 기원전 341~270) 등의 원자론자가 기계론적인 입장을 취했고, 근대에 이르러서는 홉스(T. Hobbes, 1588~1679)나 스피노자(Spinoza. B., 1631~1677)와 같은 결정론자, 프랑스의 유물론자들이 이 학설을 발전시켰다. 라이프니츠(Leibniz G.W., 1646~1716)는 기계론적 필연성의 바탕 위에 창조주로서의 신의 목적성을 결부시키는 예정조화설(豫定調和說)에 의하여 목적론과 기계론의 조화를 꾀하기도 하였다.

칸트(Kant I., 1724~1804)는 기계론적 필연성의 타당한 범위를 현상계(現象界)에 한정시키고, 초자연계(超自然界) · 도덕계(道德界)에 목적론을 도입하였다. 또한 그는 사물 안에 들어 있는 숨은 성질이나 능력에 대한 생각을 배척하고, 데카르트 자연학의 경우처럼 힘의 개념을 부정하였다. 그리고 일체의 사물을 연장(延長) · 형(形) · 운동(運動)으로 설명하는 점에서는 사물의 비약적인 변화 · 발전을 인정하는 정력설(精力說 : 에너지론)이나 역본설(力本說 : Dynamism)과 대립된다고 설명하였다.

또한 근세 이후로 생물학이 발전하여 생명현상이 한두 가지씩 물질적으로 해명되기 시작하면서 생물학자들 사이에 기계론이 널리 알려지게 되었다. 생물학에서의 기계론은 생물체를 기계에 비유하고 생명현상을 물리 · 화학적 작용으로 보는 생명론을 말한다. 17세기에 데카르트는 동물기계론을 제창하여, 동물체를 태엽을 감은 기계와 같이 생각하였고, 18세기에 라메트리(LaMetrie J.O., 1709~1751)는 이를 한층 발전시켜 인간기계론을 주장하였다. 19세기에는 물리 · 화학적 기계론이 고양되었으나 최근에 알려진 사이버네틱스(Cybernetics)는 생명현상을 자동 조절기계로 보려는 견해로 발전하고 있다.

20세기에 들어서면서 홀데인(Holdane) 등은 전체론(holism)을 주장하였는데, 이에 따르면 생물체는 단순한 물질의 집합체일 뿐만 아니라 전체로서 새롭게 통일된 기능을 갖게 된다. 이렇게 홀데인이 주장한 바와 같이 생물 개체와 그 환경을 하나로 묶어서 생각해야 한다는 종합적인 의미에서 전체론(全體論)도 알려지고 있다. 이러한 전체론에는 정도의 차이는 있으나 생기론적인 요소가 많이 풍기고 있는 것이 사실이다.

전체성의 원리는 "전체에 있어서 부분의 법칙으로 환원되지 않는다"는 법칙성이 성립한다. 전체는 많은 부분들이 모여서 이루어지기는 하지만, 완전한 하나는 전체가 나타내는 특성을 갖기 마련이다. 한편 변증법적인 유물론의 입장에서 보는 생명론은 원래부터 기계론에 속하는 것이지만, 생명현상의 기계적인 구조를 강조한다는 점에서는 전체론과 닮은 점이 없지는 않다. 미국의 수학자 위너 등이 1947년에 제안한 사이버네틱스에 의하면 생명 현상의 해명에 이용되는 뇌를 컴퓨터에 비유하였다. 이와 같은 생각은 생물체를 복잡한 자동기계로 이해하려는 데카르트의 기계론적인 생각을 강화한 것이라고 볼 수 있다.

과학적 연구방법 가운데 환원주의에 근거하는 방법이 있다. 환원주의 연구방법은 예를 들자면 시계를 분해하여 그것이 어떻게 움직이는지 보는 것과도 같은 방법이다. 그렇지만 이러한 연구방법은 생물체를 중심으로 하는 복잡한 체계 안에서는 크게 도움이 되지 않는다. 왜냐하면 생물체 안에서 이루어지는 대부분의 작용과 반응이 미리 계획되었거나 지시받는 대로 이루어지는 것이 아니기 때문이다. 다만 생물의 생명현상을 이루는 요소들이 자연발생적인 상호작용으로부터 일어나는 것처럼 보였기 때문이다. 그래서 생물체의 행동은 스스로는 물론이고 환경 안에 들어 있는 여러 조건들과 맞추면서 적응하며 함께 살아가는 균형이 매우 중요하다는 것을 생각해야 한다.

지금까지도 유전현상을 비롯하여 발생 · 분화 · 면역 · 적응 · 공생 등의 복잡한 생명현상이 조금씩 밝혀지고 있지만, 생명의 본질에 대해서는 아직도 불분명한 점이 많이 남아 있다. 생명현상에 대한 분석적인 연구와 함께 종합적인 방면으로의 연구도 진행되면서 생명에 대한 지식이 쌓이면 앞으로 생명에 대한 관점도 조금씩 변화될 것이다. 어쨌거나 생명을 둘러싸고 있는 신비가 베일을 벗게 될 때에는 생명이 새롭게 정의될 것이고, 이러한 작업은 분명히 생명과학자들만의 문제가 아니라 철학자들이 설명해야 할 몫이 있는 것이다.

제4장

물질관의 어제와 오늘

4.1 고전 물질관

4.1.1 뉴턴 이전의 물질관

(1) 힘과 관성의 이해

아리스토텔레스는 물체는 자연의 힘(mover : 기동자)에 의하여 그 물체의 고유의 장소로 돌아가려는 성질을 갖고 있다고 했다. 돌이 지상으로 낙하하는 것은 돌의 고유의 장소가 지구의 속이기 때문이라는 것이다. 또 그는 자연은 진공을 싫어한다는 믿음으로 오늘날 관성으로 이해하는 개념을 설명했다. 날아가는 공이 방해받지 않는 한 계속해서 운동하는 것을 다음과 같이 해석했다. 물체가 운동하여 공이 장소를 이동하면 그것이 떠나온 바로 앞 시간의 위치는 진공이 된다. 따라서 이곳에 공기가 들어와서 공을 계속 운동하게 한다는 것이다. 또 여기에서 알 수 있는 바와 같이 아리스토텔레스는 원격작용(action at a distance)보다는 물체가 접촉하든지 또는 매질을 통하든지 하여 힘이 작용한다고 하여 근접작용(action through medium)을 택한 것 같다. 그는 또 지구 상의 물체의 낙하속도가 무게에 비례하기 때문에 무거운 것이 먼저 땅에 도달한다고 했는데, 이 생각은 후에 갈릴레이에 의해서 수정될 때까지 보편적으로 받아들여졌다.

반면에 필로포노스(John Philoponos, 630년경) 등에 의한 임페투스(impetus : 기동력) 이론에서는 신은 태초에 천체에 임페투스(현대 용어로는 운동량에 해당)를 주어 운동하게 하였다고 한다. 지상물체는 운동을 시키는 자로부터 기동력을 공급받아 운동을 시작하고 그 기동력은 계속 접촉을 하지 않아도 물체가 갖게 되어 운동을 계속하게 한다고 했다. 오늘날 관성으로 이해되는 개념을 이렇게 설명하였다. 즉 그의 생각은 근접작용보다는 원격작용의 성격을 띠고 있다. 갈릴레이는 초기에는 이것을 채택했으나 그 후에 자신의 고유한 기계론적 입장을 내놓았다.

길버트(William Gillbert, 1540~1603)는 지구는 거대한 자석이고 중력도 자기력의 복잡한 합성에 의해서 생기는 힘이라고 하는 자석설을 제창하였다. 이 자석설을 발전시켜 케플러는 태양의 자기력이 행성을 끌어당긴다고 하였다. 또 케플러는 신에게서 받은 영(aniam)에 의해서 운동이 이루어진다고 했다. 태양에 있는 영이 행성에 있는 영을 조정하여 행성을 운동하게 한다는 뜻이다. 이상의 학설들은 운동이 신의 능력에 의한 것이라는 믿음에 기초를 두고 있으면서 중세 과학의 한 장을 형성했다.

17세기에 와서는 갈릴레이, 데카르트, 뉴턴의 기계론이 등장하였다. 갈릴레이는 실험에 의하여 공기의 부력이나 저항이 없으면 무거운 물체나 가벼운 물체는 같은 시간에 지상에 도달한다는 사실을 발견했다. 이것은 아리스토텔레스의 생각을 부정하는 것이다. 그는 중력을 어떤 특정 물체와는 관계없이 존재하는 인력이라고 생각했다. 그는 또 지상물체의 낙하속도 v는 낙하시간 t에 비례하고($v = gt$, g는 중력가속도), 낙하거리 S는 t의 제곱에 비례한다($S = \frac{1}{2}gt^2$)는 사실을 발견하여 근대 역학을 형성하는 데 큰 공헌을 했다. 그는 또 다음과 같은 사고 실험을 했다. 내림비탈을 굴러 내리는 공은 가속되지만 이것이 다시 오름비탈을 만나면 감속된다. 이 가속도 개념은 뉴턴에 와서 힘의 개념으로 바뀐다. 또 내림비탈을 굴러 내리는 공이 평면을 만나면(운동을 방해받지 않는 한) 같은 속도로 운동을 계속한다는 1차원적 관성의 원리를 내놓았다. 이 생각은 뉴턴에 와서 보편적인 관성의 법칙으로 발전하게 된다.

데카르트는 신이 우주공간 속에 물질을 만들고 운동을 넣었다고 생각하였다. 그래서 운동은 신의 속성이고 일정한 법칙을 따른다고 했다. 그러나 데카르트는 천체역학에 있어서 소용돌이 이론(Vortex theory)를 내놓았는데, 이 이론에 의하면 태양을 중심으로 큰 소용돌이가 같은 방향으로 회전하고 있으며 그 힘에 의하여 행성들이 회전한다는 것이다. 그러므로 이것은 케플러의 생각과는 다른 기계론적 입장을 바탕으로 한 역학적 우주론이다. 갈릴레이는 지상물체에 대해서만 역학을 연구한 데 반해 데카르트는 불완전하나마 천체에 대한 역학을 시도하여 역학적 우주론을 최초로 구상한 사람이다. 데카르트의 역학적 우주론은 훗날 뉴턴에 의해서 완성되었다. 데카르트는 한 물체가 다른 물체로부터 방해받지 않는 한, 같은 운동을 계속한다는 관성의 법칙을 이야기하기도 했다. 훅(Robert Hooke, 1635~1703)은 천체들 사이에는 거리의 자승에 역비례하는 인력이 작용한다는 것을 알아내었고 또 힘을 받지 않으면 직선운동을 계속한다는 관성의 법칙을 발표하였다.

4.1.2 뉴턴역학

고전역학은 뉴턴역학이다. 뉴턴은 갈릴레이역학, 데카르트의 우주론적 기계론, 행성에 대한 케플러의 운동법칙을 참고로 하여 지상물체와 천체에 공통된 역학적 우주론을 완성했다. 뉴턴역학의 특이한 점은 수학을 사용하여 역학을 완성하였다는 점이다. 1687년에 발표한 그의 저서 『프린키피아(Philosophiae naturalis principia mathematica : 자연철학의 수학적 원리)』에 소개된 뉴턴역학은 크게 운동의 법칙과 만유인력의 법칙이다. 이것들은 지상물체냐 천체냐에 관계없이 질량을 갖는 물체는 반드시 따라야 하는 보편법칙이다. 다시 말하면 뉴턴역학은 케플러의 천체 역학과 갈릴레이의 지상물체 역학을 통합한 것이다. 이들 법칙을 현대의 용어로 번역하여 기술하면 다음과 같다.

(1) 운동의 법칙

(i) 관성의 법칙 : 외부로부터 힘을 받지 않으면 물체는 등속도운동(등속직선운동)을 계속한다.

(ii) 가속도의 법칙 : 외력이 작용하면 물체에는 힘에 비례하는 가속도가 생긴다. 질량 m인 물체에 작용하는 힘 F와 이때 생기는 가속도 a 사이에는 $F=ma$의 관계가 성립하고 F와 a의 방향은 같다.

(iii) 작용 반작용의 법칙 : 모든 작용에는 크기는 같고 방향이 반대인 반작용이 수반된다.

(2) 만유인력의 법칙

모든 질량체 사이에는 인력(만유인력, 중력)이 작용한다. 거리가 r만큼 떨어진 질량 m_1, m_2인 두 질량체 사이에 작용하는 인력은 중심력(방향이 두 물체의 중심을 잇는 선위에 있는 힘)이고, 크기 F는 거리의 역자승(r^{-2})과 질량의 곱($m_1 m_2$)에 비례하여

$$F = G\frac{m_1 m_2}{r^2}$$

이다. 비례상수 G는 만유인력 상수이다.

(3) 뉴턴역학의 특징

결정론적 인과법칙이다. 하나의 원인은 꼭 하나의 결과만을 나타낸다는 뜻이다. 뉴턴의 법칙은 어느 한 시점의 물체의 상태(위치, 속도)를 알고 이 물체에 작용하는 힘을 알면 미래의 어느 시점에서의 위치와 속도를 알게 된다고 말한다(현대물리학에서 뉴턴의 역학은 수정된다. 특히 운동의 법칙과 인과법칙 등은 상대론과 양자론에 의해서 수정된다).

4.1.3 전자기학의 기본 법칙

정전기의 발견은 탈레스에서 비롯한다고 알려져 있지만, 그 이전부터 사람들은 자연 속에서 전기와 자기의 현상을 관찰하고 이들에게는 두 가지의 힘(인력과 척력)이 있다는 사실을 알고 있었던 것 같다. 그 후에 전기와 자기의 본성에 대한 연구는 별 진전이 없었다가 중세를 지나서부터 비로소 연구가 재개되었다. 그러나 전기와 자기를 별개의 현상으로 보는 관점이 길버트를 비롯한 당시의 많은 학자들에 의해서 신봉되었다. 전기력과 자기력은 어떤 법칙을 따르는가 하는 쪽에 관심이 기울여져 오다가 미첼(John Mitchell, 1724~1793)은 자기력이, 프리스틀리(Joseph Priestley, 1733~1804)는 전기력이 역자승력(물체 사이의 거리의 역자승에 비례하는 힘)임을 알아내었으나 힘과 거리 및 전하(전기량) 또는 자하(자기량)의 관계를 수학적으로 명확히 정립하지는 못했다.

(1) 전자기력과 전자기장

쿨롱(Charles Augustin de Coulomb, 1738~1806)은 비틀림 저울을 사용한 실험에서 두 전하(또는 자하) 사이의 힘이 거리의 역자승과 두 전하(또는 자하)의 곱에 비례하는 것을 알아내었다.

$$\text{정전기력} \propto \frac{\text{두 전하의 곱}}{(\text{거리})^2}$$

$$\text{정자기력} \propto \frac{\text{두 자하의 곱}}{(\text{거리})^2}$$

이들이 쿨롱의 법칙이다. 이 두 개의 힘의 법칙은 정지해 있는 전하와 전하 및 자하와 자하 사이에 성립하는데 이것을 바탕으로 전기와 자기를 연구하는 학문을 각각 정전기학, 정자기학이라고 하여 초기에는 서로의 연구 영역을 구별하였다. 이후에 전기력과 자기력이라는 힘을 장(field)이라는 새로운 개념을 도입하여 설명하는 쪽으로 학문의 방향이 바뀌었다. 다시 말하면 두 전하(또는 자하) 사이에 힘이 작용하는 것은 어느 하나의 전하(또는 자하)가 만드는 역장 속에서 다른 하나의 전하(또는 자하)가 힘을 받는 것이라고 해석한다. 역장의 세기를 가시적으로 나타내기 위해서 패러데이가 도입한 역선속(역선의 다발)을 쓰면 쿨롱 법칙 대신에 쓴 가우스 법칙은 다음과 같다.

<전기장에 대한 가우스 법칙>

임의의 폐곡면을 관통하여 밖으로 나가는 전기력선속의 합은 곡면 내부의 전하의 합에 비례한다.

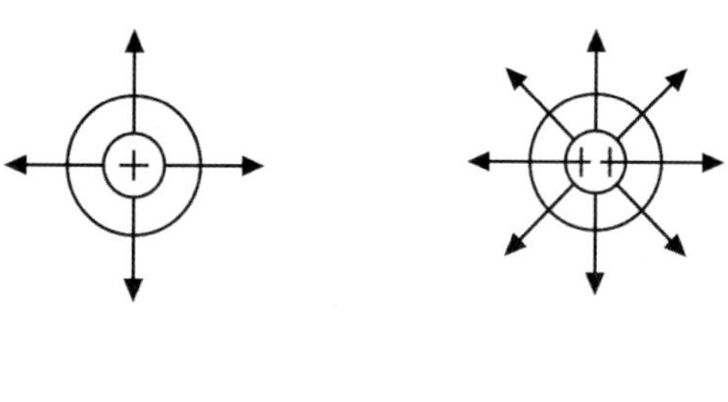

<자기장에 대한 가우스 법칙>

임의의 폐곡면을 관통하여 밖으로 나가는 자기력선속의 합은 0이다.

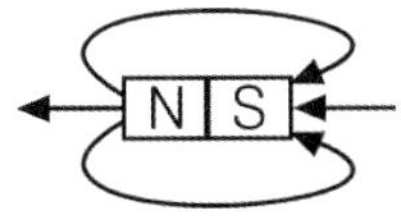

자기장의 경우 전기장과 다르게 역선속의 합이 0인 이유는 자기에는 홀극이 존재할 수 없고 항상 N극과 S극이 함께 나타나기 때문이다.

(2) 전류에 의한 자기장의 생성

전하가 움직이면 전류가 된다. 외르스테드(Hans Christian Örsted, 1777~1851)는 전류가 흐르는 도선 근방에 둔 나침반이 움직이는 것을 보고 전류가 그 주위에 자기장을 만든다는 사실을 발견했다. 즉, 전류가 흐르는 도선은 하나의 자석이다. 이것은 전기와 자기가 별개의 것이 아님을 의미한다. 이것을 보다 수학적으로 표현한 사람이 바로 암페어(Andrée Marie Ampére, 1775~1836)이다.

<암페어 법칙>

전류가 흐르는 도선 주위에는 자기장이 생기는데 그 자기장은 전류의 세기에 비례한다.

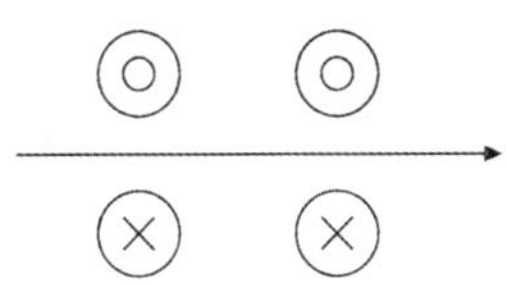

자기장 발생
(자기장 ∝ 전류)

(3) 자기장에 의한 전류의 발생

한편 패러데이(Michael Faraday, 1791~1867)는 폐회로로 된 코일 근방에서 자석을 움직이면 폐회로에 전류가 발생하는 것을 발견했다. 이때 자석의 움직임에 의하여 폐회로 내의 자기력선 속에 변화가 생기는데, 그 변화를 방해하는 방향으로 전류(유도전류)가 흐른다는 것을 알았다.

<패러데이의 법칙>

폐회로를 관통하는 자기력선속이 변하면, 그 변화를 방해하는 방향으로 유도전류가 흐른다. 자석이 코일에 접근할 때 관통하는 자기력선이 증가하면서 이것을 막는 방향으로 전류가 발생한다.

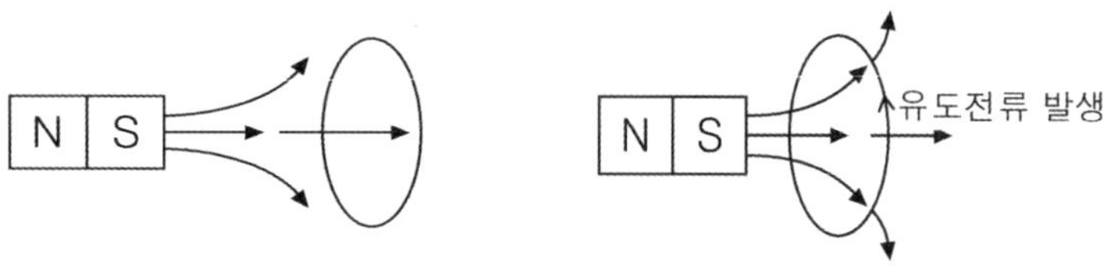

최초

(접근 시 : 관통하는 자기력선이 증가하면서 이것을 막는 방향으로 전류가 발생)

4.1.4 맥스웰의 전자기파 이론

맥스웰(James Clerk Maxwell, 1831~ 1879)은 앞에서 소개한 네 개의 법칙을 다듬어서 훨씬 세련된 몇 개의 방정식으로 표현했는데 이들을 맥스웰의 기초 방정식이라고 부른다. 그는 다시 이들 기초 방정식을 정리하여 시간 t와 위치 x에 대한 전기장과 자기장의 편미분방정식을 얻는 데 성공했는데 이 편미분 방정식이 속력이 빛의 속력과 같은 파동에 대한 방정식이 됨을 발견했다. 즉 진행방향 x와 시간 t에 대해서 전기장 E는

$$\frac{\partial^2 E}{\partial t^2} = c^2 \frac{\partial^2 E}{\partial x^2} \quad (c = 3 \times 10^8 m/s)$$

을 만족하고 자기장도 같은 식을 만족함을 발견했다.

이것을 해석하면 다음과 같다. “시간적으로 변하지 않는 장(전기장, 자기장)은 역선을 내어 전기 또는 자기가 미치는 공간을 형성한다. 그러나 전기장이 시간에 따라 변하면 그것과 수직한 방향으로 전기장이 형성된다. 즉, 전기장과 자기장은 빛의 속력 c로 공간 속으로 시간에 따라 파동의 모양을 그리면서 전파되며 에너지(전자기 에너지)를 전달한다. 이것을

전자기파(electromagnetic wave)라고 부른다." 따라서 맥스웰에 의하면 빛은 전자기파의 일종이다.

입자성을 주장한 뉴턴학파와 파동성을 주장한 호이겐스학파 사이에 빛의 본성에 대한 논쟁이 있었으나 초기에는 뉴턴의 명성과 권위 때문에 입자설이 우세했다. 그러나 빛에 있어서 간섭, 회절 등의 파동성이 발견되면서 파동설이 우세하기 시작하다가 맥스웰의 전자기파 학설이 출현하면서 파동설의 우세가 확실하게 되었다(그러나 현대 물리학에서는 빛이 입자성과 파동성을 함께 갖는다고 생각한다).

그런데 역학파(음파, 줄의 파동, 수파 등)에서는 항상 파동을 전파시켜 주는 매질이 존재하는데, 호이겐스학파는 빛에도 매질이 있을 것이라고 생각하였다. 그들은 가상적인 이 매질을 에테르(ether)라고 이름 붙였다. 빛이 전자기파의 일종이므로 에테르는 전자기파의 매질이라고 가정한 셈이 된다. 그러면 전기장과 자기장은 근접작용을 한다고 생각된다. 그러나 이후에 실행한 실험(마이켈슨-몰리 실험)에서 에테르의 존재는 부정되고 진공 자체가 전자기파의 매질이 될 수 있음을 알게 된다. 현대에 와서는 매질에 의하여 근접작용을 다루던 방식도 바뀌어, 힘을 매개하는 입자의 존재에 의하여 근접작용을 다루는 방식을 채택하게 되었다.

현대물리학에서는 모든 기본적인 힘(중력, 전자기력, 강력, 약력)을 입자 간의 상호작용(중력 상호작용, 전자기 상호작용, 강 상호작용, 약 상호작용)의 견지에서 이해하고 있다. 모든 상호작용에는 매개 입자가 있으므로 이들은 모두 근접작용이라고 알려져 있다. 따라서 현대에 와서는 원격작용을 주장하는 직달설(直達說)은 물러가고 근접작용을 주장하는 매달설(媒達說)이 보편적으로 받아들여지게 되었다.

4.2 양자론

4.2.1 양자론의 출현

뉴턴에 의해서 체계화된 고전역학이론은 거시적인 물리현상을 설명하는 데 성공하였다. 그러나 현대로 접어들면서 과학과 기술의 발달로 실험장비가 좋아지면서 미시적인 세계에서 일어나는 물리현상들을 많이 접하게 되었다. 이 현상들에 대한 해석을 기존 고전이론의 틀 속에서 해결하려고 하였으나 불행하게도 순조롭지 못하였다. 고전물리이론의 문제점을 잘 보여 주는 예를 두 가지 들어 보자.

우선, 쿨롱의 힘을 받으면서 수소원자의 핵 주위를 도는 전자의 경우를 고려해 보자. 전자는 전하를 띤 입자이면서 원운동을 하기 때문에 끊임없이 가속운동을 하고 있다. 고전전자기학 이론에 의하면 전하를 띤 입자가 가속이 되면 전자기파를 발생시킨다. 전자기파는 에너지를 가지고 있으므로, 원운동을 하는 과정에서 방출되는 전자기파에 의해 에너지가 빼앗겨서 전자의 운동에너지는 결국 줄어들게 된다. 따라서 전자의 속력이 줄어들 것이고, 반경도 같이 줄어서 결국에는 전자가 수소원자의 핵 속으로 침몰하고 만다는 결론이 나온다. 이 결론은 고전이론만으로 전자의 핵 주위의 원운동을 다룰 경우에 유도되는 피할 수 없는 결론이다. 하지만 자연계에 존재하는 수소 내부의 전자에는 이런 일이 일어나지 않고, 전자는 안정적으로 핵 주위를 돈다.

두 번째 예로서, 여기된 수소원자에서 방출되는 전자기파의 파장에 대한 실험결과를 들어 보자. 고전이론에 의하면, 수소원자 주위를 도는 전자가 방출하는 전자기파의 파장의 값에는 아무런 제한이 없다. 즉, 어떤 파장의 전자기파든지 다 방출할 수 있다는 뜻이다. 그러나 실험으로 관측된 전자기파의 파장을 조사해 보면, 어떤 특정한 파장의 전자기파들만 나타난다. 왜 특정한 파장의 전자기파들만이 관측되는지를 고전물리이론은 전혀 설명하지 못한다. 결론적으로 얘기하면, 새로 도입된 양자론(quantum theory)을 이용하면 위의 두 가지의 예에서 거론된 문제점들이 깨끗이 해결된다.

역사적으로 볼 때, 양자론이 등장하기 시작한 시기는 1900년대이다. 이때의 주제는, 고전물리이론의 문제점으로 예를 든 위의 두 가지 문제와는 다른, 흑체복사(blackbody radiation)의 스펙트럼(spectrum)이라는 제목이었다. 흑체란 표면에 입사하는 빛을 모두 흡수하는 물체를 말하며, 흑체복사란 이 물체가 전자기파를 방출하는 현상을 말한다. 그런데 이때 흑체가 방출하는 전자기파 에너지의 양이 온도와 파장에 따라 다른 값을 가지며, 이에 대한 실험 결과를 분석하는 일이 물리학자들의 관심이었다. 이 흑체복사의 실험결과를 고전물리 이론을 토대로 설명하려고 많이 시도하였으나, 결국에는 고전물리 이론으로는 흑체복사 실험결과를 근사적으로도 설명할 수 없음을 알게 되었다. 이 당시에 플랑크(Max Planck, 1858~1947)라는 물리학자가 이론적인 근거를 명확히 하지 않은 상태에서 제시한 공식이 흑체복사의 실험결과와 정확히 일치하여 물리학계를 놀라게 하였는데, 이때에 그의 식에 등장한 상수 h가 양자물리의 태동을 알리는 신호이다. 이 상수를 플랑크 상수라 하며 크기는 다음과 같다.

$$h = 6.626 \times 10^{-34} \text{Joule} \cdot \text{sec}$$

이후에 플랑크가 제시한 공식의 이론적인 근거를 찾기 위해 많은 사람들이 노력을 경주하는 과정에서 양자물리의 윤곽이 서서히 드러난다. 여기서는 양자물리의 1차적 완성단계로 볼 수 있는 슈뢰딩거 방정식의 도입과정을 간략히 소개하도록 하겠다.

플랑크가 제시한 공식을 분석하는 과정에서 진동수가 정해진 빛이 운반하는 에너지가 진동수 곱하기 플랑크 상수의 정수배로만 주어져야 한다는 주장이 받아들여졌다. 즉, $E = nh\nu$로 주어진다는 것이다. 이 식에서 n은 음수가 아닌 정수를 나타낸다. 이로부터 빛은 $h\nu$만큼의 에너지를 가지는 알갱이들로 이루어져 있으며, 알갱이의 개수가 n일 때의 총 에너지는 $nh\nu$가 된다는 해석이 성립된다. 이러한 빛의 알갱이를 광자(photon)라 하며, 진동수(또는 주파수라고 함) ν가 주어진 빛은 에너지 $h\nu$를 가진 광자들의 흐름으로 보면 된다.

$$E_{\text{광자}} = h\nu$$

비록 빛의 에너지가 $h\nu$의 정수배로 양자화되어 있다고 하더라도 h의 값은 위에 주어져 있듯이 아주 작기 때문에 거의 연속적이나 다름없다. 파장이 λ인 빛의 운동량은 광자 한 개의 운동량

$$p_{\text{광자}} = \frac{h}{\lambda}$$

의 정수배가 된다. 고전적으로는 빛을 완전히 파동으로만 취급하였으나 양자물리에서는 빛이 입자적인 성질도 나타냄을 알 수 있다. 이를 빛의 이중성이라고 한다. 이러한 사실을 이용하여 아인슈타인은 그 당시까지 수수께끼로 남아 있던 광전효과를 쉽게 설명해 내었으

며, 광자가 정지해 있던 전자와 충돌한 후에 파장이 길어지는 현상인 콤프턴효과도 쉽게 설명된다.

4.2.2 광전효과와 콤프턴효과

(1) 광전효과

광전효과(Photoelectric effect)란 금속 표면에 빛을 입사시키면 전자가 표면으로부터 탈출해 나오는 현상을 말한다. 전자가 금속의 표면으로부터 탈출해 나오려면 적어도 얼마 이상의 에너지를 흡수해야 하는데, 이 에너지의 양(이를 일함수라고 하고 ϕ로 표기함)은 금속의 종류에 따라 다르다. 고전물리학에 의하면 빛이 가지는 에너지의 양은 빛의 밝기에 의존하므로 진동수가 작은 빛이라도 밝기만 크게 해 주면 많은 에너지가 전자에 전달되어 전자들이 금속 표면으로부터 많이 탈출해 나올 것으로 예측되나, 실제 실험 결과에 의하면 빛의 진동수가 어떤 특정한 값을 넘어서지 않으면 전자는 금속 표면으로부터 전혀 탈출하지 못한다. 또한 진동수가 어떤 특정한 값을 넘어서더라도 탈출한 전자의 운동에너지는 빛의 밝기에는 의존하지 않고 빛의 진동수에만 의존함을 알 수 있는데, 이러한 현상을 빛의 파동성으로는 전혀 설명할 수 없다.

이제 이 결과를 위에서 언급한 빛의 입자성으로 설명해 보자. 진동수가 ν인 빛을 에너지가 $h\nu$인 광자들의 흐름으로 보자. 이 광자들이 금속의 표면에서 전자들과 충돌하여 흡수된다. 그런데 전자의 크기가 매우 작으므로 전자 한 개가 흡수하는 광자의 수는 기껏해야 하나이다. 따라서 빛의 밝기에 해당하는 광자의 개수가 많아지더라도 전자 한 개가 흡수하는 에너지는 $h\nu$로 정해진다. 그런데 전자가 광자를 흡수하여 얻은 에너지 $h\nu$가 금속 표면을 탈출하는 데 필요한 최소한의 에너지인 일함수 ϕ보다 작다면 탈출이 불가능하다. 따라서 진동수의 값이 ϕ/h보다 크면 전자가 광자를 흡수하여 얻은 에너지 $h\nu$가 금속 표면을 탈출하는 데 필요한 일함수 ϕ보다 크므로 전자가 탈출을 할 수 있다. 탈출한 후 전자의 운동에너지 K는 흡수한 에너지 $h\nu$에서 탈출하는 데 사용한 일함수 ϕ만큼의 에너지를 뺀

$$K = h\nu - \phi$$

로 주어진다. 물론 탈출한 전자의 수는 입사한 빛이 밝을수록, 즉 광자의 수가 많을수록 많을 것이다. 그러나 위의 식에 의하여 전자가 가지는 운동에너지는 빛의 진동수에 의해 결정된다. 아인슈타인은 광자를 이용한 광전효과의 설명으로 1921년에 노벨상을 받았다.

(2) 콤프턴효과

광자가 정지해 있는 전자와 완전탄성충돌(충돌 전후의 운동에너지의 합이 변하지 않는 충돌)하여 파장이 길어지는 현상을 콤프턴효과(Compton effect)라 한다. 이 현상을 빛의 입자성, 즉 광자를 도입하여 설명해 보도록 하자. 충돌 전의 광자의 진동수를 ν라 하고 충돌 후의 광자의 진동수를 ν'라고 하자. 충돌 전에는 전자가 정지해 있었으나 충돌 후에는 움직이게 되었으므로 전자의 운동에너지는 증가하였다. 충돌 전후의 총 운동에너지는 같아야 하므로 충돌 후 광자의 에너지 $h\nu'$는 충돌 전 광자의 에너지 $h\nu$보다 작은 값이어야 한다. 즉, $h\nu' < h\nu$이고 이로부터 $\nu' < \nu$를 얻는다. 진동수는 파장과 반비례하므로 충돌 전의 파장 λ는 충돌 후의 파장 λ'보다 작은 값이 된다. 즉, $\lambda' > \lambda$가 되어 충돌 후의 파장이 더 길어진다.

4.2.3 슈뢰딩거 방정식

파동으로만 이해되어 왔던 빛이 광자라는 입자로 볼 수 있음이 거의 확실히 받아들여진 후에 자연스럽게 던질 수 있는 질문은 다음과 같다. 전자와 같이 입자로만 간주되어 온 물질은 파동적인 성질을 가질 수 없는가? 이에 대한 질문과 답을 처음으로 제시한 드브로이(Louis Victor de Broglie)는 1924년에 다음과 같이 제의했다. 에너지가 E이고 운동량이 p인 입자를 파동으로 볼 때의 파의 진동수 ν와 파장 λ는 앞에서 소개한 광자의 경우와 동일한 관계식($E_{광자} = h\nu$, $p_{광자} = h/\lambda$)을 만족한다.

이렇게 하여 얻어진 파를 드브로이의 물질파(matter wave)라 하며 이 제안은 1927년 데이비슨(C. J. Davisson)과 거머(L. H. Germer)의 전자회절 실험에 의하여 사실임이 입증되었다.

슈뢰딩거는 드브로이가 제시한 식들을 이용하여 1925년에 슈뢰딩거 방정식이라 불리는 식을 발표했다. 슈뢰딩거 방정식은 다음과 같다.

$$\frac{ih}{2\pi}\frac{\partial\Psi}{\partial t} = -\frac{h^2}{8\pi^2 m}\nabla^2\Psi + V\Psi$$

이 식에서 Ψ는 파동함수 또는 상태함수라 불리며 시간과 위치에 의존하는 복소수 값을 가지는 함수이다. 이 방정식이 나오기 이전인 1913년에 이미 보어에 의해 수소원자 내의 전자가 가지는 에너지가 양자화됨을 보이는 등 부분적으로 양자론적인 물리현상의 설명이 있기는 하였으나, 이 방정식이 나온 후부터 본격적으로 전자의 운동을 양자론적으로 규명하기 시작했으며 그 결과가 실험결과와 일치함이 확인되었다. 이제 양자역학이 고전물리와 어떤 점에서 다른지 알아보자.

4.2.4 양자물리와 고전물리의 차이점

고전물리에서는 물체가 외부로부터 힘을 받아 운동할 때에 물체의 상황이 시간에 따라 어떻게 변하느냐 하는 질문에 대한 답변이 최대의 관심사이다. 여기서 물체의 상황은 물체가 어떤 상태에 있는지를 나타내는 변수(이를 상황변수라 함)들에 의하여 나타내어진다. 예를 들어 3차원 공간에서 운동을 하는 점입자의 경우에는 입자의 위치를 나타내는 3개의 좌표값이 물체의 상황을 나타낸다. 이러한 물체의 상황을 알기 위해서는 우선, 물체에 가해지는 힘을 정확히 알아야 한다. 이 힘에 뉴턴의 가속도 법칙을 적용하여 상황을 나타내는 변수들이 만족하는 운동방정식을 만들고 또 이 운동방정식의 일반해를 구한 후에 초기의 조건들을 이용하여 물체의 상황이 시간에 따라 어떻게 변할지를 찾는다. 운동방정식이 복잡하여 일반해를 구할 수 없는 경우에는 상황변수들의 시간에 대한 함수꼴을 직접 찾는 대신에 다른 측면의 식들을 이용하여 필요한 물리량들에 대한 정보를 찾기도 한다. 다행히 운동방정식이 풀리게 되면 사실상 모든 문제가 다 해결된 셈이다. 즉, 순간순간 물체의 상태가 시간의 함수로 주어지게 되므로 이를 이용하여 모든 물리량들을 시간의 함수로 구할 수 있다. 고전물리에서 물리량들은 모두가 물체의 상황변수의 함수이므로 물체의 상황변수가 시간의 함수로 주어지면 물리량들도 모두 시간의 함수로 주어지게 된다(상황변수들도 물리량들임). 따라서 힘을 정확히 알아서 찾아낸 물체의 상황으로부터 구한 물리량들은 실제 실험에 의하여 측정한 값들과 일치해야 한다. 특히, 여기서 주목할 점은 모든 물리량들의 값이 순간순간 한꺼번에 시간의 함수로 정확히 주어진다는 사실이다.

예를 하나 들어 보자. 외부로부터 전혀 힘을 받지 않고 움직이는 질량 m인 점입자의 운동을 고려해 보자. 이런 운동을 자유입자의 운동이라 한다. 이 경우의 상황변수는 입자의 위치 x이다. 입자에 작용하는 힘이 영이므로 뉴턴의 힘의 법칙으로부터

$$m\frac{d^2x}{dt^2} = 0$$

이라는 운동방정식을 얻게 되고 이 운동방정식의 일반해는 $x(t) = at + b$로 주어진다. 여기서 a와 b는 임의의 상수이다. 만약 초기에 입자의 위치를 원점에 두었고 또 속도가 x축 방향으로 v_0였다면, 위의 일반해에서 a를 v_0로, b를 영으로 치환하여

$$x(t) = v_0 t$$

라는 정확한 상황을 얻게 된다. 이로부터 모든 물리량들을 시간의 함수로 구할 수 있다. 예를 들어서 입자의 속도는 $v(t) = v_0$, 입자의 운동에너지는 $K = \frac{1}{2}mv_0{}^2$으로 주어져서 순간순간 모든 물리량의 값들이 완전히 결정된다. 이와 같이 고전물리에서의 물리량들은 초기의 상황만 정확히 주어지면 미래의 값은 운동방정식에 의해 완전히 결정된다. 그렇다면 양자물리학에서는 물체의 상황을 어떻게 기술하는가?

우선, 양자물리에서는 물체의 상황을 표현하는 방법이 고전물리의 경우와 근본적으로 다르다. 고전물리에서는 물체의 위치와 같은 상황변수들을 이용하여 상황을 나타냈으며 양자물리에서는 상황변수 대신에 앞 절의 슈뢰딩거 방정식에 등장한 Ψ로 표현되는 상태함수를 이용하여 물체의 상황을 나타낸다. 여기서 상황변수들을 포함한 물리량들은 상태함수에 작용하는 연산자(어떤 함수를 다른 함수로 변환함)가 된다. 고전물리에서 상황변수들이 만족하는 운동방정식에 해당하는 것이 양자물리에서는 슈뢰딩거 방정식이다. 슈뢰딩거

방정식은 상태함수가 만족하는 방정식이다. 이 방정식은 상태함수가 시간에 따라 어떻게 변하는지를 결정한다. 이 방정식을 풀면 일반적인 형태의 상태함수를 알 수 있고, 초기의 상태함수의 꼴을 알면 모든 시간에서의 상태함수의 값을 구할 수 있게 된다. 이 점은 고전물리와 유사하다. 그러나 이렇게 하여 구해진 상태함수로부터 물리량들의 값을 구하는 과정은 고전물리의 경우와 판이하게 다르다. 고전물리에서는 상태함수라는 것은 존재하지 않았고 대신 상황변수를 직접 운동방정식을 이용하여 풀었으며 이렇게 하여 얻어진 상황변수들로부터 다른 모든 물리량들을 계산해 낸다. 상황변수들의 시간의 함수꼴이 구해지면 이들로부터 어떤 물리량이든 정확히 시간의 함수꼴이 구해진다. 따라서 순간순간 각 물리량들의 값이 하나씩 정해진다. 양자물리에서도 물리량들의 값은 상태함수로부터 구한다. 그러나 상태함수는 물리량들의 값 자체를 결정하는 대신에, 각 물리량들이 어떤 값을 가질 확률을 결정한다. 따라서 상태함수가 하나 주어지더라도 어느 순간의 각 물리량의 값이 한 개의 값으로 주어지는 것은 아니다. 물리량의 값들의 가능성들 중에서 각 값들을 취할 확률이 얼마나 되는지를 상태함수가 결정한다.

예를 들어서 입자의 위치의 x좌표라는 물리량을 고려하자. 슈뢰딩거 방정식으로부터 구해 낸 상태함수는 입자의 위치의 x좌표 값을 시간의 함수로 주는 것이 아니라, 입자의 위치의 x좌표가 취할 수 있는 값마다 그 값에 확률을 주는 역할을 한다. 따라서 상태함수가 명확히 주어지더라도 입자의 위치는 정확하게 예측할 수 없다. 단지 확률적으로만 예측할 수 있을 뿐이다. 다시 말하면 초기의 상황이 아무리 명확히 주어지더라도 미래의 상황은 확률적으로만 얘기할 수 있다.

4.2.5 불확정성의 원리

불확정성의 원리(Uncertainty principle)는 하이젠베르크(Werner Heisenberg)에 의하여 1927년에 제시된 이론이다. 이 이론은 물체의 위치와 물체의 운동량(질량과 속도의 곱)을 동시에 정확히 측정하는 것은 불가능하다고 설명한다. 불확정성의 원리를 식으로 표현해 보자. 위치의 불확정도를 Δx라 하고, 운동량의 불확정도를 Δp라고 하자. 이들의 곱은 다음의 부등식을 만족한다.

$$\Delta x \Delta p \geq \frac{h}{4\pi}$$

여기서 h는 플랑크 상수이다. 만약 물체의 위치가 비교적 정확히 주어진다면, 위치의 불확정도는 거의 영이 되어, $\Delta x \approx 0$으로 주어진다. 하지만 이 경우 운동량의 불확정도는 위의 식에 의하여 $\Delta p = h/4\pi\Delta x$가 되어 아주 큰 값이 된다. 즉, 운동량의 값은 아주 불확실해진다. 반대로, 물체의 운동량의 값이 비교적 정확히 주어진다면 이제는 물체의 위치가 그만큼 불확실해진다.

물체의 위치와 운동량의 불확정도들의 곱의 최소값이 플랑크 상수의 값에 비례한다는 사실을 거시적인 물체의 경우에 적용해 보자. 이 경우, 물체의 크기와 측정오차 등에 비하면 플랑크 상수값은 영이나 다름없다. 따라서 거시적인 물체의 운동에서는 고전역학의 이론이 얘기하듯이 물체의 위치와 운동량의 값이 둘 다 정확히 주어질 수 있다. 하지만 미시적인 현상에서는 불확정성의 원리가 중요한 의미를 가진다. 예를 들어서, 운동을 하는 전자의 위치를 측정하기 위하여 빛을 전자에 입사하는 실험을 고려하자. 입사된 빛은 전자에 반사되며, 이렇게 반사된 빛을 이용하여 전자의 위치를 결정한다. 그런데 빛의 파장이 길수록 회절현상(빛이 흐트러지는 현상)이 더 많이 생겨서 전자의 위치를 정확히 측정할 수가 없게 되므로 짧은 파장의 빛을 이용할수록 전자의 위치를 더 정확히 측정할 수 있다. 그러나 빛의 파장이 짧으면 위 식에 의하여 그만큼 빛의 운동량도 많아지고 전자와 충돌한 후에 전자에 전달하는 운동량도 많아진다. 따라서 전자의 운동량이 그만큼 불확실하게 된다. 불확정성의 원리는 입자의 이중성(입자가 파동성을 가진다는 사실)에 기인한다. 이 원리는 양자물리를 토대로 하는 이론이며, 따라서 정성적으로 유도할 수 있다. 자세한 유도는 생략하고, 여기서는 다만 상태함수에 의하여 모든 물리량들의 값이 정확히 주어지지 않는다는 사실이 이러한 불확정성의 원리에 해당하는 결과를 유도한다는 사실만 인식하기로 하자.

4.3 상대론

20세기 초반에 등장한 새로운 물리학 이론 중에서 대표되는 이론이 상대성이론이다. 이 이론은 아인슈타인에 의하여 제시되었다. 상대성이론의 골자는 다음과 같이 요약할 수 있다. 물리현상을 정리한 것을 물리법칙이라 하는데 이 법칙을 이용하여 물리현상을 설명하고 또 예측도 한다. 그런데 이 법칙은 대개는 식으로 표현되므로 좌표계의 도입이 필요하다. 만약, 물리법칙이 간략하게 설명되는 좌표계가 유일하게 하나만 존재한다면, 모든 물리현상을 분석할 때에 그 특별한 좌표계를 이용하여 물리량들을 정의하고 또 식을 전개해야 할 것이다. 물론 이 좌표계는 특별하므로 절대좌표계라고 불러야 할 것이다. 그런데 아인슈타인에 의하면 그러한 절대좌표계가 존재하지 않는다는 것이다. 다시 말하면, 물리법칙을 간략히 하는 좌표계의 선택이 아주 다양하며, 또한 이들 좌표계들 중에서 그 어느 좌표계도 다른 좌표계보다 더 특별한 점이 없어서 모두 동등하게 이용될 수 있다는 것이다. 만약, 절대좌표계가 하나만 존재한다면, 그 좌표계에 정지해 있는 물체 A와 이 좌표계에 대하여 일정한 속도로 움직이는 물체 B를 놓고 이 두 물체 중에서 어느 물체가 움직이고 또 어느 물체가 정지해 있느냐는 질문에 대한 정답이 딱 하나 있을 것이다. 그 유일한 정답은, "절대좌표계에 정지해 있는 물체 A는 정지해 있고 절대좌표계에서 보았을 때 움직이는 물체 B는 움직인다"일 것이다. 하지만 절대좌표계가 없다는 것을 이미 알고 있는 사람이 이 질문을 받는다면, 그 대답은 다음과 같을 것이다. 물체 A가 정지해 있는 좌표계에서 보면 물체 A는 정지해 있고 물체 B는 움직이고, 물체 B가 정지해 있는 좌표계에서 보면 물체 B는 정지해 있고 물체 A는 움직인다. 물체 A가 정지해 있는 좌표계와 물체 B가 정지해 있는 좌표계가 모두 좋은 좌표계(물리법칙이 간략하게 설명되는 좌표계라는 뜻)라면, 두 물체 중에서 어느 물체가 정지해 있느냐는 중요하지 않다. 다만 서로 상대적으로 움직이고 있다는 점이 의미가 있다. 상대성이라는 명칭은 이런 측면에서 붙여졌다. 아인슈타인이 제시한 상대성이론은 두 가지로 구별된다. 그중 하나는 1905년에 발표한 특수상대성이론이고 다른 하나는 1916년에 발표한 일반상대성이론이다.

4.3.1 특수상대성이론

특수상대성이론에 의하면 우선, 물리법칙이 간략하게 그리고 동일하게 표현되는 좌표계는 무수히 많다. 이러한 좌표계를 관성좌표계라고 하며 이들 중에서 임의의 두 좌표계를 선택하였을 때, 그중 한 좌표계에 대하여 다른 좌표계는 반드시 등속운동을 하는 좌표계가 된다는 것이다(단, 상대속력은 빛의 속력보다 작음). 즉, 한 관성좌표계에 대하여 속력이 빛의 속력보다 작은 등속운동을 하고 있는 모든 좌표계는 관성좌표계가 되며, 한 관성좌표계에 대하여 가속도운동을 하는 좌표계는 관성좌표계가 될 수 없다. 관성좌표계가 아닌 좌표계를 비관성좌표계라 하며 비관성좌표계들에서 물리법칙을 표현하면 그 식이 아주 복잡하고 또한 형태가 좌표계마다 다르게 나타난다. 특수상대성이론에 의한 또 한 가지 특이한 사실은 모든 관성좌표계에서의 빛의 속력은 동일하다는 것이다. 그리고 질량을 가진 입자는 빛보다 빠른 속력으로 또는 빛과 같은 속력으로 움직이는 것은 불가능하다는 점이다. 물론 이 사실은 특수상대성이론이 발표되기 전에 이미 마이켈슨과 몰리의 실험에 의해 밝혀졌으며, 이 실험결과에 의하여 특수상대성이론이 탄생하게 된 것이다.

4.3.2 마이켈슨-몰리의 실험

1864년에 맥스웰에 의하여 전기장과 자기장이 만족하는 식인 맥스웰 방정식이 발표된 후에 빛이 전자기파임이 밝혀졌다. 특수상대성이론이 받아들여지기 전까지는 음파가 그러하듯이 일반적으로 파가 진행하기 위해서는 파의 전달 매개체인 매질이 있어야 한다고 믿어졌었다. 예를 들어서 진공에서는 음파가 진행할 수 없지만 공기나 물질이 있으면 진행할 수 있다. 따라서 당시의 물리학자들은 광파도 매질이 있어야 전달된다고 생각하였다. 태양에서 출발한 광파, 그리고 멀리 있는 별들에서 출발한 광파를 지구에서 관측할 수 있는 이유도 우주의 공간을 가득 채우고 있는 어떤 매질이 있기 때문이라고 믿었다. 이 가상적인 매질을 에테르라 칭하였다. 그리고 빛의 속력이 c로 나타나는 계는 에테르에 대한 정지좌표계로 생각했으며, 맥스웰 방정식은 바로 이 좌표계에서의 전기장과 자기장이 만족하는 식으로 생각했었다. 물론, 이러한 에테르의 존재를 입증하기 위한 많은 실험적인 시도가 있었다. 그러나 어느 실험결과도 에테르의 존재를 입증하지 못했다. 그중에서 특히 에테르의 존재에 의구심을 품었던 마이켈슨(Albert Abraham Michelson, 1852~1931)과 몰리(Edward Williams Morley, 1838~1923)의 실험은 특수상대성이론의 도입에 결정적인 역할을 했다. 여기서는 이 실험의 개요를 간단히 설명하겠다.

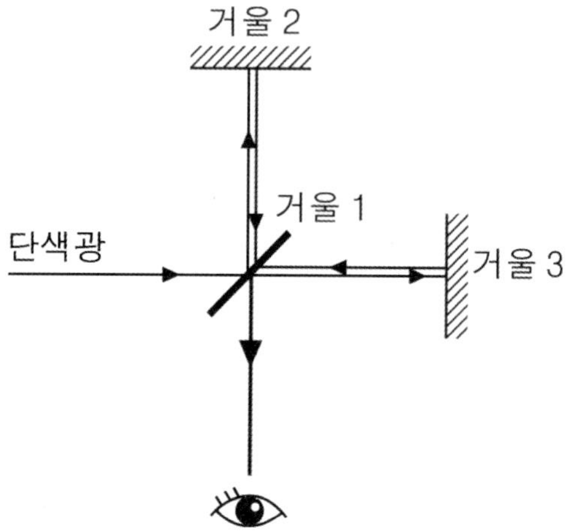

그림 4-1 마이켈슨 간섭계

그림 4-1과 같이 단색광 발광체와 여러 개의 거울을 장치한 간섭계를 마이켈슨 간섭계라 한다. 발광체에서 발사된 빛은 거울 1에서 일부는 반사되어 거울 2를 향하고 일부는 통과하여 거울 3을 향한다. 이렇게 둘로 분리된 빛은 거울 2와 거울 3에서 반사되어 다시 거울 1로 돌아오게 되고 이들이 거울 1에서 반사 또는 통과되어 눈으로 관측된다. 만약 우주에 에테르가 존재한다면 지구의 자전에 의하여 지구 상에서는 에테르의 흐름이 있을 것이다. 따라서 에테르의 흐름의 방향은 빛의 속력에 영향을 주게 될 것이고, 그림의 간섭계를 회전시키면 두 개의 광선으로 분리된 빛들의 속력이 변하여 반사되어 돌아온 두 광선 사이에는 간섭현상이 생기게 될 것이다. 특히 회전시키는 과정에서 각 광선의 방향과 에테르의 흐름 방향의 각도가 계속 변하므로 간섭무늬의 형태가 변할 것이다. 그러나 정밀한 관측 결과 에테르의 흐름이 있다면 반드시 나타나야 할 간섭무늬의 변화가 전혀 관측되지 않았다. 이 실험 결과로부터 다음의 두 가지 중요한 사실을 알 수 있다. 첫째는

에테르라는 물체가 우주에 존재하지 않는다는 것이다. 즉, 에테르라고 불리는 물체가 우주 공간에 없더라도 빛은 진행할 수 있다는 것이다. 다시 말하면 빛의 방정식인 맥스웰 방정식은 모두 동일하다는 것이다. 다시 말하면 빛의 방정식인 맥스웰 방정식은 모든 관성좌표계에서 그 형태가 동일하다는 것이다. 이러한 결과로부터 특수상대성이론이 탄생하게 되었다.

4.3.3 로렌츠 변환

특수상대성이론에서의 좌표계는 3차원 공간 외에도 1차원 시간이 포함되어 4차원 시공간을 나타낸다. 따라서 시공간 내의 한 점을 어떤 좌표계에서 표현하면 그 좌표는 4개의 성분을 가지게 된다. '언제'에 해당하는 시간좌표 한 개와 '어디서'에 해당하는 공간좌표 3개를 합하여 4개의 시공간 좌표가 필요하다. 그래서 시공간의 한 점을 사건이라고 부르기도 한다. 그리고 이러한 4개의 성분들은 좌표계마다 다른 값들로 표현된다. 하지만, 한 관성좌표계에서의 어떤 주어진 점의 좌표를 알면 다른 관성좌표계에서의 같은 점의 좌표는 관성좌표계 사이의 변환관계식에 의하여 찾아낼 수 있다. 이러한 관성좌표계들 사이의 변환관계식을 로렌츠 변환이라고 한다. 여기서는 간단한 경우를 소개하겠다. 한 주어진 관성좌표계 A에 대하여 다른 관성좌표계 B는 반드시 등속운동을 하게 되어 있는데 여기서는 그 방향이 x축인 경우를 고려하겠다. 즉, B 좌표계는 A 좌표계에 대하여 x축 방향으로 속력 v로 움직인다고 하자. 편의상 A 좌표계에서의 시공간의 원점과 B 좌표계에서의 시공간의 원점이 일치한다고 가정하자. 다시 말해 A 좌표계에서의 시간좌표가 0이고 공간좌표가 0인 사건이 B 좌표계에서도 시간좌표가 0이고 공간좌표가 0으로 표현된다고 가정하면, A 좌표계에서의 시공간 좌표가 $(t,\ x,\ y,\ z)$인 사건을 B 좌표계에서 표현하면 $(t',\ x',\ y',\ z')$가 되는데, 이들 사이의 관계식은 다음과 같이 주어진다.

$$\begin{aligned} ct' &= \gamma(ct - \beta x) \\ x' &= \gamma(x - vt), \quad y' = y, \quad z' = z \end{aligned} \tag{1}$$

이 식에서 γ와 β는 다음과 같이 정의된 수이다.

$$\gamma = \frac{1}{\sqrt{1-v^2/c^2}}, \quad \beta = \frac{v}{c} \tag{2}$$

c는 빛의 속력을 나타내며, 그 값은 약 30만 km/s이다. 식 (1)에 의하여 주어지는 변화식을 이용하면 빛의 속력이 어느 관성좌표계에서나 다 같은 값인 c가 됨을 보일 수 있다. 빛이 A 좌표계에서 $x = ct$로 x축을 따라 움직인다고 가정하자. 그러면 식 (1)에 의하여 $ct' = r(c-v)t$, $x' = r(c-v)t$가 되고 이로부터 $x' = ct'$가 되어 B 좌표계에서도 같은 속력인 c로 빛이 움직임을 알 수 있다. 이러한 로렌츠 변환식을 이용하여 보일 수 있는 특수상대성이론에서의 여러 현상들에는 동시성의 파괴, 길이의 줄어듦, 시간의 늘어남 등이 있다. 이들에 대하여 알아보자.

4.3.4 동시성의 파괴

한 관성좌표계(A 좌표계)에서 동시에 일어난 두 사건 p와 p′를 고려하자. 사건 p와 p′의 시공간 좌표를 각각 (0, a, 0, 0), (0, −a, 0, 0)이라고 하자. 즉, 이 두 사건은 A 좌표계에서는 시간이 0일 때 일어났으며, p사건은 x축 상의 a점에서 일어났고 p′사건은 x축 상의 −a점에서 일어났다. 이제 이 두 점들을 A 좌표계에 대하여 x축 방향으로 v의 속력으로 움직이는 다른 관성좌표계(B 좌표계)에서 표현해 보겠다. 식 (1)에 의하여 p사건의 B 좌표계에서의 좌표는 ($-\gamma\beta a$, γa, 0, 0)이 되고 p′사건의 B 좌표계에서의 좌표는 ($\gamma\beta a$, $-\gamma a$, 0, 0)이 된다. 이 두 좌표의 시간성분은 같지 않다. 즉, A 좌표계에서는 동시에 일어났던 두 사건이 B 좌표계에서는 동시에 일어나지 않고, p사건이 p′사건보다 $2\gamma\beta a$만큼 먼저 일어나게 된다. 이러한 현상을 동시성의 파괴라 한다. 일반적으로, 한 관성좌표계에서는 동시에 일어났던 두 사건이 다른 관성좌표계에서는 다른 시각에 일어나게 되며, 한 관성좌표계에서 움직이는 방향으로부터 멀리서 일어난 사건일수록 다른 좌표계에서는 먼저 일어난 사건이 된다. 동시성의 파괴현상을 조금 다르게 표현하면 다음과 같다. 정지한 사람이 관측하면 동시에 일어난 두 사건을, 오른쪽으로 달리는(길이가 아주 긴) 차량에서 관측하면 두 사건이 다른 시각에 일어난 것으로 관측되며 오른쪽에서 일어난 사건이 먼저 일어난 사건이 된다.

4.3.5 길이의 줄어듦

한 관성좌표계(A 좌표계)에 x축 방향으로 가만히 놓여 있는 길이 l인 막대기를, 이 좌표계에 대하여 x축 방향으로 v의 속력으로 움직이는 다른 관성좌표계(B 좌표계)에서 보면 이 막대기의 길이 l'가 l보다 더 짧아 보인다. 이 현상을 길이의 줄어듦(length contraction)이라 한다. 앞의 식 (1)을 써서 l'와 l의 관계를 구하면

$$l' = \frac{l}{\gamma}$$

이다. 다시 말하면, 움직이는 물체는 움직이는 방향으로의 길이가 정지해 있을 때의 길이보다 $1/\gamma$ 배가 되어 길이가 줄어듦을 알 수 있다. 예를 들어서 정지해 있을 때의 길이가 30cm인 화살이 빛의 속력의 3/5의 속력으로 날아가고 있다면 그 길이는 24cm가 된다.

4.3.6 시간의 늘어남

움직이는 시계의 시간이 정지해 있는 시계의 시간보다 천천히 흐르는 현상을 시간 늘어남(time dilation)이라 한다. 식 (1)을 써서 이 관계를 유도하면 다음과 같은 결과를 얻는다. 한 관성좌표계(A 좌표계)의 같은 공간 위치에서 다른 시각에 일어난 두 사건을 고려하고 이 두 사건의 시간 간격을 T(1시간)라 하자. 이것을 B 좌표계에서 보면 두 사건의 시간 간격 T'는 γT가 되어 간격이 더 커진다.

$$T' = \gamma T$$

A 좌표계의 한 점에 첫 번째 빛의 반짝임을 준 후 시간 T 후에 두 번째 빛의 반짝임을 일으켰다면, B 좌표계에서는 첫 번째 빛의 반짝임이 관측된 후 γT만큼 시간이 지난 후에야

두 번째 빛의 반짝임이 관측된다. 만약 B 좌표계의 A 좌표계에 대한 속력이 $3c/5$였다면, 시곗바늘이 1시간 지나는 동안 B 좌표계에서 실제로 흐른 시간은 1시간 15분이 된다. 다시 말하면 $3c/5$의 속력으로 움직이는 시계로 1시간이 흘렀다면 실제로 흐른 시간은 1시간 15분이 된다는 것이다.

4.3.7 일반상대성이론

현재까지 알려진 힘은 네 가지인데, 이들은 중력, 전자기력, 약력, 강력으로 불린다. 이 중에서 중력을 제외한 세 가지 힘은 모두 특수상대성이론으로 잘 설명된다. 그러나 중력은 특수상대성이론의 틀 속에 넣을 수가 없다. 그 이유를 설명하기가 쉽지는 않지만 간략히 말하자면 다음과 같다. 특수상대성이론은 관성좌표계의 존재를 토대로 성립되는 이론이다. 관성좌표계란 앞에서 언급했듯이 물리법칙이 간략하게 표현되는 좌표계이다. 보다 더 자세히 기술하자면, 전혀 힘을 받지 않는 입자의 운동이 등속도운동으로 표현되는 좌표계를 관성좌표계로 정의한다. 질량이 m인 입자가 전자기력에 의하여 힘을 받으려면 질량 외에 전하라고 불리는 물리량을 입자가 가지고 있어야 한다. 만약 입자가 전하를 가지고 있지 않다면(이 경우 전하의 값이 영이라고 말함) 이 입자는 전자기력에 의한 힘을 받지 않으며, 따라서 이 경우 이 입자의 운동을 관성좌표계에서 기술하면, 그 운동은 등속도운동이 될 것이다. 만약 입자가 전하를 가지고 있다면(이 경우 전하의 값이 영이 아니라고 말함) 전자기력에 의한 힘을 받게 되고 이 힘은 관성좌표계에서 비교적 간략하게 표현된다. 약력과 강력의 경우도 마찬가지로 그 힘에 해당하는 물리량들이 존재하며 이 물리량들은 질량과 무관하다. 즉, 질량이 m인 입자가 전하의 값이 영이면 전자기력을 전혀 안 받을 것이고, 약력에 관계되는 물리량의 값이 영이면 약력에 의한 힘을 안 받을 것이며, 또한 강력에 관련된 물리량의 값이 영이면 강력에 의한 힘을 안 받게 된다. 중력의 경우는 어떤가? 중력에 관련된 물리량은 다름 아닌 질량 자체이다. 따라서 중력장이 놓여 있으면(즉, 주위에 다른 질량체가 놓여 있으면) 질량이 m인 물체는 반드시 중력에 의한 힘을 받게 된다. 이는 전기장이 놓여 있더라도(즉, 주위에 전하를 가진 다른 입자가 놓여 있더라도) 주인공인 입자의 전하가 영이면 전자기력에 의한 힘을 받지 않게 되는 경우와 대조된다. 다시 말하면 질량이 m인 물체가 중력장에 놓이면 반드시 가속도운동을 하게 되므로 특수상대성이론에서와 같은 관성좌표계를 정의할 수가 없다. 이러한 이유로 중력은 특수상대성이론으로는 설명이 되지 않는다. 그리하여 등장하게 된 이론이 일반상대성이론이다.

일반상대성이론에 의하면 모든 물리법칙은 어떤 좌표계에서나 동일한 형태의 법칙에 의해 표현되며, 중력은 시공간의 측도(metric)의 형태로 주어진다. 중력이 없으면 시공간의 측도가 평평하게 주어지고, 이 경우에는 시공간 전체를 포함하는 관성좌표계가 존재한다. 그러나 중력이 있으면 시공간의 측도가 굽어지게 주어져서 시공간 전체를 포함하는 관성좌표계가 존재하지 않는다. 다만, 이 경우에는 국소적(local)으로 관성좌표계를 정의할 수가 있다. 예를 들면, 지구 중력에 의해 자유낙하하는 엘리베이터에 고정된 좌표계나, 지구 주위를 회전하는 인공위성에 고정된 좌표계가 국소적으로 관성좌표계이다. 하지만 이들 좌표계는 좁은 영역에서만 정의되므로 특수상대성이론에서의 전체 시공간에 정의되는 관성좌표계와는 차이가 있다. 결국, 일반상대성이론은 중력을 다루는 이론이며, 만유인력의 법칙이라 불리는 뉴턴역학적 중력론과 특수상대성이론의 합작이론으로 볼 수 있다. 무거운 물체가 공간에 놓이면 이 물체 주위에 중력장이 생기게 되고 이 장에 의하여 다른 입자들이 중력이라는 힘을 받는다는 것이 뉴턴역학적인 중력론이다. 이때, 중력의 크기는 질량에 비례하므로 질량이 영인 빛은 중력의 영향을 받지 않는다. 또한, 중력의 크기는 속력과 무관하므로 속력이 무한히 증가할 수 있게 되어 뉴턴역학적 중력론은 특수상대성이론을 위배한다.

그러나 일반상대성이론에 의하면, 만유인력이라 불리는 힘에 의해서 입자가 가속된다기보다는 무거운 물체에 의하여 시공간의 측도가 변하게 되고, 이렇게 변한 시공간의 측도에 의하여 다른 입자가 가속운동을 한다. 이 이론에 의하면 입자의 질량보다 입자의 에너지가 중요한 역할을 한다. 즉, 에너지의 값이 영이 아니면 측도의 영향을 받게 된다. 따라서 무거운 물체 부근에서는 빛도 직진하지 않고 휘어 버린다. 빛의 에너지가 영이 아니기 때문이다. 물론 이 이론에 의하면 질량이 영이 아닌 입자의 속력은 절대로 빛의 속력을 능가할 수 없다.

4.3.8 빛의 휨

일반상대성이론에 의하면 중력이 존재하는 경우의 시공간에도 측도라고 불리는 양이 복잡하게 주어져서 영이 아닌 곡률이 생기게 된다. 어떤 물체가 중력의 영향을 받아서 움직이는 법칙을 일반상대성이론으로 표현하면 다음과 같다. 중력은 시공간의 측도로서 나타나며, 이 측도에 의하여 주어지는 측지선(geodesic : 두 점 사이의 4차원 거리를 가장 짧게 하는 선) 방정식이 바로 물체의 운동 방정식이 되고 이 식을 풀어서 구한 측지선이 바로 이 물체의 운동궤적이 된다. 질량의 값이 영인 빛도 측지선을 경로로 가지기 때문에 빛의 경로도 결국 중력의 영향을 받는다. 따라서 중력이 강하게 존재하는 영역을 지나는 빛은 중력의 영향을 받아서 그 경로가 휘게 된다. 빛의 경로를 영측지선(null geodesic)이라 한다.

4.3.9 블랙홀의 존재

일반상대성이론에 의하면 우주 공간에는 블랙홀(black hole)이라 불리는 물체가 존재할 수 있다. 블랙홀은 인력이 워낙 강하여 빛조차도 블랙홀의 영향력에서 벗어나지 못하고 블랙홀 안으로 끌려 들어가게 된다. 그래서 검게 보이며 이로부터 블랙홀이라는 이름이 붙게 된 것이다. 다른 별들과는 달리, 블랙홀은 빛을 발하지 않으므로 홀로 있는 블랙홀은 우주 공간에서 직접 발견되기 어렵다. 대신에 블랙홀의 주위에는 강한 중력장이 형성되어 있어 강한 인력에 의해 근처의 기체나 별들이 빠르게 운동하고 있을 것이다. 이 같은 방법으로 발견된 블랙홀은 백조자리 X-1을 비롯하여 우리 은하 중심부의 블랙홀 등 여러 개가 있다.

4.3.10 중력 적색편이

일반상대성이론에 의하면 중력이 강한 영역에서는 약한 영역에서보다 시간이 천천히 흐른다. 이를 지구의 경우에 그대로 적용시키면, 높은 건물의 고층에 사는 사람일수록 수명이 짧다. 그 이유는 낮은 지역의 중력이 높은 지역의 중력보다 더 커서 낮은 지역의 시간 흐름이 더 완만해 더 천천히 늙기 때문이다. 그러나 지구 상에서의 중력의 차이가 그리 크지 않기 때문에 이러한 효과는 거의 무시된다.

이제 우주 공간에 블랙홀과 같은 강한 중력장의 근처에 있는 발광체를 고려하자. 만약 이 발광체가 특별한 진동수(주파수)의 빛을 발광하고 이 빛을 멀리 떨어진 곳, 즉 중력이 상대적으로 많이 약한 영역에서 관측한다고 하자. 진동수는 단위시간당 내보내는 파장의 수에 해당한다. 빛의 속력은 한정되어 있으므로 결국 빛의 진동수는 파장에 반비례하고 또한 파장에 해당하는 시간간격인 주기에도 반비례하게 된다. 그런데 강한 중력장 근처에서의 시간흐름이 완만해지므로 결국 멀리 떨어진 관측자에 의해 관측되는 주기는 원래 주기보다 더 길어질 것이다. 따라서 파장도 길어지고 역으로 진동수는 작아진다. 만약 발광체에서 발광된 빛이 가시광선이었다면 관측자에 의해 관측된 빛은 원래 파장보다 더 길어진 파장의 빛으로 보인다. 즉, 적색 쪽으로 편이되어 보인다. 이러한 현상을 중력적색편이(qravitational red shift)라 한다. 실제 우주의 몇 개 천체에서 중력적색편이로 보이는 현상들이 발견되고 있다.

4.4 생명관

최근 생명에 대한 관심이 매우 높아지고 있다. 여기에는 여러 가지 이유가 있겠지만 주로 세 가지 원인이 생각된다. 첫째는 자연과학적인 문제로서의 측면이고, 둘째는 사회적인 관심으로서 생명을 어떻게 취급할 것인가 하는 문제이며, 셋째는 생명에 관한 물질적인 해명이 진행되면 우리 인류의 생존을 위협하는 것이 아닌가 하는 불안감이다. 이들이 생명에 대한 관심을 더욱 높이는 요인이 된다. 즉 생명이란 개념은 물질기계로서의 생명, 생태계라는 시스템으로서의 생명, 그리고 문화적 · 사회적 · 국가적 존재로서의 생명을 생각할 수 있다.

자연과학은 데카르트 이래의 흐름으로서 물리과학이 중심이 되어 발전해 왔으나 이제부터는 그 물리과학을 초월하여 생물현상 또는 생명현상의 해명이 자연과학의 중심과제가 되고 있다. 지금까지의 동물학이나 식물학과는 달리 물리과학, 즉 물리학이나 화학과 결합된 형태의 '새로운 생명의 학문'이 자연과학 전체의 중심이 되어 가는 상황에 있다. 이런 의미에서 자연과학은 크게 변하고 있기는 하지만, 한편 이제 겨우 여기까지 성장해 온 것이라 할 수 있다. 이제까지 분자생물학에 의한 생명현상(生命現象)의 물질적 이해를 토대로 하여 인간생명의 해명 또는 인간행동의 자연과학적인 해명은 물론, 나아가 사회과학 · 인문과학적인 문제에까지 영향을 미치는 것이 아닌가 하는 경향마저 볼 수 있다. 이와 같은 인식이 생명에 대한 관심을 불러일으킨 큰 이유 중 하나라고 생각된다.

과학기술의 발전 또는 경제력의 증대에 따라 환경파괴, 자원의 고갈이라는 중대한 사태가 일어나고, 나아가 인구의 급격한 증가로 식량부족이 큰 문제가 되고 있다. 인간의 수에 비하여 자연은 넓고 천연자원도 풍부하였던 시대와는 달리 현재는 지구 전체가 하나의 폐쇄된 세계로 되어 가고 있음을 의미한다. 즉, 지구는 과거와 같은 무한히 넓은 세계로부터 유한한 폐쇄된 세계로 변화해 온 것이다. 이와 같이 인류의 생존에 대한 불안이 더욱 고조되고 있음이 생명에 관한 보다 깊은 이해나 관심을 높이게 하고 있다.

또, 이전에는 생명이란 것은 신(神)이 만든 것으로 간주되어 왔으나 새로운 분자생물학적 연구에 의하여 생물은 하나의 물질적인 기계에 지나지 않음이 알려졌다. 더욱이 최근에는 생명현상을 물질적으로 조절하는 기술이 유전자조작/유전공학분야에서 개발되고 있어 박테리아나 동식물 및 인간에 이르기까지 그 유전자에 인간이 원하는 바의 유전자를 삽입하여 넣음으로써 숙주세포에서 임의의 유전자 산물을 만들게 하며 인위적으로 형질을 발현시킬 수 있다는 것이다. 또한 이미 수십 종의 생명체에서 전 게놈의 염기배열이 해독되었으며 인간 게놈의 전 해독을 2010년에는 완료할 목표로 연구가 추진되어 생명현상의 해석에 대한 획기적인 발전을 시도하고 있다. 특히 인간의 뇌에 관한 연구가 발전해, 여러 가지 정신병의 발작을 억제하는 향신경약(向神經藥)의 개발이나, 뇌에 여러 가지 전기자극을 줌으로써 정신병을 치료하는 방법도 개발되고 있어, 가까운 미래에는 뇌의 기능을 약물이나 물리적 방법으로 조절할 수 있을 것이라고 생각된다. 손상 또는 결실된 뇌의 복원이 이루어지거나 뇌의 흥분기작 등도 그 베일이 벗겨지기 시작하였고 태아 진단, 출생 이전 남녀의 성 구별 또는 심신 장애아 검색 기술도 출현하였다. 이와 같이 생명과학의 발전 결과 새로 출현한 기술을 우리는 어떻게 받아들여야 하고, 어떻게 이용하면 좋을 것인가? 물리 · 화학을 기초로 한 이제까지의 과학기술의 진보는 환경파괴, 자원의 고갈 등으로 인하여 인류의 생존에 큰 영향을 주고는 있으나 그 영향이 어디까지나 간접적이었다. 이에 대하여 생명과학의 발전에 의한 새로운 기술, 즉 라이프 테크놀로지(life technology)는 그것이 인간생명과 깊은 관계를 가질수록 인간의 생존에 직접적으로 영향을 끼칠 위험성이 더 크고 심각하게 대두된다. 현재의 사회체제나 이제까지의 우리의 사고방식으로는 이 문제를 잘 처리할 가능성이 매우 미약하다. 생명에 관계되는 새로운 기술이 초래하는 위험성에 부가하여 생명현상의 물질적 해명이 진행됨으로써 인간 존재에 대한 인식이 재정립되어 생명과학에 대한 불안감은 점차 증대하고 있다고 생각된다.

4.4.1 물질기계로서의 생명

그러면 오늘날의 생명관, 즉 자연과학적으로 생명을 어떻게 보아야 하는가? 지구 상의 생물이 갖는 특성은 그것이 하나의 물질기계라는 생각이다. 물론 생명에 대하여는 여러 관점이 있지만 적어도 자연과학적인 관점에서 보면 생물은 분명히 물질기계이다. 그래서 이 물질기계로서의 생물은 "그중에 내장되어 있는 유전의 테이프에 의하여 선천적으로 결정되어 있는 기계", 즉 '운명적인 존재'인 것이다.

생물은 물질기계임과 동시에 역사적인 산물이기도 하다. 지구 상에 생명이 탄생한 후 지금까지 35억 년이라는 긴 시간이 경과되었으며, 그 사이에 원시 생명으로부터 진화를 반복하여 현재의 생물이 존재하고 있는 것이다. 즉, 생물은 35억 년의 과거를 짊어지고 있는 하나의 역사적 산물이다.

그 예를 집오리의 경우에서 살펴보자. 갓 인공 부화된 집오리 옆에 모형전동차를 두면 집오리 새끼는 전동차를 어미로 생각하고 그 꽁무니만 따라다닌다. 이는 태어났을 때 옆에 어미가 있을 것이라는 당연한 환경으로서, 이러한 인위적 환경에 쉽게 적응하는 말하자면 집오리 어미가 아닌 전동차를 인공 부화된 새끼가 따라 다님은 집오리라는 생명체에 유전적으로 결정되어 있었던 것이다.

이와 같이 생물이 너무나 비합리적인 존재로 보이는 경우가 이 밖에도 얼마든지 있다. 까닭에 생물은 물질기계임과 동시에 하나의 역사적 산물이다. 이제까지의 자연환경에 어떻게든 견디어서 현재 상태에 존재하고 있는 물질이다. 그러나 이 생물이 미래의 환경에서도 영생(永生)할 수 있을지는 전혀 보장할 수 없으며, 이러한 현대의 생명과학의 인식이 밑바탕에 숨어 있다.

다음으로 생물이 물질기계라는 관점에서 생명현상을 어떻게 생각할 것인가 하는 문제가 있다. 분자생물학에 의하여 유전현상이 물질적인 레벨에서 해명된 데 불과하나 뇌의 기능이나 기타 생명현상도 점차 밝혀지게 될 것이다. 물질기계로서의 생물의 기능이 자연과학적으로 상세하게 해명되었다고 해도 생명현상이 전부 이해되었다고 할 수는 없을 것이다. 예컨대, "우리 자신이 대체 무엇 때문에 존재하는 것인가?"라는 문제는 물질적인 측면에서는 전혀 설명될 수 없다. 아마 자기 존재의 의미라든가 인간의 정신활동은 자연과학적으로 영구히 해결되지 않는 문제로 남을 수도 있기 때문이다. 정신과 육체는 다른 것이라고 말할 수 없을지도 모르며, 우리가 정신활동으로 생각하는 것 중의 상당 부분이 언젠가는 물질적인 활동으로서 해명될 수도 있겠지만, 비록 그렇게 된 후에도 인간의 경우 자아(自我)라든가 자기 또는 자의식(自意識)이라는 문제는 미해결 상태로 남아 있을 것이다. 요컨대, 물질기계로서의 생물의 해명은 어디까지나 자연과학적인 객관적 해명에 지나지 않고, 자아(自我)라든가 자기라는 주관적인 생명현상으로 남아 있어 해명이 극히 어려울 것이다.

4.4.2 전체적인 시스템으로서의 생명

생명관은 또 하나의 측면으로서 전체 속의 개체라는 문제도 고려해야 한다. 이제까지 물질기계라고 한 것은 한 생물 개체로서의 측면을 강조해 온 것인데, 현실적으로 어느 생물도 단독으로 존재할 수는 없다. 공기 · 물 · 빛 · 공간 등 환경과의 관계에 의하여 생명현상이 성립하며 지속적인 활동이 가능하게 되었지만, 한편 다른 생물과의 상호작용이 중요한 조건이 되어 있는 것도 잊어서는 안 된다. 인간의 경우 인간끼리의 상호작용이라든가, 음식을 취하는 "식물 연쇄" 등은 다른 생물과의 상호작용의 한 예로 볼 수 있다.

요컨대, 개체로서의 생명 외에 전체적인 시스템으로서의 생명, 즉 하나의 생태계(ecosystem)에서의 생명을 파악하는 경향도 활발하다. 생태계라는 것은 인간을 포함하여 동식물뿐만 아니라 우리 인간 자체의 존재까지도 위협한다. 이러한 시스템으로서의 생명은 인간을 문화적 생명이라든가, 사회적 생명 또는 국가적 생명으로 보는 것이다.

이러한 생명 개념은 현재 정의를 내리기가 극히 어렵지만 아무튼 우리의 직관(直觀)으로써는 이러한 생명도 있을 수 있다는 것이다. 이미 설명한 생태계로서의 생명 개념이 그것을 구성하고 있는 생물이 없으면 성립하지 않는 것과 같이, 문화적 생명 · 국가적 생명 등이라고 하는 것은 인간이 없으면 존속하지 않을 것이기 때문이다. 인간을 도외시하여 문화적 생명이라는 것이 자립하여 있는 것처럼 생각하기 쉬우나, 물질기계로서의 인간에 의하여 생명이란 것이 지탱되고 있음은 중요한 의미가 있다.

이제까지 설명한 세 가지 생명 개념, 즉 물질기계로서의 생명, 생태계라는 시스템으로서의 생명, 그리고 문화적 · 사회적 · 국가적 존재로서의 생명은 전부 이 지구 상의 생명현상에 지나지 않는다. 그런데 물리학, 화학 등 자연과학의 많은 분야가 뉴턴역학은 지구 상만이 아니라 전 우주에서 적용 가능한 학문으로 생각된다. 그러나 물질기계로서의 생물은 지구 상에 현존하는 물질에 한정되어 있는 것이다. 자연과학의 입장에서 볼 때 생명현상이라는 것은 지구 상에 있는 생물에만 한정할 수는 없다.

그리하여 현재 생물학자는 관념적 · 추상적이기는 하나 "우주생명"의 존재를 상정(想定)하고 있으며 화성에 생명체가 존재할 가능성을 확인한 상태이기는 하나, 전 우주를 통한 보편적인 생명개념은 아직 갖고 있지 못하다. 우주생명이 실제로 발견되지 않는 한 그들이 지구 상의 생명과 어떤 차이가 있는가 하는 문제는 풀리지 않은 과제로 남는다.

최근 생물과학의 진보로 생명 합성이 가능할까 하는 의문이 강하게 제기되고 있다. 어떤 박테리아 유전자의 DNA 일부가 인공합성되었기 때문이다. 생명의 인공합성은 이전에는 상상도 못할 것이었으나 현재는 하나의 자연과학적인 프로그램이 되고 있다. 생명의 인공합성이란 일반적으로 이 지구 상의 생물과 같은 것(처음은 극히 하등의 단세포생물일 것이지만)을 만드는 것이겠지만, 더 나아가면 지구 상의 생명과는 다른 형태의 생명을 인공적으로 만들 수도 있다. 또한 공학적인 방법에 의하여 현재의 컴퓨터보다 몇 배 우수한 인공두뇌(人工頭腦), 즉 인공지뇌(人工知腦)를 만들어 내는 것도 하나의 연구과제이다. 이것은 종래의 생명 개념과는 전혀 다르지만, 이들도 생명이라 부를 수도 있겠다.

요컨대, 앞으로 생명의 인공합성이 실제로 가능한가에 대해, 우리는 새로운 생명으로서 "인공생명"이라는 개념을 부가하지 않으면 안된다. 이는 분자생물학의 한 분야로서 추진되고 있다.

분자생물학은 유전이라는 기본적인 생명현상을 분자라는 극미의 물질 레벨에서 해명하여, 인공생명과 같은 복잡한 생명현상을 이해하고자 하는 방향으로 나아가고 있는 학문이다. 실은 근대 자연과학의 큰 흐름을 배경에 두면서, 분자생물학 본래의 모습이 자리 잡고 있다. 분자생물학이 등장하기 전까지는 무생물을 다루는 자연과학(즉, 물리학 및 화학)과 생물을 다루는 자연과학(고전적인 생물학)은 거리가 먼 학문이었다. 그 사이를 연결하는 분자생물학을 기반으로 하여 생명현상을 해명하는 것이 본 학문의 기본적인 흐름이다.

17세기 프랑스의 철학자 데카르트는 정신과 물질을 분리함으로써 정신의 문제를 제외하고 물질로서의 육체의 문제를 연구할 수 있는 길을 열었다. 이는 필연적으로 그 후 물질의 학문 중에서 생물적 문제와 무생물적 문제를 분리하는 결과를 가져와 무생물적인 물질의 과학으로서의 물리학을 크게 발전시켰다. 그런데 이와 같이 물리학이 자연과학의 기수로서 진전된 결과 근대문명을 지탱하고 있는 또 하나의 과학, 즉 인문과학과의 사이에 커다란 단절이 생기게 되었다.

이 단절은 서구 학문 세계의 하나의 큰 특징이며, 서구에 지배된 현재의 세계문명 전체에 위험을 초래하였다. 즉, 우리의 문명은 물리적인 세계와 인문적인 세계로 분할되어 있었다. 이러한 가운데 생물계의 학문을 끌어들임으로써 그 단절을 메우려는 운동이 유럽에서 일어나, 이것이 분자생물학을 낳는 사상적인 배경이 되었다. 이 운동을 일으킨 것은 소수의 물리학자 출신의 자연과학자였다. 양 문명의 단절을 지적하고 자연과학의 발전을 비판하는 인문과학자와 사회과학자가 적지 않았으나 그들은 단지 방관하며 비판만 했지 양자의 융합을 꾀하는 구체적인 운동을 일으킨 적은 없었다. 그 역할은 물리학의 큰 혁명을 경험한 소수의 선구적인 학자에게 위임되었다.

그 선구적인 학자가 바로 양자물리학자인 보어와 그 제자인 델브뤼크이다. 1930년대 그들은 물리학의 기초 위에서 새로운 생명의 학문을 창조하고, 그 분야에서의 생명현상의 해명을 발판으로 하여 심신의 문제나 인간행동의 문제를 연관 지어 갔다. 그러나 복잡한 생명현상을 단숨에 해명할 수는 없었으며, 생명(생물현상)이라고 한마디로 말해도 그 알맹이는 극히 복잡하여 여러 가지 레벨의 생명현상이 있었다. 생명의 기초에는 물질과 에너지가 있고, 그 위에는 단세포생물이나 다세포생물, 또 그 위에는 뇌라고 하는 고차신경계나 인간행동이라는 문제가 있는데, 이를 생물현상의 "계층성" 또는 생명의 "계층구조"라고 부르기도 한다. 이와 같은 관점에서 보면 지구 상의 생명현상 중에서 가장 보편적인 것은 유전현상이다. 델브뤼크 등에 의하여 비롯된 새로운 생명의 학문(이것을 후에 분자생물학이라고 부르게 되는데)은 인간생명의 해명이라는 문제에 목표를 두면서 우선 생명의 가장 기본적인 유전현상의 규명에 노력을 기울였다.

그 결과, 유전현상은 분자 레벨에서 해명되면서, 그것이 하나의 물리적 현상에 지나지 않음이 명확해졌다. 즉, 생물현상과 물리현상 사이에는 단절이 없으며, 현재 그 기초 위에서 보다 고차(高次)의 생명현상을 해명해 가고 있는 것이다. 그리하여 앞으로는 고차의 생명현상으로 되어 있는 정신활동의 상당 부분까지도 물리적으로 이해되고 설명될 수 있으리라 생각된다.

고차신경계	외부환경(행동 · 학습 · 사고 · 선택) 내부환경(항상성 보유) 총합과 조절
Organize된 다세포계	대사계(물질 · 에너지계) 호흡계 순환계 운동계 방어 · 수리 생식계
세포 특이성을 가진 분자계 유전계	

〈생명의 계층 구조〉

사실 근래에 와서 고차의 정신활동을 지탱하고 있는 뇌도 기본적으로는 유전에 의해 지배되고 있으며 뇌의 기능은 유전에 의해 선천적으로 정해져 있고, 우리의 인식이라는 것도 선천적으로 결정되어 있다고 생각된다. 한편, 철학계에서도 칸트의 부활이라는 것이 한창 논의되고 있다. 칸트가 말하는 "선험적 인식", 즉 "우리의 본질적 인식은 훈련이라든가 경험에 의한 것이 아니고 경험 이전에 있다"라는 칸트의 주장이 최근 부활하고 있는데, 이는 뇌의 기능이 유전적으로 결정되어 있다는 설과 관계가 있다.

이와 같이 분자생물학은 생물현상의 물질적인 이해를 기초로 하여 앞으로 더욱 발전해 나갈 것이나, 이것만으로는 생명현상이 전부 해명되지는 않을 것이다. 이미 설명한 바와 같이 자아(自我)의 문제는 자연과학적인 생명현상의 이해만으로는 도저히 해결될 성질의 것이 아니기 때문이다. 경우에 따라서는 인류 영원의 과제로 남게 될지도 모른다.

4.5 열역학

4.5.1 18세기 칼로릭 이론

칼로릭 이론에서는 물체가 뜨거운 것은 그 속에 칼로릭(caloric)이 많이 들어 있기 때문이고, 물체의 온도가 변하는 것은 그 물체가 칼로릭을 흡수하거나 방출하기 때문이라고 설명한다. 플로지스톤 이론에서의 플로지스톤(phlogiston)은 연소의 원소로 볼 수 있고 칼로릭 이론에서의 칼로릭은 열의 원소로 볼 수 있다. 칼로릭 이론에 의하면 물체를 마찰할 때 열이 발생하는 것은 그 물체 속의 칼로릭이 빠져 나오기 때문이다. 칼로릭 이론으로 물질의 상태변화, 즉 고체가 액체로 되고 액체가 기체로 되는 현상도 설명할 수 있다. 그러나 칼로릭 이론에서는 마찰할 때 열이 발생하는 것은 칼로릭이 빠져나오기 때문이라고 설명했는데, 그렇다면 마찰을 계속해서 칼로릭이 다 빠져나오고 나면 더 이상 열이 발생하지 않아야 한다. 그러나 럼퍼드가 대포 포신을 깎는 공장에서 관찰한 바에 의하면 열은 마찰만 이루어진다면 언제라도 발생한다는 문제가 있었다.

칼로릭 이론에 바탕을 둔 가장 흥미 있는 연구로서 나중에 열역학 형성에 큰 영향을 미친 것은 카르노(Sadi Carnot)의 열기관 효율에 관한 연구였다. 카르노는 한 기관에서 이루어지는 일은 열원소(칼로릭)가 뜨거운 물체에서 차가운 물체로 "떨어질" 때 생겨난다고 말했다. 그는 이러한 생각을 물의 흐름에서 유추해 냈다. 칼로릭도 높은 온도에서 낮은 온도로만 이동하면서 일을 할 수 있다고 생각했다. 카르노는 열효율은 열기관을 작동하게 하는 물질이 증기든 물이든 그것에 상관없이 그 열기관을 구성하는 두 온도만의 함수가 된다고 생각했고 그것을 증명했다.

4.5.2 열역학의 발달

(1) 열역학 제1법칙

열역학 제1법칙은 열과 일이 같은 종류의 것으로 서로 변환될 수 있고 합은 보존된다는 것이다. 열역학 제1법칙을 현재 알고 있는 형태로 정식화한 과학자로 보통 세 사람, 즉 영국의 줄(James Prescott Joule, 1818~1889), 독일의 마이어(Robert Meyer, 1814~1878)와 헬름홀츠(Herrman von Helmholtz, 1821~1894)를 든다. 줄은 물속에 있는 물갈퀴가 돌아갈 때 열이 발생해서 온도가 올라간다는 사실을 확인했다. 그래서 기계적 일이 소모되면 그에 대응하는 열이 얻어진다는 사실을 확인했다. 또한 그는 발생한 열량은 그때 소비된 일의 양에 비례한다는 결론을 얻었다. 이로써 오늘날 에너지 보존법칙이라고 알려져 있는 열역학 제1법칙이 확립되었다.

마이어는 동남아 열대지방 사람들의 정맥피가 동맥피만큼 붉다는 것을 발견하고, 열대지방은 다른 곳보다 체온을 유지하는 데 열이 덜 필요해 혈액 중의 산소가 적게 소모되기 때문이라는 결론에 도달했다. 마이어는 일과 열은 같은 종류의 것이고 그 합은 보존된다는 결론을 얻었다. 헬름홀츠는 1847년에 「일의 보존에 관하여」라는 논문을 발표하여 열역학 제1법칙을 아주 간결하고 세련되게 다듬었다.

(2) 열역학 제2법칙

열역학 제1법칙이 널리 알려지면서 영국의 톰슨(William Thomson : 후에 Lord Kelvin이 됨, 1824~1907)은 카르노의 원리와 열역학 제1법칙 사이에 모순이 있다는 것을 발견했다. 카르노의 원리에 의하면 칼로릭은 높은 온도에서 낮은 온도로 흐르지만 그때 일이 생기는 것은 칼로릭의 변화와는 상관 없는 것이었다. 그런데 열역학 제1법칙에 의하면 일을 하면 열이 소모된다. 즉 칼로릭의 보존이라는 카르노의 생각과, 열의 일로의 변환에 대한 제1법칙 사이에 모순이 있다는 것이 드러나게 되었다.

클라우지우스(Rudolf Julius Emanuel Clausius, 1822~1888)는 경험적 원리인 카르노의 원리는 포기할 수 없으므로 열이 소실되지 않는다는 주장이 모순이라고 생각했다. 그는 또 열은 낮은 온도에서 높은 온도로 저절로 이동하지는 못한다고 했다. 또한 켈빈(톰슨)은 열은

100% 일로 바뀔 수 없다는 생각을 함으로써 그 모순을 해결했다. 이 두 표현을 열역학 제2법칙이라 한다(두 표현은 동등하다).

열역학 제1법칙은 열과 일을 통합한 에너지의 보존이라는 양적인 것이지만, 제2법칙은 에너지와 열이 흘러가는 방향에 관한 것이다. 클라우지우스는 열역학 제2법칙을 열이 낮은 온도에서 높은 온도로 저절로 흐를 수는 없다는 것과 같이 정성적으로 표현하는 것에 대해서 불만족스럽게 생각했고, 이 방향성을 좀 더 양적으로 표현하기 위해서 엔트로피(entropy)라는 개념을 도입하였다. 그리고 열역학 제2법칙을 "고립된 계에서의 변화는 모두 엔트로피가 증가하는 방향으로만 일어난다"는 식으로 표현했다. 다시 말하면, 열역학 제1법칙에 의하면 우주의 에너지는 일정하지만 제2법칙에 의하면 우주의 엔트로피는 항상 증가한다고 말했다.

엔트로피는 통계역학적으로는 무질서(disorderness)의 척도라고 표현할 수 있고 열역학적으로는 에너지의 무용도(unusefulness)의 정도라고 할 수 있다. 볼츠만(Ludwig Boltzmann, 1844~1906)은 엔트로피(S)가 확률을 나타내는 척도라는 생각을 기체 연구에 최초로 적용하였다. 즉, 그는

$$S = k \log W$$

라고 정의했다. 이 식에서 W는 기체분자들을 배열하는 방법의 수(즉 그 배열의 확률)이고 k는 볼츠만 상수라는 비례상수이다.

4.6 지구관

4.6.1 대륙이동설

19세기 후반까지 과학자들은 과학이란 자연의 사실을 찾아서 있는 그대로의 현상을 관찰하고 이를 보고만 하면 된다고 생각하여 관찰이 불가능한 사실의 해명을 피하려고 하였다. 그러나 인간의 역사를 넘는 현상을 다루는 지구과학에서는 종종 관찰할 수 없으며

재현 불가능한 사실조차도 연구 대상이 되며 중요한 과학적 사실을 제공한 적이 있었다. 그 대표적인 예가 바로 1912년 오스트리아의 베게너(Alfred Wegener, 1880~1930)가 제시한 대륙이동설이다.

대륙이동설은 1912년 베게너가 발표하기 이전인 1858년과 1908년에 이미 스나이더와 테일러에 의해서 각각 발표되었다. 이들은 시알(Sial)질의 대륙괴(대륙지각)가 시마(Sima)층에 떠 있어서 서로 그 자리를 바꿔 가면서 떠다닌다고 생각하였다. 그러나 이러한 초기의 생각들은 학계에 받아들여지지 않았다. 그러다가 1950년 이후에 맨틀(Mantle)의 열대류설(Theory of Thermal Convection), 고지자기학(Palaeomagnetism), 변환단층설(Transform Fault), 해령(Oceanic Ridge)의 구조 등에 관한 새로운 연구들이 속속 발표되면서 현대의 대륙이동설은 점점 그 모습을 드러내기 시작했다. 학계가 받아들이지 않음에도 불구하고 베게너는 대륙이동설에 근거하여 대서양 양안의 모양의 일치와 지질구조의 유사함, 산맥이나 호상(弧狀)열도의 탄생 원인, 고기후의 분포, 지자극의 이동 등에 관해 설명했다.

(1) 대륙의 짜맞춤

아메리카와 아프리카 양안의 모양이 일치하며 대서양은 마치 거대한 계곡과 같다는 생각은 이전에도 학자들의 주목을 끌었다. 예를 들면 1858년, 안토니오 스나이더 펠레그리니(Antonio Snider-Pellegrini)는 『지각의 생성과 그것의 신비』라는 책에서 아프리카와 아메리카가 분리되기 전과 후 세계의 모습을 묘사했다. 비록 어떤 사람들은 대륙이동설의 선두주자가 프란시스 베이컨이라고 주장하지만 베이컨은 아메리카와 아프리카 대륙이 단지 비슷한 삼각형이라는 사실만을 지적했을 뿐, 대륙의 양안이 일치한다는 것을 지적하지는 않았다.

고생물학과 지질학은 대서양 양안이 과거에 연결되어 있었음을 나타내는 여러 가지 증거들을 제시하였다. 버트런드(Marcel Bertrand)와 쥐스(Eduard Suess)는 대서양 양안 고생대의 구조적인 유사성을 강조하였다. 쥐스는 인도양과 마다가스카르섬을 가로질러 아프리카와 인도를 한 대륙으로 연결하는 가상적인 대륙을 곤드와나(Gondwana)라고 불렀다. 그는 브라질을 포함한 이들 지역에서 석탄기 암석 속에 동일한 식물군이 발견되었기 때문에 곤드와나 대륙은 남반구의 모든 대륙을 포함한다고 믿었다. 더욱이 글로솝테리스(Glossopteris) 식물군으로 불리는 식물화석이 모든 남반구 대륙에서 발견되었다. 또한 메조사우루스(Mesosaurus)라 부르는 페름기의 작은 파충류는 아프리카와 남미에서만 발견될 뿐 유럽과 북미에서는 발견되지 않았기 때문에 곤드와나 대륙이 존재했다는 증거의 하나로 제시되었다.

이러한 증거는 대서양 양안이 아닌 다른 지역에서도 발견되었다. 베게너 자신은 남부 독일로부터 영국 제도, 아이슬란드를 지나 미국 쪽 그린란드에 분포되어 있는 정원 달팽이의 연구를 통해 비슷한 주장을 하였다. 이러한 증거들이 축적되어 마침내 남반구와 북반구 대륙 간의 상호관련성이 확립되었다.

또한 구조 지질학도 대서양이 하나로 연결되어 있었음을 보여 주었다. 버트런드가 언급한 허시니아 조산대와 아플라치아기 외에도 베게너는 남아프리카의 희망봉 체인이 아르헨티나의 부에노스아이레스까지 연장되어 있었음을 보여 주었다. 이와 유사하게 아프리카 편마암 지대와 브라질 편마암 지대가 대응된다는 것을 보여 주기도 하였다.

(2) 육교설과 대륙이동설

대륙 형성을 설명하는 데는 두 가지 방법이 있다. 하나는 쥐스가 주장한 것처럼 지각이 연속적으로 붕괴한다는 주장이며 다른 하나는 베게너의 대륙이동설이다.

쥐스의 주장은 대륙 조각들을 짜 맞추기가 비교적 쉬운 설명이다. 이 이론에 의하면 이전의 대륙은 오늘날보다 더 큰 대륙이었으며 나머지 대륙들은 지금 해양저에 남아 있다. 이 이론에 근거하여 제시된 것이 소위 육교설(Theory of Land Brdge)이다. 20세기 초에 과학자들은 현재 대륙의 분포로부터 서로 떨어진 대륙에 존재하는 동물군과 식물군을 설명하기 위해 육교설을 믿었으며 또한 여러 가상적인 육교들을 제안하였다. 예를 들면 아프리카와 브라질은 아취헬레니스(Achelenis)라 불리는 다리로 연결되었으며, 유럽과 북미는 아취아틀란티드(Archatlantide)로 연결되었다는 것 등이다.

그러나 베게너는 육교설을 반대하였다. 그는 해양을 가로지르는 거대한 육교 대신 대륙이 처음에는 함께 모여 있었으나 점진적으로 분리되었다고 제안했다. 그는 아메리카와 아프리카 대륙의 기원을 다음과 같이 설명하였다. "아메리카는 아프리카를 따라 놓여져 한 덩어리 있는 얼음이 깨지는 것과 같이 수백만 년에 걸쳐서 점차 분리되었다."

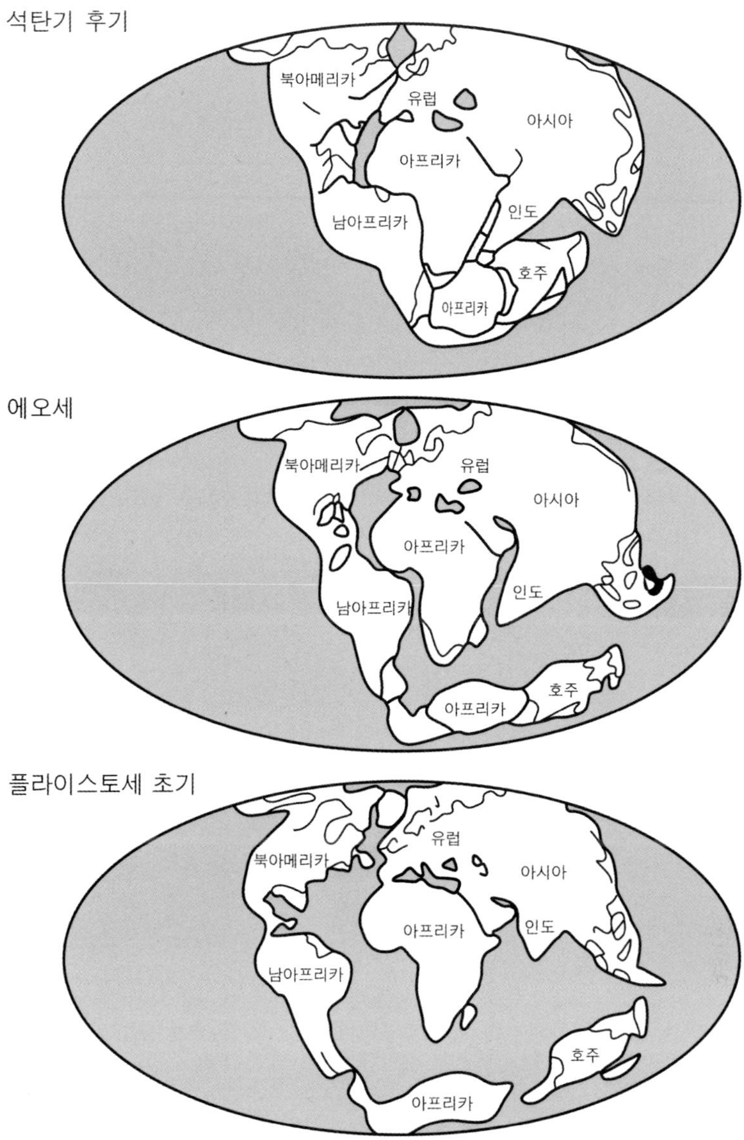

그림 4-2 대륙이동설에 근거하여 세 지질시대의 대륙분포를 재구성한 것. 석탄기 후기에 대륙은 하나의 덩어리로 뭉쳐 있었으며, 제3기 에오세(Eocene)에는 대서양과 인도양이 떨어지기 시작했고, 플라이스토세(Pleistocene) 초기에는 남미와 남극 사이에 지협이 존재했다. 아라비아와 아프리카는 홍해가 갈라지기 전에는 붙어 있었다.

물론 베게너는 이러한 주장을 허황하게 하지는 않았다. 그의 주장은 최신 자료들에 근거하고 있었다. 여러 동식물군의 대비는 육교설에 의해 비교적 잘 설명될 수 있었지만 이 이론은 가끔 매우 단순한 반론에 답하지 못했다. 예를 들면 자신이 조사한 정원 달팽이의 분포는 육교설로는 설명할 수 없었다. 베게너는 정원 달팽이의 넓고 긴 분포는 육교설로 설명할 수 없고 대륙이동 이론으로만 설명할 수 있음을 설득력 있게 주장하였다.

(3) 지각평형설

대륙이동설과 더불어 지각평형설(Isostasy)도 육교설을 부정했다. 이 이론에 의하면 지각은 해양저를 형성하는, 비중과 점성이 높은 지층 위에 정역학적 평형상태로 떠 있다. 만일 지각이 그들의 하부 지층보다 더 가벼우면 대륙이 그 위에 쌓이지 않는 한 해양저에 가라앉을 수 없다. 여기에서 붕괴하는 육교 이론은 지각평형과 모순된다.

지각평형 개념은 19세기 중반에 이루어진 일련의 관찰에 근거하고 있다. 인도 대륙의 이쪽 끝에서 저쪽 끝까지 측량한 결과 천문학적 측량치와 측지학적 삼각 측량치 사이에 차이가 있었다. 캘커타의 부주교인 프래트(John Henry Pratt, 1800~1871)는 이 차이를 히말라야 산맥에 의한 영향으로 해석했다. 정상적인 조건하에서는 지구의 중력 중심을 향하는 측량추가 히말라야가 당기는 인력으로 인해 편향되었다는 것이다.

영국 왕립학회에 제출한 프래트의 논문은 영국 왕립천문학자인 에어리(George Biddel Airy, 1801~1893)에게 흥미를 불러일으켰다. 그는 지각보다 밀도가 큰 유체 위에 지각이 떠 있다고 생각했으며 지각을 물 위에 떠 있는 뗏목으로 비유했다. 유체에 잠긴 물체는 물체의 잠긴 부피에 해당하는 유체의 무게만큼 가벼워진다는 아르키메데스의 원리에 따라 지표 위에 높이 올라온 나무토막은 물속에 더 깊이 가라앉는다고 지적했다. 따라서 높이 솟아 있는 히말라야는 가벼운 뿌리에 기초하고 있다고 생각했다. 즉 높은 산의 뿌리는 평지의 뿌리보다 밀도가 크지 않다고 생각한 것이다.

그러나 1859년, 프래트는 에어리의 이러한 가설을 부분적으로 비판했다. 프래트는 두 물체가 같은 물질로 이루어져 있을지라도 냉각과 수축 작용이 심한 지각이 더 큰 비중을 갖기 때문에 지각은 아래에 있는 유체보다 밀도가 더 높다고 말했다. 수축 작용은 평지(또는 바다)에서보다 산악 지역에서 더 약하기 때문에 산악 지역의 밀도가 더 낮다. 그러므로 지각의 밀도가 낮을수록 지형은 고도가 더 높아진다. 1889년 더튼(C. E. Dutton. 1841~1912)은 이러한 이론을 지각평형설이라고 불렀다.

지각평형이론은 정밀한 중력 측정으로 어느 정도 검증이 가능했다. 중력을 측정해 본 결과 실제로 높은 지형과 낮은 지형의 보상관계가 증명되었다. 즉 산맥은 질량이 더 큰데도 불구하고 바다보다 중력이 크지 않았다. 이 결과에 대한 학자들의 해석은 다양했다. 그러나 20세기, 지진학 연구는 에어리의 생각이 옳다고 결론지었으며 실제로 산맥 아래에서 지각의 경계가 더 깊음을 보여 주었다. 또한 대륙과 해양지각의 성질과 밀도가 서로 다르다는 사실도 밝혀졌다. 베게너는 이러한 사실을 다음과 같이 기록했다. "정확한 해석은 두 개념을 융합시킴으로써 발견할 것이다. 에어리의 이론에 의하면 산악 지역의 경우 기본적으로 가벼운 대륙지각이 두꺼워져야 한다. 그러나 프래트의 이론에 의하면 우리가 대륙지각에서 해양저까지의 변화 과정을 생각할 때 그것은 물질의 종류가 다르다는 것이다."

결과적으로 베게너는 만일 대륙이 바다와 같은 물질로 되어 있지 않다면 쥐스가 가정한 것처럼 대륙과 바다는 지각의 임의적 붕괴에 의해 상호 교체될 수 없음을 알았다. 더욱 중요한 것은 지각평형은 지각의 수직 운동을 의미했다. 그 중요한 예는 스칸디나비아에서 발견되었다. 스칸디나비아는 플라이스토세 동안 얼음의 무게로 인해 가라앉았다. 그러나 빙하기 후 따뜻한 기간에 다시 튀어 올라왔으며 간빙기 동안에는 다시 상승한다는 것이 알려졌다. 이와 비슷하게 지각이 침식되어 점점 얇아지면 그들은 점점 가벼워지고 따라서 지표면은 상승하게 된다.

베게너는 자신의 이론이 그때까지 존재하는 모든 데이터와 설명들을 종합한 것이라고 생각하면서 다음과 같이 주장하였다. "만일 대륙이동설을 기초로서 받아들인다면 육교설과 영구설(Permanence Theory)이 요구하는 모든 합법적인 조건을 만족할 수 있다. 대륙은 오늘날 분리되어 있는 지괴들 간의 접촉에 의해 만들어진 육교들(land connections)로 연결되었으며 나중에 가라앉은 중간 대륙에 의해 연결된 것이 아니다. 각각의 해양이나 대륙으로서가 아니라 해양지역과 대륙지역을 전체로 볼 때 영구성이 있다고 할 수 있다."

베게너의 이론은 한편으로 호소력이 컸지만 다른 한편으로는 심각한 문제점도 있었다. 즉, 그의 이론은 대륙을 움직이는 힘이나 원인을 설명하지 못했다. 베게너는 적도로 향한 대륙의 이동은 이극력(移極力, flight from the poles)으로, 서쪽 방향으로의 이동은 조석력(tidal friction)으로 설명할 수 있다고 믿었다. 이들 힘은 시마층 위의 시알질의 대륙을 밀어낼 뿐만 아니라 그들이 이동할 때 생긴 퇴적물을 산맥으로 밀었다. 그러나 분명히 베게너가 가정한 힘들은 그런 일을 할 수 있을 정도로 크지 않았다. 그래서 그는 솔직히 "대륙이동설의 뉴턴은 아직 나타나지 않았다"라고 시인했다.

(4) 반대자들과 지지자들

베게너의 이론은 전 세계적으로 충분한 토의가 이루어졌다. 1923년, 프랑스 지질학회(Societe geologique de France)는 레무안(Paul Lemoine, 1878~1940) 회장의 요청으로 콜로퀴엄을 개최했다. 여기에서 졸로(Léonce Joleaud, 1880~1938)는 대륙이동설을 강력히 비판하였다. 그 해에 영국에서도 논쟁이 일어났지만 더 나은 대안은 제시되지 않았다. 1926년에는 미국석유지질학회(American Association of Petroleum Geologists) 주최로 대륙이동에 관한 심포지엄이 열렸다. 여기에서도 열띤 토론이 이루어졌지만 결국은 고생물학적 · 지질학적 주장이 불충분하였고 대륙이동에 대한 적절한 메커니즘이 제시되지 못했다. 행사를 주최한 그라흐트(Waterschoot van der Gracht, 1973~1943)가 대륙이동설을 열렬히 지지했음에도 불구하고 심포지엄은 대륙이동설에 대한 반대자들의 승리로 끝났다.

대륙이동설에 대한 가장 결정적인 반대는 지구물리학자들에 의해 제기되었다. 시마층 위에서 시알층의 이동을 가정하기 위해 베게너는 시마층의 유동성을 인정해야만 했다. 그래서 그는 시마층이 시알층보다 더 낮은 온도에서 녹는다고 주장했지만 실제로 실험을 해 보니 반대의 결과가 나왔다. 더욱이 지진파를 연구한 결과 해양의 깊은 지층은 매우 단단했다. 그러므로 반대자들은 대륙이동이 비과학적이라고 공개적으로 말했다.

또한 이 이론은 독일에서도 강한 반대에 부딪쳤다. 주된 반대자는 구조지질학자로 잘 알려진 슈틸레(Hans Stille, 1876~1966)로, 그는 보몽(Elie de Baumont)의 아이디어에 따라 지구의 역사를 일련의 판구조적 상태(tectonic phase)로 구분했다. 슈틸레는 해양의 영구성(permanence)을 믿었다.

이러한 많은 반대자들 가운데서 베게너의 이론은 또한 많은 사람들로부터 지지를 받았다. 미국 과학자 테일러(F. B. Taylor, 1860~1938)는 실제로 베게너의 선구자였다. 1910년에 이미 그는 신생대 산지 분포(특히 아시아)는 북쪽에서 남쪽으로 대륙이 움직였음을 증명한다는 내용의 긴 논문을 발표하였다. 그러나 그는 대륙이동에 대한 메커니즘으로서 지각평형설을 거부했다. 그는 대서양 중앙 해령을 미국으로부터 아프리카가 분리되어 간 흔적으로 해석했다. 테일러 이론은 상당한 설득력이 있었으므로 당시 사람들은 대륙이동설을 테일러-베게너 이론이라 부르기도 하였다.

유럽에서 베게너는 알프스와 세계 지각구조 연구로 유명한 스위스 학자 아르강(Emile Argand, 1879~1940)의 지지를 받았다. 1924년 8월 10일, 브뤼셀에서 열린 국제지질학회에서 그는 서부 알프스에서 히말라야에 뻗쳐 있는 전체 알프스 산맥이 유라시아를 향한 곤드와나 대륙의 이동으로 생겼다고 가정하는 연설을 했다. 그는 내페(Nappe) 형성의 주요 원인이 되는 지각의 수평이동을 표현하기 위해 모빌리즘(Mobilism)이란 말을 만들었다. 또 다른 스위스의 구조지질학자인 슈타우프(R. Staub, 1890~1961)도 비슷한 주장을 했다.

베게너의 또 다른 지지자는 남아프리카의 지질학자인 뒤트와(L. Du Toit, 1874~1948)였다. 1927년, 그는 남아프리카와 남미의 지질을 비교한 긴 논문을 발표했다. 베게너는 이 논문을 읽고 매우 큰 감명을 받았으며 자기의 마지막 저서에서 그의 말을 인용했다. 1937년, 뒤트와는 『우리의 방황하는 대륙』이란 저서에 "우리 지구의 지질학적 해석에 대한 베게너의 뛰어난 봉사를 기념하기 위하여"라는 헌사를 썼다.

그는 알프스 산맥뿐만 아니라 그보다 앞선 허시니아와 칼레도니아 조산대도 대륙이동설로 설명할 수 있다고 주장했다. 베게너는 고생대 후기에 모든 대륙을 팡게아(Pangea)라는 하나의 대륙으로 묶었지만 뒤트와는 두 개의 거대한 대륙을 주장했다. 즉 북쪽의 로라시아(Laurasia) 대륙과 남쪽의 곤드와나(Gondwana) 대륙이 그것이었다.

(5) 대륙의 대류

대륙이 이동한다는 이론의 또 다른 주장은 지구 연대 측정과 관련하여 일어났다. 에딘버러 대학의 지질학 교수인 홈즈(Arthur Holmes, 1890~1965)는 1928년, 「방사능과 지구운동(Radioactivity and Earth Movements)」이란 논문에서 대륙이동의 한 메커니즘을 제시했다. 그는 보통의 화산활동만으로는 지층 속에서 방사성 원소의 붕괴로 인해 생기는 열을 발산하기에 불충분하다고 주장하면서 지각의 대류운동을 제안했다.

그는 액체가 아래로부터 약하게 열을 받으면 열은 임계온도에 도달할 때까지 천천히 위쪽으로 발산되지만 만일 액체가 강한 열을 받으면 온도 기울기가 임계치를 넘게 되고 액체의 흐름이 생겨 대류운동을 하게 된다고 주장하였다. 그는 이와 유사한 상황이 지각 하부에 놓여 있는 유동성 지층에서도 일어난다고 믿었다.

홈즈에 의하면 대륙지각에 있는 화강암은 특히 방사성 원소가 풍부하여 지층의 온도가 해양에서보다 높아야 한다. 그러므로 지층의 대류운동은 먼저 대륙 하부에서 일어나고, 다음으로 주변 지역을 향하여 수평적으로 확장되며, 마지막으로 대륙 끝에서 해양의 약한 대류운동과 만나 아래쪽으로 움직인다.

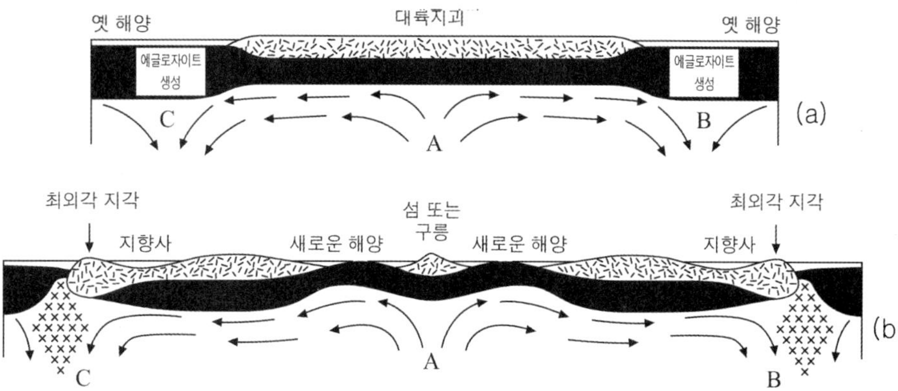

그림 4-3 홈즈의 대류가설. 이 가설은 대륙이동과 새로운 해양분지의 생성을 설명하기 위해 제안되었다. (a) 옛 대양저의 방해가 극복될 수 있다면 A지점에서 상승한 지각의 흐름은 수평으로 퍼지며 대륙괴를 확장시킨다. 대륙 하부 흐름과 해양저 흐름이 만나는 B와 C에 에클로자이트(Eclogite)가 형성된다. 에클로자이트는 무겁기 때문에 침하하며 대륙들이 나아갈 수 있는 공간을 만든다. (b) B와 C에서 에클로자이트 암괴는 침하하여 녹아 현무암질 마그마를 형성한다.

이러한 주장과 더불어 홈즈는 『지구물리학의 원리(Principles of Physical Geology)』에서 자신이 대륙이동설을 지지함을 분명히 했다. 그는 "정말로 중요한 것은 베게너의 일부 추측이 틀린 것처럼 보인다고 해서 베게너의 위대한 업적을 무시할 것이 아니라 오늘날 이용 가능한 풍부한 증거로부터 어느 정도까지 대륙이동과 다른 지각의 수평이동이 순수한 지질학적 사건으로 일어났는지를 판정하는 것이다"라고 말했다. 홈즈의 이론은 혼자만의 생각이 아니었다. 베게너가 언젠가 그라츠(Graz)에 있는 한 대학에서 만났던 슈비너(R. Schwinner)도 이와 비슷한 생각을 했다. 그러나 베게너는 홈즈나 슈비너의 이론이 자신의 이론과 관련하여 어떤 의미가 있는지를 이해하지 못한 채 세상을 떠났다. 베게너의 이론은 1930년에는 대부분의 학자들이 배척했으나 1960년대에 갑자기 유명해졌다. 이는 레이저의 등장과 정밀측정 기술의 발달로 실제로 대륙이 이동하고 있음이 증명되었기 때문이다.

제5장

물질의 계층 구조

5.1 미시적인 세계

5.1.1 기본입자

물질의 성질을 가지는 기본입자를 분자라 한다. 분자를 쪼개면 물질이 가지고 있던 성질은 없어지고 원자(atom)라고 불리는 알갱이들로 분리된다. 원자의 크기는 대략 10^{-8}cm 이다. 원자는 전기적으로 양성을 띠는 핵과, 이를 둘러싸고 있는 전자들로 구성되어 있다. 핵의 크기는 대략 10^{-13}cm이다. 핵은, 다시 양성자(proton)와 중성자(neutron)로 이루어져 있다. 그렇다면 이들 양성자와 중성자, 그리고 전자를 이루는 기본입자들은 무엇인가? 이 질문에 대해 현재 시점에 할 수 있는 답은 다음과 같다. 전자는 더 이상 쪼개지지 않는 기본입자이고, 양성자와 중성자는 쿼크(quark)라고 불리는 입자들로 구성되어 있다. 쿼크의 종류는 6가지이며, 이들을 열거하면 업쿼크(up quark : u), 다운쿼크(down quark : d), 참쿼크(charm quark : c), 스트레인지쿼크(ustrange quark : s), 톱쿼크(top quark : t), 보텀쿼크(bottom quark : b)의 여섯 가지이다. 양성자는 업쿼크 두 개와 다운쿼크 한 개로 이루어진 입자이다. 핵에서 양성자나 중성자를 분리해 내는 것은 가능하지만 양성자나 중성자 내의 쿼크 한 개를 분리해 내는 것은 불가능하다. 이것은 쿼크들 사이의 강한 작용에 기인한다.

표 5-1 기본입자들의 분류

경입자 (lepton)	$\begin{pmatrix} e \\ v_e \end{pmatrix}$ $\begin{pmatrix} \mu \\ v_\mu \end{pmatrix}$ $\begin{pmatrix} \tau \\ v_\tau \end{pmatrix}$, 이들의 반입자들
쿼크 (quark)	$\begin{pmatrix} u \\ d \end{pmatrix}$ $\begin{pmatrix} c \\ s \end{pmatrix}$ $\begin{pmatrix} t \\ b \end{pmatrix}$, 이들의 반입자들
게이지 입자	γ, W^+, W^-, Z, 접착자들

쿼크 외에도 몇 가지 기본입자들이 더 존재한다. 경입자(輕粒子, lepton)들이라고 불리는 기본입자들로는 이미 위에서 언급한 전자(electron)와 전자중성미자(electron neutrino), 뮤온과 뮤온중성미자, 타우와 타우중성미자 등이 있다. 각 쿼크와 경입자마다 반입자들이 각각 존재한다. 예를 들어서 업쿼크의 반입자인 반업쿼크라는 기본입자가 존재하는데, 반업쿼크는 업쿼크와 질량은 정확히 같으며, 전하의 양은 절대값은 같으나 부호가 반대이다. 이 외에도 상호작용을 매개하는 광자(빛알갱이, photon), W^+보존(boson), W^-보존, Z보존 그리고 8개의 접착자(gluon) 등이 있다. 이들 기본입자들 중에서 전자와 중성미자 그리고 광자를 제외한 대부분의 기본입자들은 불안정하여 오랫동안 존재해 있지 못하고 생성된 후 즉시 다른 안정적인 입자들로 변환된다. 특히 쿼크들은 한 개만 고립된 상태로 분리가 안 되므로 여러 개가 모여서 합성입자를 만든다. 쿼크들로 이루어진 입자를 강입자(hadron)라 하며 크게 중간자(meson)와 중입자(baryon)의 두 종류로 나눈다. 중간자라고 불리는 입자들은 쿼크와 반쿼크의 쌍으로 이루어져 있으며, 중입자라고 불리는 입자들은 세 개의 쿼크로 이루어져 있다. 예를 들어서 파이온 (+) 입자는 업쿼크와 반다운쿼크로 이루어져 있고 파이온 (-)는 다운쿼크와 반업쿼크로 이루어져 있다. 이들은 대표적인 중간자들이다. 이미 앞에서 언급한 바 있는 양성자와 중성자는 대표적인 중입자들이다. 이들 외에도 많은 강입자들이 실험실에서 생성된다. 예를 들어서 케이온(K), 시그마(Σ), 람다(Λ) 입자 등이 존재한다. 이들은 대부분 생성되자마자 바로 없어져서 비교적 안정적인 다른 입자들로 변하므로 아주 짧은 시간 동안만 존재한다. 강입자들 중에서 안정적으로 오래 존재하는 입자는 양성자와 중성자뿐이다.

5.1.2 기본입자들을 찾기까지

아주 먼 옛날부터 인간은 물질이 무엇으로 구성되어 있을까 하는 의문을 품어 왔다. 19세기 초반에 도입된 원자설이 있기 훨씬 전인 기원전 400년경에 이미 데모크리토스는 모든 물질은 원자라고 불리는 더 이상 쪼갤 수 없는 알갱이들로 구성되어 있다고 주장했다. 이 이론의 다른 내용들은 현대의 원자에 대한 이론과는 큰 차이가 있으나 기본입자에 대한 첫 이론이라는 점에서 의미가 있다 하겠다.

돌턴(John Dalton, 1766~1844)의 원자설이 제시된 후, 한 세기가 지나서야 비로소 원자의 내부 구조가 알려지기 시작했다. 영국의 물리학자인 러더퍼드(Ernest Rutherford, 1871~1937)는, 원자의 중앙에는 핵(nucleus)이라 불리는 양전하를 띤 양성자들이 있고 그 주위를 음전하를 띤 전자들이 돌고 있다고 제안했다. 그는 또한, 양성자의 개수와 전자의 개수가 동일하여 총 전하는 중성이고 양성자의 질량이 전자의 질량보다 훨씬 무거워서 원자의 질량은 양성자의 개수에 의하여 정해진다고 제안했다. 양성자의 개수는 핵의 전하량에 비례하므로 결국 원자의 질량은 핵 내부의 전하량 또는 원자 내의 전자들의 수에 비례하게 된다. 그러나 실험결과 원자의 질량이 핵의 전하에 비해 더 크게 나왔고, 그래서 채드윅(James Chadwick, 1891~1974)은 핵 속에 전기적으로 중성인 입자가 있을 것이라고 제안했다. 1930년대에 들어와서 결국 채드윅의 제안이 입증되었으며, 이 입자를 중성자라 이름 지었고 또한 중성자의 질량이 양성자의 질량과 비슷함도 알게 되었다. 이리하여 현재 우리가 알고 있는 원자의 모델이 완성된 셈이다. 즉, 원자는 중심부에 양성자와 중성자들로 이루어진 핵이 있고 이 핵 주위를 양성자의 개수와 동일한 개수의 전자가 돌고 있으며, 원자의 질량은 양성자와 중성자의 수에 비례한다.

원자의 내부구조가 알려질 무렵인 1932년에 미국의 앤더슨(Carl David Anderson, 1905~)이 우주선을 이용하여 행한 실험에서 양전자를 발견하였다. 이 입자는 전자와 질량은 동일하나 전하는 양성자의 전하와 같은 값의 양전하를 띠어, 디락(Paul Dirac, 1902~1984)이 이론적인 측면에서 제시한 적이 있는 전자의 반입자가 바로 이 입자임이 밝혀진 셈이다. 이 외에도 그 당시에 아직 발견은 되지 않았으나, 중성미자라 불리는 전기적으로 중성이며, 질량이 거의 영인 입자가 있을 것이라고 1930년에 파울리(Wolfgang Pauli, 1900~1958)에 의해 제시되었고 이 제안은 거의 받아들여졌다. 그래서 이때에는 빛에 해당하는 광자와, 원자를 이루는 전자, 양성자, 중성자 그리고 전자의 반입자인 양전자(positron)와, 파울리가 제안한 중성미자를 합한 여섯 가지 기본입자가 자연계에 존재하는 기본입자들의 전부라고 생각했다. 그러나 1936년에 앤더슨에 의해 우주선으로부터 뮤온(muon)이라고 불리는, 전자 질량의 약 200배에 달하는 입자를 발견했다. 이어서 파이온(pion)이라 불리는 입자들이 1947년에 발견되었다. 이들은 양전하, 중성 그리고 음전하를 띠는 세 가지 종류가 있으며 양성자와 중성자의 상호작용을 매개하는 입자들임이 밝혀졌다. 전자, 중성미자 그리고 뮤온은 다른 입자들에 비하여 가벼우므로 이들을 경입자로 분류했고 양성자나 중성자는 다른 입자들에 비하여 무거우므로 중입자로 분류했으며 파이온들은 중입자보다는 가볍고 경입자보다는 무거우므로 중간자로 분류했다. 그리고 중간자와 중입자를 합하여 강입자라 불렀다.

그 이후 1960년대까지 강입자에 해당하는 무려 100여 종의 입자들이 발견되었다. 그런데 이들 강입자들에서 어떤 규칙이 발견되었는데, 강입자들은 기본입자들이 아니고 다른 기본입자들로 구성된 합성입자들이라는 결론이 이 규칙으로부터 자연스럽게 이끌어진다. 이를 토대로 한 이론이 쿼크모델 이론이다. 이 이론에 의하면 강입자들은 쿼크라고 불리는 기본입자들로 구성되어 있다. 이 당시까지 발견된 강입자들을 설명하는 데는 세 가지 쿼크만이 요구되었으며, 그들을 업쿼크, 다운쿼크 그리고 스트레인지쿼크라 불렀다. 그러나 이들 기본입자들 사이에는 어떤 대칭성이 발견되는데, 전자와 전자의 중성미자 그리고 업쿼크와 다운쿼크가 한 군을 이루고 뮤온과 뮤온의 중성미자 그리고 아직 발견되지 않은 쿼크와 스트레인지쿼크가 또 다른 한 군을 이룬다면 이 대칭성이 잘 설명된다. 결국 이 새로운 쿼크는 팅(Samuel chao Chung Ting, 1936~)과 리히터(Burton Richter, 1931~)가 이끄는 두 실험그룹들에 의하여 발견되었고 참쿼크라는 이름이 붙었다. 이렇게 되자 물리학계에서는 또 다른 제3의 경입자와 쿼크의 군이 존재할 것이라는 의견이 제시되었고 참쿼크가 발견된 지 2년 후인 1976년에 타우(τ : tau)라 불리는 입자가 발견되었다. 이 입자는 양성자 질량의 2배 정도가 되는 무거운 입자이나 상호작용의 성질상 전자나 뮤온과 같은 경입자적인 성질을 띠어 경입자로 분류된다. 따라서 타우입자와 이 입자의 중성미자와 파트너가 될 쿼크의 쌍이 존재할 것으로 믿고 이들의 발견을 위한 실험이 계속되었다. 그러던 중에 다음 해인 1977년에 페르미 연구소의 레더만이 이끄는 실험팀에 의해 보텀쿼크라 불리는 쿼크가 발견되었다. 이 쿼크의 파트너인 톱쿼크의 발견은 1994년에 이루어졌다. 이로써 현재까지 알려진 기본입자들은 세 개의 군으로 이루어진 경입자와 쿼크들이 있고 이 외에 전자기적인 상호작용을 매개하는 광자와 경입자들과 쿼크들 간의 상호작용인 강력과 약력을 매개하는 W^+, W^-, Z 접착자들이 전부이다.

5.1.3 입자들 사이의 상호작용

현재 알려진 힘은 4가지이다. 중력(만유인력), 전자기력, 약력 그리고 강력이 바로 그것들이다. 이 중에서 약력과 강력은 아주 짧은 거리에 붙어 있는 입자들 간에 작용하는 힘이고 중력과 전자기력은 멀리 떨어진 입자들 간에도 작용한다. 거시적인 물체들은 대개 전기적으로 중성이므로 서로 간에 작용하는 힘은 중력뿐이다. 중력의 세기는 두 입자의 질량의 곱에 비례하고 입자 간의 거리의 제곱에 반비례하는 힘이며, 항상 서로 끌어당기는 인력으로만 작용한다. 그러나 점점 미시적인 세계로 들어가면, 각 입자들이 전기적인 전하를 띠게 되므로 전자기력이 작용하게 되며 이 경우 만유인력은 전자기력에 비해 그 크기가 훨씬 작으므로 무시된다. 전자기력은 전하들에 의한 힘이며, 만유인력과 달리 힘의 크기는 전하의 곱에 비례하나 인력과 척력이 모두 가능하다. 전하의 부호가 같은 두 입자들 간에는 서로 미는 척력이 작용하고, 전하의 부호가 서로 다른 두 입자들 간에는 서로 당기는 인력이 작용한다. 전기력의 세기도 만유인력의 경우와 같이 두 입자 간의 거리의 제곱에 반비례한다. 전자와 핵 사이에 작용하는 힘은 인력이며 거의 전자기력에 의한 힘이다. 핵 속에는 양의 전하를 띤 양성자들이 모여 있는데, 이들 전하는 모두 같은 부호이므로 척력이 작용하여 전자기력만을 고려한다면 서로 밀어낼 것이다. 특히 핵이라는 좁은 영역에 모여 있으므로 양성자들 사이의 거리가 아주 짧아서 서로 밀어내는 힘의 세기가 아주 클 것이다. 그러나 양성자들 사이에는 강하고 짧은 거리에서 작용하는, 강력이라는 인력이 추가로 작용한다. 이 힘은 전기력에 의한 척력보다 크기 때문에 양성자들이 좁은 핵의 내부에 모여 있을 수 있다. 위에서 언급한 기본입자들 중에서 경입자들은 강력에 의한 상호작용을 하지 않고 쿼크들만이 강력에 의한 상호작용을 한다. 약력도 짧은 거리 내에서만 작용하는 힘이며, 약력은 경입자들과 쿼크들 사이에 작용한다. 중성자가 양성자와 전자,

중성미자들로 붕괴하는 베타붕괴는 이 힘에 의한 현상이다.

5.2 분자와 거시 물체

돌턴의 원자설과 아보가드로의 분자설에 의해 화합물의 기본 입자는 분자이며, 분자를 이루고 있는 기본 입자는 원자임이 밝혀졌다.

5.2.1 원자의 구조

1886년 골트슈타인(Eugen Goldstein, 1850~1930)에 의해 양성자(proton)가 발견되고, 1897년 톰슨(Joseph Thomson, 1856~1940)에 의해 전자가 발견되면서 원자도 더 작은 입자로 구성되어 있음이 알려졌고, 많은 사람들이 원자의 구조에 대해 관심을 갖게 되었다. 톰슨은 먼저 전자의 주위에 양성자가 듬성듬성 박혀 있는 모형을 제안하였다. 그러나 1911년 러더퍼드(Ernest Rutherford, 1871~1937)는 산란 실험(scattering experiment)을 통해 원자핵(nucleus)을 발견한 이후 톰슨의 모형과는 달리 양전하를 띤 원자핵 주위에 음전하를 띤 가벼운 전자가 돌고 있는 모형을 제안하였다. 후에 보어(Niels Bohr, 1885~1962)는 핵 주위에서 전자가 안정하게 궤도를 점유하는 모형을 제시했다. 이것이 오늘날 인정하고 있는 원자 모형이다(그림 5-1).

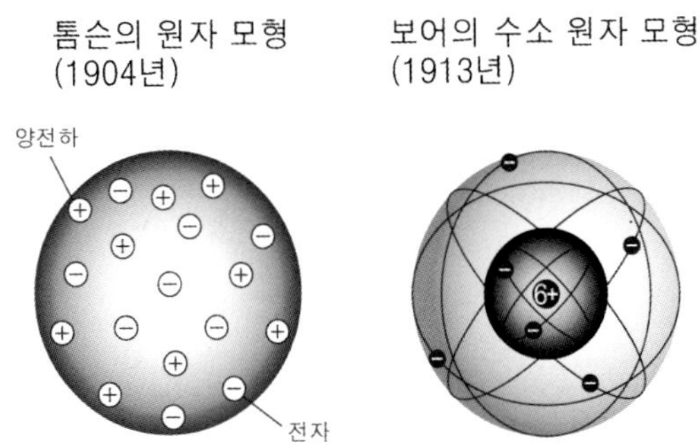

그림 5-1 톰슨의 원자 모형과 보어의 수소원자 모형

그 크기를 보면 원자핵은 10^{-14}~10^{-15}m인 데 반해 원자의 반경은 10^{-10}m 정도이므로 좁은 공간에 원자핵이 집중되어 있음을 알 수 있다. 1932년에 채드윅(James Chadwick, 1891~1974)이 중성자를 발견함으로써 원자핵은 양성자와 중성자의 합인 것이 확인되었다. 원자는 전기적으로 중성이므로 전자의 수와 양성자의 수는 같고 이 수가 원자 번호(atomic number)이다. 전자의 질량은 양성자 혹은 중성자 질량(양성자와 중성자의 질량은 동일함)의 1/1840이므로 양성자와 중성자의 합으로 이루어진 핵의 질량이 원자 질량이 된다. 이들을 모두 합쳐 간단히 다음과 같이 표현한다.

$$^{235}_{92}\mathrm{U}$$

여기서 U는 우라늄을 나타내며 92는 원자 번호를 235는 원자 질량을 나타낸다. 원자 번호는 같으나 질량이 다른 원자가 있는데, 이들을 동위 원소라 한다. 수소(^{1}H), 중수소(^{2}H) 및 삼중수소(^{3}H)가 좋은 예이다. 이들은 중성자의 수만 다르다.

5.2.2 원자 내의 전자 배치

이제는 원자 내에서 그 많은 전자들이 어떻게 배치되어 있는지가 궁금하다. 전자의 배치는 원자가 분자를 형성하는 화학 결합을 이해하는 데 필수적이다.

모든 원소는 고온으로 가열하면 빛을 발한다. 스트론튬은 적색을, 바륨은 녹색을, 구리는 청색을, 나트륨은 황색을 낸다. 이들 방출스펙트럼은 햇빛을 프리즘에 통과시켰을 때 나타나는 무지개처럼 연속 스펙트럼이 아니고, 모두 원소 고유의 불연속 스펙트럼이다. 고유의 주파수(frequency) 혹은 파장(wavelength)을 가지며, 따라서 고유의 에너지를 갖는다. 이들은 전자기 복사의 하나이며, 그 관계식은 다음과 같다.

$$E = h\nu = hc/\lambda \qquad \nu = c/\lambda$$

여기서 ν는 주파수(진동수)를, λ는 파장을, h는 플랑크 상수(Planck contstant)를 말한다.

전자의 입자성과 파동성이 밝혀진 그 당시 이 전자기 복사에 대한 현상이 원자 내의 전자 배치와 관련이 있으리라 믿고 많은 과학자들이 관심을 가졌다.

러더퍼드의 제자인 보어가 1913년 처음으로 수소의 전자 모형을 제안하면서 수소 가스의 불연속 방출 스펙트럼을 설명하는 데 성공하였다. 수소의 방출 스펙트럼은 5개의 계열을 가지고 있다. 라이먼 계열, 발머 계열, 파셴 계열, 브래킷 계열과 푼트 계열이다. 이를 설명하기 위해 보어는 다음과 같은 가설을 세웠다. 첫째, 전자는 원자핵 주위의 안정한 원형 궤도를 도는데, 이 궤도 내에서 운동할 때 에너지의 방출이나 흡수는 없다. 둘째, 전자가 돌고 있는 궤도는 양자화(quantized)되어 있고, 셋째, 전자는 안정한 궤도를 고유한 에너지를 가지고 돌고 있지만, 특정한 에너지를 흡수하면 한 궤도에서 다른 궤도로 전이한다는 내용의 가설이다. 따라서 전이한 궤도에서 원궤도로 돌아올 때 빛 에너지를 방출하게 되며, 이때 그 빛의 주파수는 다음 식으로 계산할 수 있다.

$$\nu = (E_2 - E_1)/h$$

여기서 E_2는 전이한 궤도의 에너지이며, E_1는 원궤도의 에너지를 의미한다. 이들 궤도를 에너지 준위라 부른다. 그림 5-2에서 보면 수소의 바닥 상태에 있던 전자가 외부로부터 에너지를 흡수하면 높은 에너지 준위의 궤도로 전이했다가 다시 바닥 상태의 에너지 준위로 되돌아오면서 빛을 방출한다. 보어의 전자모형은 전자가 하나뿐인 수소 원자에 대해서는 계산값과 실험값이 잘 일치했으나 전자가 많은 다른 원자에는 적용할 수 없었다.

또한 수소 가스의 선 스펙트럼을 다시 프리즘에 통과시키면 더 세분된 스펙트럼을 얻을 수 있는 것으로 보아 전자의 에너지 준위는 더 세분되어 있음을 알았다. 더 큰 원자의 복잡한 방출 스펙트럼은 전자의 운동을 파동 방정식에 도입한 슈뢰딩거 식($H\psi = E\psi$)을 풀어 줌으로써 가능하게 되었다. H는 해밀토니안 연산자(Hamiltonian operator), ψ는 궤도함수(orbital), E는 전체 에너지를 의미한다. $|\psi|^2$은 전자를 발견할 확률을 나타내므로 슈뢰딩거 식을 풀 때 ψ가 물리적인 의미를 갖기 위해서는 3가지 경계 조건이 필요하다. 주양자수 n(principal quantum number), 부양자수 l(secondary quantum number)과 자기양자수 m_l(magmetic quantum number)을 말한다. 그 경계 조건을 보면 n은 0을 제외한 정수 값을 가진다. n = 1인 에너지 준위를 K껍질, n = 2인 에너지 준위를 L껍질, n = 3인 에너지 준위를 M껍질,

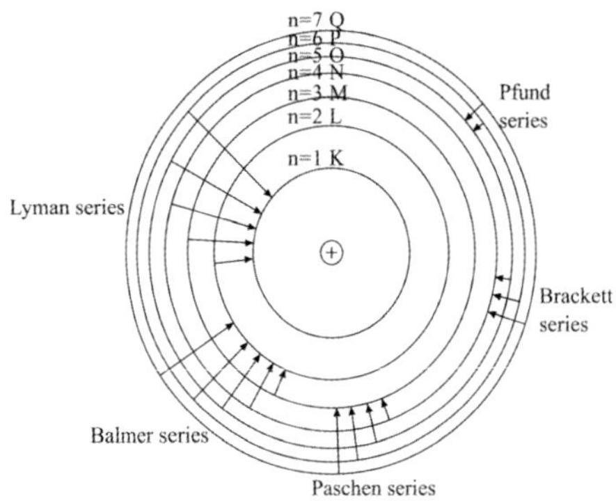

그림 5-2 수소원자의 방출 에너지

n = 4인 에너지 준위를 N껍질이라 부른다. 이들이 보어가 제안한 에너지 준위이며, 각 에너지 준위에 들어갈 수 있는 전체 전자 수는 $2n^2$으로 n = 1이면 2개, n = 2면 8개, n = 3이면 18개, n = 4면 32개이다. 각 껍질은 부양자수에 따라 다시 세분된 부 껍질로 나누어진다. l은 n이 주어지면 l = 0에서부터 l = (n−1)까지의 수를 가질 수 있다.

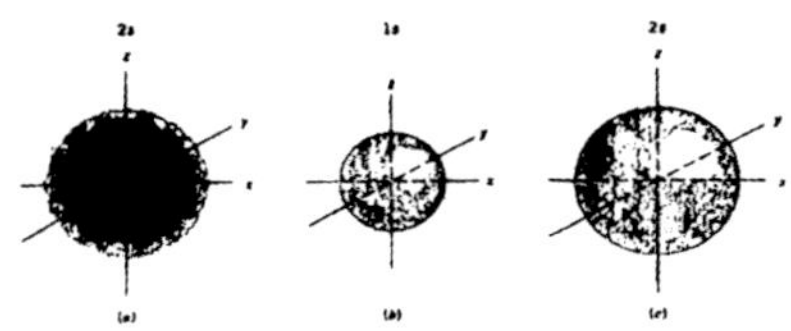

s 오비탈(궤도)

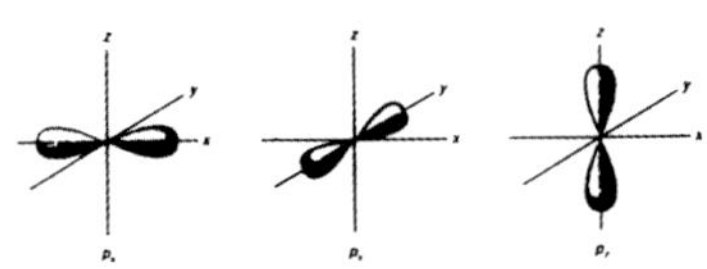

p 오비탈(궤도)

d 오비탈(궤도)

그림 5-3 궤도 함수의 공간 방향

l = 0이면 s궤도 함수, l = 1이면 p궤도 함수, l = 2면 d궤도 함수, l = 3이면 f궤도 함수라 부른다. 이들 궤도 함수는 다시 자기양자수 m_l에 의해 에너지 크기는 같으나 공간적인 배향이 다른 몇 개의 궤도 함수로 갈라진다. m_l은 주어진 l에 따라 0을 포함해서 −1에서부터 +1까지의 수를 가질 수 있다. l = 0이면 m_l = 0 하나뿐이다. m_l = 1이면

m_l = +1, 0, −1의 3개의 값을 가지고 각각을 px, py, pz로 표현한다. l = 2이면 m_l = +2, +1, 0, −1, −2가 되어 각각을 dxy, dxz, dzy, dx2−y2, dz2로 표현한다. 이 내용을 표 5-2에 종합하여 나타내었다. 그림 5-3에는 각 궤도 함수의 공간적인 모양을 나타내었다.

표 5-2 양자수 n, l 및 m_l의 관계

n	l	m_l	부 껍 질
1	0	0	*1s*
2	0	0	*2s*
	1	−1, 0, 1	*2p*
3	0	0	*3s*
	1	−1, 0, 1	*3p*
	2	−2, −1, 0, 1, 2	*3d*
4	0	0	*4s*
	1	−1, 0, 1	*4p*
	2	−2, −1, 0, 1, 2	*4d*
	3	−3, −2, −1, 0, 1, 2, 3	*4f*

파울리(Wolfgang Pauli, 1900~1958)의 배타원리를 적용하고 전자의 스핀을 고려한 스핀양자수(spin quantum number)를 추가하면 이제 전자가 가질 수 있는 4개의 양자수가 완성된다. 스핀양자수는 +1/2 아니면 −1/2 둘 중 하나다.

궤도 함수는 핵에서 먼 거리일수록 에너지가 높아지며 각 궤도 함수에는 2개의 전자만이 들어갈 수 있다. 쌓음 원리(Aufbau principle)에 의해 에너지가 낮은 궤도 함수부터 채워 가면 된다. 에너지가 같은 궤도 함수는 훈트 규칙(Hund's rule)에 따라 전자 하나씩을 먼저 채운 후에 나머지를 채워 가면 된다. 질소, 산소 및 불소의 예를 다음에 나타내었다.

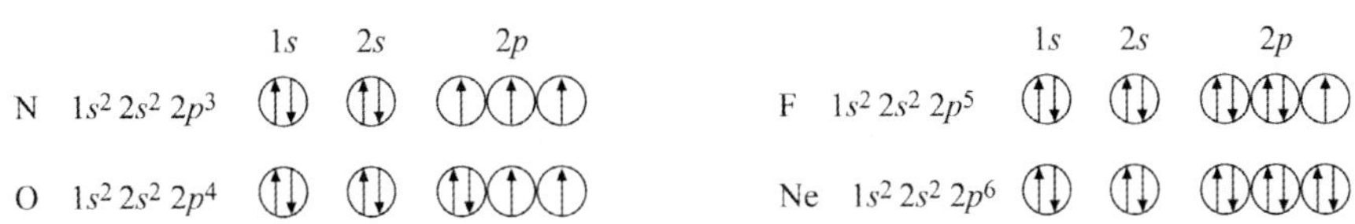

앞의 수는 주양자수를 의미한다.

5.2.3 주기율표와 전자 배치

원자 내의 전자 배치를 알았다. 그러면 주기율과 전자 배치는 어떤 관계가 있을까? 원자의 화학적 성질과 전자 배치 사이에 밀접한 관계가 있다면 주기율과 전자 배치도 밀접한 관계가 있어야 한다. 같은 족에 속한 동위 원소들은 그림 5-4에서 보는 바와 같이 제일 바깥쪽 껍질 내의 부껍질 중, 제일 바깥쪽 부껍질 내의 전자 배치가 동일하다. 이들이 원자가 전자(valence electron)들이며, 이들 전자가 화학 반응에 참여하기 때문에 동족 원소들은 화학적 성질이 유사하다. 예를 들어 보자. 리튬의 최외각 부껍질은 $2s^1$, 나트륨의 최외각 부껍질은 $3s^1$, 칼륨의 최외각 부껍질은 $4s^1$이다. 이들은 모두 최외각 부껍질에 각각 전자 1개씩을 갖고 있어서 모두 1족에 속하며, 금속성이고 화학적 성질이 비슷하다. 수소의 최외각 부껍질이 $1s^1$이므로 비록 수소가 금속성은 없어도 전자 배치가 같기 때문에 1족에 소속시켰다. 그림 5-4의 주기율표에서 네모 안의 수는 주양자수(n, 즉 껍질)이며, 윗부분에 최외각 부껍질 내의 전자 수를 나타내었다. 주기의 수가 주양자수임을 알 수 있다.

s^1	s^2
1	1

s^1	s^2	d^1	d^2	d^3	d^4	d^5	d^6	d^7	d^8	d^9	d^{10}	s^2p 1	s^2p 2	s^2p 3	s^2p 4	s^2p 5	s^2p 6
2	2											2	2	2	2	2	2
3	3											3	3	3	3	3	3
4	4	3	3	3	3	3	3	3	3	3	3	4	4	4	4	4	4
5	5	4	4	4	4	4	4	4	4	4	4	5	5	5	5	5	5
6	6	5	5	5	5	5	5	5	5	5	5	6	6	6	6	6	6
7	7	6	6	6	6	6	6	6	6	6	6						

f^1	f^2	f^3	f^4	f^5	f^6	f^7	f^8	f^9	f^{10}	f^{11}	f^{12}	f^{13}	f^{14}
4	4	4	4	4	4	4	4	4	4	4	4	4	4
5	5	5	5	5	5	5	5	5	5	5	5	5	5

그림 5-4 주기율표와 전자 배치

5.2.4 화학 결합과 분자

이제까지 원자의 구조에 대해 알아보았다. 이제 이들 원자가 어떻게 결합하여 분자를 형성하는지를 살펴보자. 원자는 화학 결합을 통해 분자를 형성한다. 화학 결합은 크게 이온 결합과 공유 결합으로 나눌 수 있고 특별히 금속 결합을 들 수 있다. 먼저 이온 결합을 살펴보자. 중성인 원자가 전자를 잃으면 양이온이 되고 전자를 얻으면 음이온이 된다. 소금을 예로 들어 보자. 실험식은 NaCl이다. 나트륨 원자는 전자를 하나 잃어 Na^+ 이온이 되고 Cl은 전자 하나를 얻어 Cl^-이온이 된다. 이들 이온은 정전기적인 힘에 의해 결합하고 소금의 결정을 이룬다. 이런 결합이 이온 결합이다. 그런데 이때 Na는 왜 쉽게 전자를 잃고, Cl은 왜 전자를 쉽게 얻는 것일까? Na의 전자 배치를 보면 $1s^2 2s^2 2p^6 3s^1$로서 최외각의 궤도 함수에 전자 하나를 갖고 있다. 이 전자 하나를 잃으면 나머지 궤도 함수들은 모두 전자 2개씩 꽉 차게 되어 안정한 전자 배치를 갖게 된다. 이와 같이 전자 하나를 잃고 이온이 되는 데 필요한 에너지를 이온화 에너지라 하는데, Na는 이온화 에너지가 작기 때문에 쉽게 전자 하나를 잃어버린다. Cl의 전자 배치를 보면 $1s^2 2s^2 2p^6 3s^2 3p^5$로서 최외각 궤도 함수 3p에는 전자 하나를 얻으면 6개의 전자를 갖게 되어 부껍질을 가득 채우게 되며 따라서 안정해진다. 이와 같이 전자를 얻을 때 방출하는 에너지를 전자 친화도라 하며 Cl은 전자 친화도가 크기 때문에 쉽게 음이온이 되는 것이다. 주로 금속 원소와 비금속 원소가 결합하여 화합물 분자를 만들 때 이온 결합을 한다. 금속은 이온화 에너지가 작고 비금속은 전자 친화도가 크기 때문이다.

공유 결합은 결합 전자를 서로 공유하면서 결합을 형성한다. 비금속-금속끼리 결합할 때 주로 공유 결합을 한다. 수소 분자를 보면 각 수소 원자가 가진 $1s^1$ 전자 하나를 서로 공유함으로써 수소 분자(H:H)를 형성한다. 질소 분자를 보면 질소 원자의 원자가 전자 $2p^3$를 서로 공유하여 질소 분자(:N⋮N:)를 만든다. 수소 분자는 단일 결합을, 질소 분자는 삼중 결합을 가지고 있다. 과학자들은 두 개의 전자가 형성한 단일 결합을 - 하나로 표현하기로 합의하였다. 따라서 수소 분자는 H-H로, 질소 분자는 N≡N으로 나타낸다. 메탄(CH_4) 분자의 구조를 보자. 정사면체의 중앙에 탄소 원자가 있고 그 꼭짓점을 수소 원자가 차지하고 있다. 각각의 H-C-H의 각도는 109.5°이다. 탄소의 원자가 전자들이

$2s^2 2p^2$인 점을 고려하면 4개의 수소 원자가 결합할 수도 없고, 또 결합한다 하여도 109.5°를 유지할 수 없다. px와 py 오비탈은 서로 수직이므로 90°여야 하며 나머지 두 개의 수소는 s 오비탈과 결합한다면 임의의 각도를 유지할 수 있어야 한다. 이 모순을 어떻게 설명할 것인가? 이를 설명하기 위해 혼성 궤도 함수(hybridized orbital)가 제안되었다. 즉 탄소의 원자가 전자가 차지하고 있는 2s와 2p 오비탈을 섞어서 새로운 혼성 오비탈인 sp^3 오비탈을 형성한다. 이들 4개의 오비탈은 정사면체의 꼭짓점을 향하고 있어서 수소 원자와 결합하면 실제의 메탄 분자 구조와 잘 맞아떨어진다. 한 개의 s 오비탈과 세 개의 p 오비탈을 섞어서 만들었으므로 sp^3라 부른다. 이들의 관계를 그림 5-5에 나타내었다.

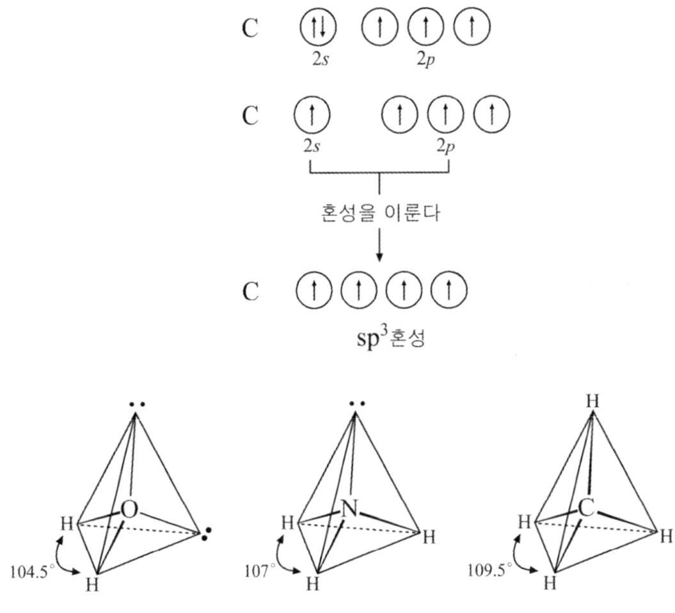

그림 5-5 sp^3 혼성 오비탈과 물, 암모니아, 메탄의 구조

한 개의 s 오비탈과 두 개의 p 오비탈로 만들었으면 sp^2 혼성 오비탈, 한 개의 s 오비탈과 한 개의 p 오비탈로 만들었으면 sp 혼성 오비탈이라 한다. 에틸렌(ethylene)의 탄소는 sp^2를, 아세틸렌(acetylene)의 탄소는 sp 혼성 오비탈을 가진다. 물(H_2O)의 H-O-H 결합각이 104.5°, 암모니아(NH_3)의 H-N-H의 각도가 107°인 사실도 혼성 오비탈로 잘 설명된다. 결합을

설명하는 데는 원자가 결합 이론(valence bond theory)과 분자 궤도 함수 이론(molecular orbital theory)이 있다. 또 금속 결합에서는 금속의 특징을 잘 설명할 수 있는 띠 이론(band theory)이 있다. 이들 이론에 대한 설명은 이 책의 범위를 넘어서므로 다른 일반화학 책을 참고하기 바란다.

5.2.5 분자의 입체 구조

분자식이 C_2H_6O인 분자로 구조가 다른 두 가지 화합물을 만들 수 있다. 하나는 에틸알코올(C_2H_5OH)이고 다른 하나는 디메틸에테르(CH_3OCH_3)이다. 이들 두 화합물은 화학적 성질과 물리적 성질이 전혀 다르다. 이들을 이성체(isomer)라 한다. 따라서 분자의 구조식은 대단히 중요하다. 더 나아가서 분자의 삼차원 구조는 더 중요하다. 왼손과 오른손을 보면 그 화학적인 조성, 성질 및 물리적인 성질이 모두 같으나 왼손 장갑은 오른손에 낄 수 없다. 왼발과 오른발 역시 마찬가지여서 왼발에 신는 구두를 오른발에 신고 걸을 수 없다. 분자의 삼차원 구조도 마찬가지이다(그림 5-6). 카르본(carvone)을 보면, (+)카르본은 카라웨이 풀 씨에서도 추출되고, (-)카르본은 박하에서 추출되는데 그 향기와 맛이 전혀 다르다. 파킨슨병 치료제인 도파(Dopa)의 경우, L-도파는 약효가 있으나 D-도파는 약효가 전혀 없다.

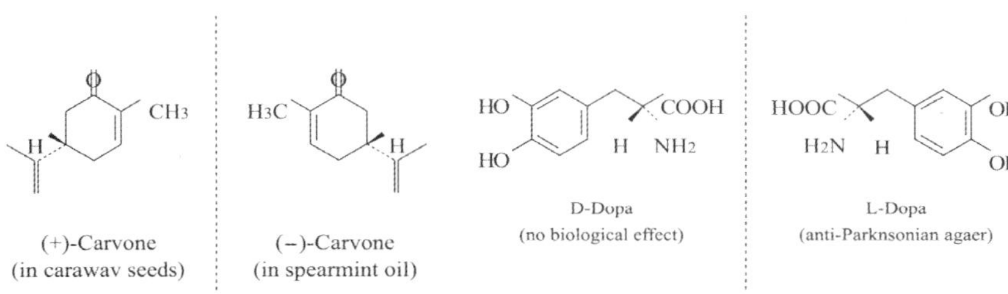

그림 5-6 카르본과 도파의 입체 구조

그 이유는 무엇일까? 그림 5-7에서 보는 바와 같이 세 점이 서로 일치할 때에만 약효가 있고 서로 일치하지 않을 때는 약효가 없기 때문이다. 이와 같이 삼차원 구조에 있어서의 조그마한 차이가 결과에 매우 큰 영향을 미친다.

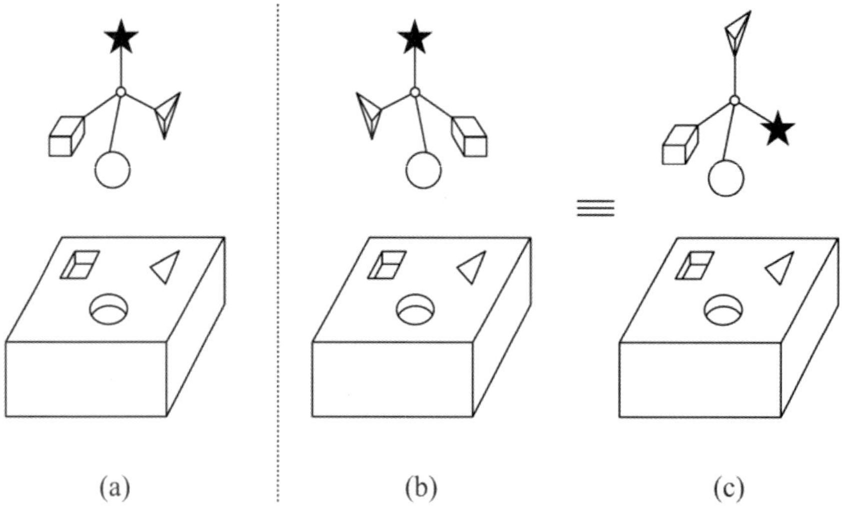

그림 5-7 생리활성의 원리

물론 이들 두 화합물의 분자식은 같다. 그러나 입체 구조에서 *표를 한 탄소 주위 치환기들의 방향성이 서로 다르다. 이들 두 화합물을 거울에 비춰 보면 서로 포개어진다. 이와 같은 두 화합물을 거울 이성체(enantiomer)라 부른다. 좀 더 구조가 간단한 분자인 물 분자를 살펴보자. 물은 생물이 생명을 유지하는 데 없어서는 안 될 중요한 화합물이다. 분자량은 18이며 분자식은 H_2O이다. 이 물 분자의 입체 구조는 어떤가? H-O-H처럼 막대 모양인가, 아니면 O를 중심으로 굽은 막대($H \diagup^{O} \diagdown H$) 모양인가? 앞의 것처럼 직선 막대 모양이라면 분자의 쌍극자 모멘트가 없어서 유전 상수가 낮을 것이며 끓는점 역시 높지 않을 것이다. 분자량이 16인 메탄이 기체인 점을 고려하면 물도 기체 상태가 되어야 할 것이다. 다행히 물은 굽은 막대와 같은 입체 구조를 가지고 있어서 유전 상수가 크고, 끓는점이 높으며, 많은 화합물을 녹일 수 있을 뿐만 아니라 액체 상태를 유지할 수 있다. 이렇게 분자의 입체 구조는 그 화합물의 화학적 · 물리적 성질을 결정하는 중요한 요인이다.

5.2.6 거대 분자

인류는 고대로부터 자연에 존재하는 거대 분자 물질을 사용해 왔지만 그 구조에 대해서는 오랫동안 알지 못했다. 위에서 설명한 공유 결합에 의해 거대 분자가 생성된다는 사실은 19세기에 와서야 그 윤곽이 드러나기 시작했으며 그 구조에 관한 증거들은 1890년과 1919년 사이 에밀 피셔(Emil Fischer, 1952~1919)의 단백질에 관한 연구로부터 나타나기 시작했다. 1920년에 스타우딩거(Hermann Staudinger, 1881~1965)가 폴리스틸렌과 고무가 공유 결합으로 이루어진 거대 분자임을 제안했으나 받아들여지지 않았고, 그 이후 10년 동안 많은 과학자들로부터 비난을 받았다. 당시 많은 과학자들은 비록 분자량이 높다고는 하나 이것은 작은 분자들이 어떤 알 수 없는 분자 간 힘에 의해 서로 화합하여 뭉쳐 있는 것이라고 믿었다. 1929년 듀퐁사의 카로더스(Wallace Carothers, 1896~1937)가 저분자량의 화합물로부터 고분자량의 화합물을 합성하기 시작하여 폴리에스테르 및 폴리아미드 합성에 성공함으로써 거대 분자의 구조에 대한 이론이 확립되었고, 1938년에 나일론 66이 합성되었다. 1930년과 1945년 사이를 현대 합성 고분자 화학의 도약기로 간주하게 되었다. 스타우딩거가 거대 분자(macromolecule)라는 표현을 사용했으나 이는 고분자(high polymer)와 같은 뜻이다. 고분자 물질에는 단백질, 녹말, DNA와 같은 천연 고분자 물질과 합성 섬유(나일론, 폴리에스테르), 플라스틱과 같은 인조 고분자 물질이 있다. 또한 고분자 물질을 형성하는 반응은 크게 첨가반응과 축합반응으로 나눌 수 있다. 먼저 고무를 예로 들어 보자. 고무에는 고무나무에서 뽑아낸 천연 고무와 실험실에서 합성한 합성 고무가 있다(그림 5-8).

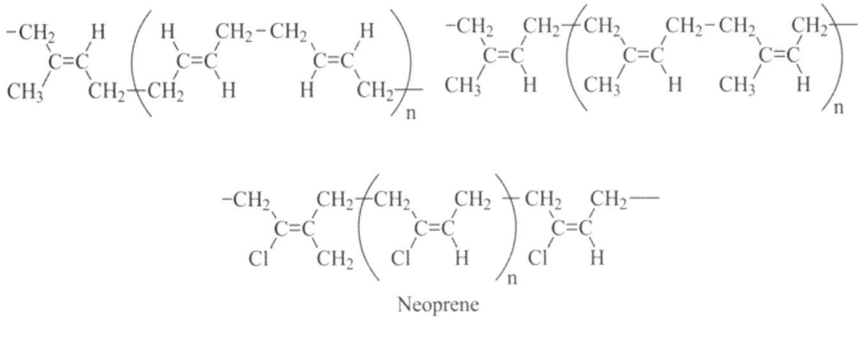

그림 5-8 고무의 분자 구조

이소프렌(isoprene)의 단량체가 첨가 반응에 의해 새로운 공유 결합을 형성하면서 분자량이 200,000에서 500,000이나 되는 거대 분자인 천연 고무가 생산된다. 여기서도 이중 결합 주위의 배열에 따라 물성이 다른 두 가지 고무가 생산된다. 이와는 달리 단량체 이소프렌의 메틸기 대신 염소를 치환한 클로로프렌(chloroprene) 단량체를 첨가 반응에 의해 중합하면 네오프렌(neoprene)이라는 합성 고무가 형성되는데, 이것은 천연 고무보다 약품에 강해 부엌용 고무 장갑, 정원용 고무 호스 등 우리 생활에 필요한 많은 물품을 제조하는 데 사용된다. 첨가 반응에 의해 만들어지는 대표적인 고분자 물질을 표 5-3에 실었다.

표 5-3 첨가 반응에 의해 합성된 고분자 물질의 예

단량체	단량체 이름	고분자 이름	용도
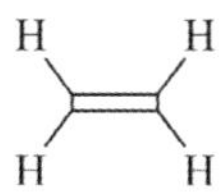	Ethylene	Polyethylene (Polyethene)	절연체, 필름, 음료수 병, 장난감
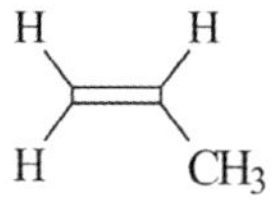	Propylene	Polypropylene (Vectra, Herculon)	필름, 카페트, 음료수 병
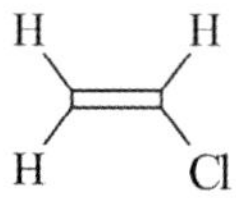	Vinyl chloride	Poly(vinyl choride) (PVC)	마루타일, 우의, 파이프
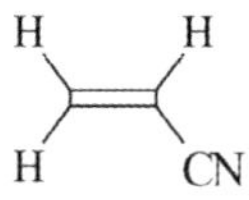	Acrylonitrile	Polyacrylnitrile (Orlon, Acrilan)	옷감, 융단, 깔대
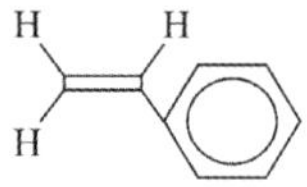	Styrene	Polystyrene (Styrene, Styrofoam Styron)	음식물 용기, 건축물자재
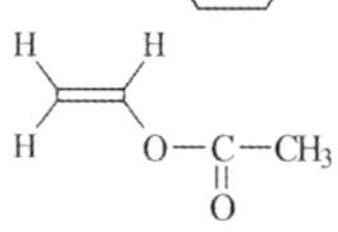	Vinyl acetate	Poly(vinyl acetate) (PVA)	라텍스톤, 접착제
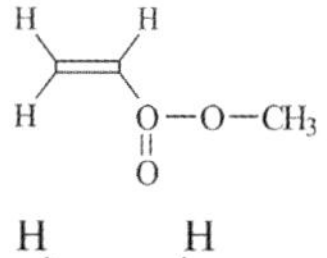	Methyl methacrylate	Poly(methyl methacrylate) (Plexiglas, Lucine)	투명유리, 라텍스톤, 콘택트렌즈
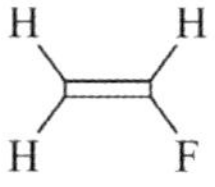	Tetrafluoroethylene	Polytetrafluoroethylene (Teflron)	가스켓, 절연체, 베어링, 후라이팬 코팅

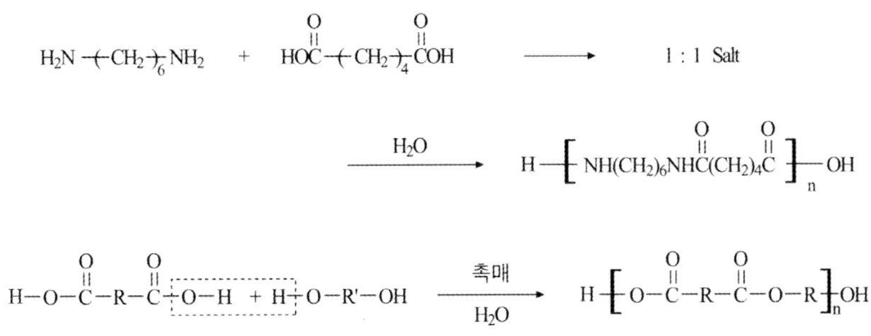

그림 5-9 나일론 66과 폴리에스테르의 분자 구조

축합 반응(condensation)은 단량체가 폴리머를 형성할 때, 물과 같은 작은 분자를 내어놓는 반응을 말한다. 폴리에스테르(polyester) 섬유 및 나일론(nylon) 섬유가 여기에 속한다. 나일론은 듀퐁사의 기적으로 인류 생활의 양상을 바꿔 놓은 섬유이다. 그 구조를 그림 5-9에서 볼 수 있다.

1945~1960년 사이 석유화학 산업의 발전으로 새로운 단량체들이 대량 생산되고, 지글러-나타(Ziegler-Natta)의 에틸렌 중합용 촉매(유기 금속 화합물)를 시작으로 많은 새로운 촉매가 개발되는 등 많은 발전이 있었다. 오늘날 고분자 과학은 고강도, 저온 유연성, 전기 전도성, 분리 기능성, 고온 안전성, 내화염성, 생체 적합성 등 다양한 기능을 가진 기능성 고분자 합성에 관심을 기울이고 있다.

5.3 우주

지구 상의 여러 물체들과 마찬가지로 우주도 여러 크기의 다양한 물체들로 이루어져 있다. 가장 가까이 지구에서 은하를 거쳐 우주 전체에 이르기까지 여러 천체들은 다른 구조와 성질들을 지니고 있다.

그중에서 우리에게 가장 친숙한 천체는 물론 지구이다. 우리 주변 모든 생명체의 생활터전인 지구는 지금부터 약 45억 년 전에 다른 행성들과 같이 별과 별 사이의 먼지 구름들이 중력 수축하여 태양을 포함한 태양계가 만들어지는 과정에서 생겨난 것인데, 자전에 의해 적도 부근이 약간 볼록한 타원체로 반경이 약 6,400km이고 질량은 6×10^{24}kg이나 된다. 지구는 우주의 다른 천체들에 비해서 아주 작지만 그래도 지구 표면의 총 면적 중 1%만이 사람들이 살기 좋은 곳이라고 해도 $1m^2$에 한 명씩 세울 경우 2조 명이 들어설 수 있으며, 전 세계 모든 사람들을 다 합해도 그 총 질량이 지구의 200조분의 1에 지나지 않는다. 이처럼 지구는 전 세계 사람들이 한꺼번에 뛰어도 까딱도 하지 않을 정도로 크다.

지구의 대략적인 크기와 질량은 해성계가 만들어지는 과정에서 필연적으로 결정된다고 할 수 있으나, 구체적인 크기와 질량은 우연한 초기조건에 의해 결정되었을 것이다. 마치 사람의 키가 사람이 지닌 유전정보에 따라 대략 1m에서 2m 사이가 되겠지만 구체적으로 165cm가 될지 166cm가 될지는 우연적인 요소에 의해 결정되는 것과 마찬가지다. 하지만 일단 이런 크기와 질량으로 만들어진 지구는 이후 지구에서, 특히 지구 표면에서 일어나는 모든 지질학적 · 생물학적 상황을 결정하게 되었다. 만약 지구가 현재와 같은 크기에 질량이 달랐다면 지구표면에서의 중력이 달라져서 지질학적인 활동과 그 결과가 달라졌을 것이며, 여러 생명체도 더 강하거나 약한 중력에 적응하여 지금과는 사뭇 다른 형태로 진화했을 것이고 결과적으로 인간의 모습도 현재 우리의 모습과 같을 것이라고 확언할 수 없을 것이다. 이는 우주에서 사소하다고 할 수 있는 사건에 의해 인간을 포함한 지구 상 생명체의 모든 것들이 너무나 크게 달라질 수 있음을 보여 주는 한 예이다.

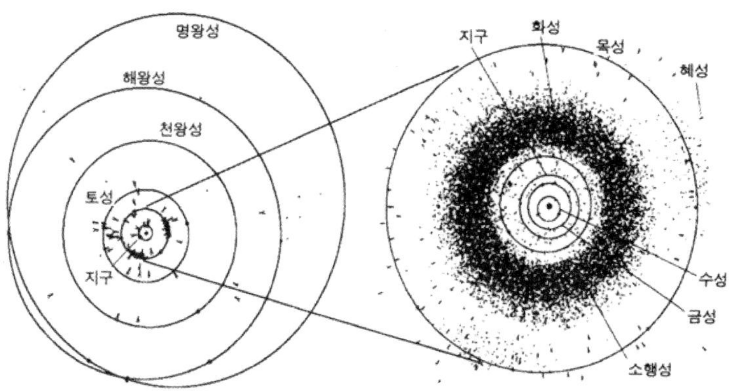

그림 5-10 태양계. 왼쪽 그림은 태양계의 바깥쪽, 오른쪽은 안쪽 부분이다. 점은 소행성들이며 쐐기 모양은 1998년 현재 혜성들의 위치이다.

지구는 바로 곁에 달이라는 위성을 데리고 있다. 달은 지구로부터 38만 km 떨어져 있어 제트기로 쉬지 않고 여행할 경우 2주가 넘게 걸리나 태양계에서는 지구에 가장 가까운 천체이다. 달은 크기가 지구의 4분의 1 정도지만 질량은 80분의 1밖에 되지 않아서 표면에서의 중력이 지구 중력의 6분의 1이다. 이 정도의 중력으로는 가벼운 기체들을 잡아 둘 수 없으므로 달에는 대기도 없고 기상현상도 없다.

행성으로서 지구에 가장 인접한 것은 밤하늘에서 달 다음으로 밝은 금성인데, 금성은 태양을 공전하고 있는 9개의 행성(수성, 금성, 지구, 화성, 목성, 토성, 천왕성, 해왕성, 명왕성) 중 지구와 크기와 질량이 가장 비슷한 행성이다. 그러나 금성은 태양에 가까워서 강력한 온실효과가 일어났고 그 결과로 표면온도가 섭씨 470도가 넘는 짙은 황산대기가 생겼다. 이와는 반대로 금성 다음으로 크기와 질량이 비슷한 화성은 태양에서 멀리 있어서 온실효과가 너무 약했고 그 결과 엷은 대기에 표면온도가 영하로 유지되는 동토가 되었다. 생물들이 살기에 가장 적합한 조건을 가질 수 있는 위치에 생긴 것이 바로 지구였고 여기에 생물들이 생겨난 것은 필연적인 결과라고 할 수 있겠다.

화성 바깥쪽에는 다양한 크기의 수많은 소행성들이 있고, 그 밖을 기체로 된 거대한 행성들(목성, 토성, 천왕성, 해왕성)이 돌고 있다. 태양에서 가장 멀리 떨어진 행성은 명왕성인데 태양-지구 거리의 약 40배 거리에서 타원궤도로 공전하고 있다. 태양계는 그러나 여기에서 끝나지 않고 명왕성 바깥쪽에도 단주기 혜성들의 공급원이라고 믿어지는 소행성 집단 카이퍼 띠(Kuiper belt)가 존재한다는 사실이 밝혀졌다. 태양풍의 영향력이 끝나는 태양권계면(heliopause)은 태양-지구 거리의 110~160배 거리에 있을 것으로 짐작되며 1977년 발사된 우주탐사선 보이저 1호는 이 경계를 향해 지금도 고독한 여행을 계속하고 있다. 또 더 멀리 태양-지구 거리의 1만 배 정도 되는 곳에는 장주기 혜성들의 공급원인 오오트 구름(Oort cloud)이 존재하는 것으로 추정되고 있으므로 태양계의 영역은 여기까지라고 할 수도 있겠다.

태양계의 중심에 위치하여 지구의 모든 생명체에게 넉넉한 에너지를 공급하는 태양은 반경이 약 70만 km로 지구의 약 100배 크기이고, 질량은 2.0×10^{33}kg으로 지구의 33만 배이다. 지구 질량의 300배가 넘는 태양계의 가장 큰 행성인 목성도 고작 태양의 1천분의

1 정도이므로 태양계의 질량 거의 전부를 태양이 차지하고 있다고 볼 수 있다. 이런 태양도 우리 은하계에 있는 천억 개 정도의 별 중 하나이고 특히 태양은 그중에서도 가장 평범하다고 할 수 있다. 가장 가벼운 별은 태양의 약 10분의 1이고 가장 무거운 별도 태양의 100배 정도일 것으로 추정되나, 대다수 별들은 태양 정도의 질량을 가진 별들이기 때문이다.

지구에 도달하는 태양 에너지의 양은 태양이 내는 에너지 전체의 20억분의 1에 불과하지만, 이는 백만 kw 원자력 발전소 2억 개에서 생산하는 에너지와 맞먹는 엄청난 양의 에너지이다. 그런데 태양은 이처럼 많은 에너지를 지난 50억 년 동안 변함없이 방출하였고 앞으로도 50억 년 정도 이를 계속할 것이다. 이렇게 어마어마한 양의 에너지의 근원은 바로 고온 고압의 태양 중심부에서 수소가 헬륨으로 바뀌는 핵융합 반응이다. 수소의 원자핵, 즉 양성자 4개가 고온 고압에서 헬륨 원자핵으로 합성되는 핵융합 반응은 단위 질량당 에너지 생성량이 지구에서 익숙한 일반 화학반응의 백만 배에 이를 정도로 많은 에너지를 낼 수 있다. 이것이 바로 수소폭탄의 원리이기도 한데 과학자들은 지난 수십 년간 인류의 에너지 문제를 해결할 수 있는, 조절 가능한 핵융합 반응을 만들어 내기 위해 노력해 오고 있다.

태양과 같은 별들은 핵융합 반응이 중심에서만 일어나는데 핵융합의 원료인 중심부 수소가 모두 헬륨으로 바뀌면 더 이상 핵융합이 진행되지 못하고 급격한 변화를 시작한다. 핵융합 장소가 중심에서 벗어나기 시작하면 더 많은 에너지가 더 짧은 시간에 방출되면서 별은 그 이전보다 100배 정도 더 큰 적색 거성으로 부풀어 오른다. 태양도 약 50억 년 후에는 현재 지구의 공전궤도까지 부풀어 올라 지구는 생명체가 살 수 없는 뜨거운 행성이 되고 말 것이다.

태양보다 질량이 대략 8배 이하인 별들은 부풀어 오른 상태에서 껍질부분을 우주공간에 날려 버리고 밀도가 높은 중심부가 드러나 백색왜성이 된다. 백색왜성은 태양보다 질량이 좀 작으나 크기는 지구 정도밖에 되지 않아 밀도가 1cm^{3}당 무려 1톤에 이르는 천체이다. 백색왜성은 탄소 등의 핵융합이 끝난 재로 되어 있으므로 서서히 식어 가면서 어두워진다. 반면에 태양보다 질량이 8배 이상 큰 별들은 마지막 순간에 철로 된 중심부분이 스스로의 중력을 이기지 못하고 급격하게 수축하면서 주위의 껍질 부분을 폭발적으로 내보내고 폭발 직전 밝기의 약 1억 배까지 밝아진다. 이를 초신성(supernova)이라고 부르는데 경우에 따라서는 초신성 하나의 밝기가 은하 전체의 밝기와 같은 경우도 있다. 초신성 폭발에서 방출되는 총 에너지는 태양이 100억 년 동안 방출하는 에너지의 100배(~10^{44}Joule)에 이르는 엄청난 양이다.

초신성은 지구나 인간과도 밀접한 관련이 있다. 우주에 존재하는 모든 원소 중에서 수소와 헬륨은 우주 탄생 초기에 생겼고 나머지 모든 원소들은 질량이 큰 별 내부에서 핵융합 반응에 의해 만들어졌다. 이렇게 만들어진 원소들은 초신성 폭발을 통해서 우주 공간에 흩어지고 이 원소들이 포함된 기체 덩어리에서 다시 새로운 별들이 만들어지고 수명이 다하면 폭발하는 과정을 거쳤다. 이 과정 중에서 태양과 태양계가 생겼는데 그중 한 행성이 지구이다. 지구 상에 존재하는 모든 생명체는 지구 상에 존재하던 원소들에 의해 이루어졌으므로 결과적으로는 우리 몸의 수소, 헬륨은 과거 우주에서, 그 밖의 나머지 모든 원소들은 한때 큰 별 내부에서 합성되어 초신성 폭발을 통해 지금에 이르게 되었다고 할 수 있다.

초신성이 폭발한 후 남은 중심부는 수축하여 크기가 고작 10~15km밖에 되지 않는 중성자성이 된다. 그러나 중성자성의 질량은 태양의 1.4배 정도이므로 이 별의 밀도는 $1cm^3$에 1억 톤에 이르는 상상을 초월하는 고밀도이다. 각설탕 한 개의 질량이 중국인 전체의 몸무게보다 큰 셈이다. 물론 중성자성 표면에서의 중력은 지구 중력보다 2조 배 강해서 몸무게 50kg인 사람은 자신의 몸무게가 100억 톤으로 느껴질 것이다.

이렇게 별은 질량과 나이에 따라서 각각 다른 크기와 형태를 가지게 된다. 이런 별들은 우주 공간에 아무렇게나 흩어져 있지 않고 서로 간의 중력에 의해 분포되고 움직인다. 우리 태양에 가장 가까이 있는 별은 프록시마 센타우루스라고 불리는 별인데 이 별까지의 거리는 약 4.3광년으로, 이는 제트기 속도의 약 30배인 초속 10km 정도의 로켓으로 여행해도 무려 13만 년이 걸리는 먼 거리이다. 약 1,000억 개의 별로 이루어진 우리 은하 내의 별 사이 평균 거리는 대략 이와 같아서 별과 별은 아주 멀리 떨어져 있는 셈이다. 물론 별과 별 사이의 공간은 완전한 진공이 아니라 수소와 헬륨 등으로 이루어진 희박한 기체와 그보다 더 희박한 아주 작은 먼지들로 채워져 있다. 이들 기체들을 성간구름(interstellar cloud)이라 부르는데 밀도가 비교적 낮은(~$1cm^{-3}$) 중성수소원자로 된 구름과 밀도가 상대적으로 높은($\geq 100cm^{-3}$) 수소분자로 된 구름이 대부분을 차지한다. 큰 수소분자 구름은 몇 광년이나 되는 크기 때문에 지상의 기준으로 아주 낮은 밀도임에도 불구하고 총 질량이 태양의 백만 배 이상 되는 것도 있을 정도이다. 이들은 너무 무거워서 스스로의 중력에 의해 수축하기도 하는데 이때 별들이 집단으로 탄생하게 된다. 은하는 수많은 별과 성간기체들이 모인 결과이다. 여름 밤하늘을 시원하게 가로지르는 은하수가 바로 앞에서 본 우리 은하의 원반부의 모습이다. 우리 은하의 원반부는 반경 약 5만 광년, 두께 약 3,000광년의 얇은 원반 형태로 분포하는 별과 기체의 무리이다. 원반의 중심, 즉 은하의 중심은 궁수자리 방향에 있고 우리 태양계는 이 중심에서 약 3만 광년 떨어진 곳에 위치하고 있으며 초속 220km의 속도로 원운동하는데, 한 번 회전하는 데 걸리는 시간은 2억 년 정도이다. 우리 은하에는 원반 이외에도 은하 중심부분 별들의 밀집체인 팽대부, 어두운 별들로 된 은하 무리(halo), 은하 핵(nucleus)이 있다. 비교적 젊고 밝은 은하 원반의 별들과 달리 팽대부나 무리에 있는 별들은 늙고 어두운데 원반 별과는 달리 체계적인 원운동을 하지 않고 무작위(random) 운동을 하고 있다.

그림 5-11 우리 은하와 거의 같은 안드로메다 은하. 태양으로부터 약 200만 광년 떨어져 있다.
〈사진 : 박대영〉

태양이 원운동을 하는 데 필요한 구심력으로부터 태양 안쪽의 은하 질량을 추정해 보면 태양 질량의 천억 배 정도에 이름을 알 수 있다. 그러나 실제 관측되는 별과 성간 물질들을 다 더해 보아도 이 값에는 못 미치므로 천문학자들은 빛을 내지 않는 암흑물질이 은하 무리의 상당한 질량을 차지하고 있는 것으로 결론짓고 있다. 행성같이 스스로 빛을 내지 못하는 천체들이나 전자기 상호작용을 하지 않는 소립자 등이 이 암흑물질의 후보로 제시되고 있으나 아직 정확한 정체는 파악되지 않고 있다. 우리 은하는 보이지 않는 물질들에 의해 역학적으로 지배되고 있는 셈이다.

우리 은하는 바로 곁에 남반구에서만 보이는 대마젤란, 소마젤란 은하라 불리는 2개의 조그마한 위성 은하들을 데리고 있다. 이들 은하까지의 거리는 약 20만 광년이며 이 외에도 여러 개의 위성 은하들이 있다. 이들은 모두 우리 은하에 비해 아주 작으며, 우리 은하 정도 크기로 가장 가까이 있는 은하는 안드로메다 은하인데 우리로부터 약 200만 광년 떨어져 있다. 빛의 속도로 달려도 200만 년 걸리는 거리여서 우리가 맨눈으로도 볼 수 있는 안드로메다 은하는 사실은 200만 년 전 안드로메다 은하를 출발해서 이제야 지구에 도착한 빛에 의한 과거 안드로메다의 현재 모습이다. 우리 은하나 안드로메다 은하들은 그 모양이 나선형태여서 나선은하라 불리며 타원은하들과 함께 은하들 중 비교적 큰 정상 은하에 해당한다. 우리 은하와 안드로메다 은하가 속한 직경 300만 광년 정도의 영역을 국부은하군(Local Group)이라 부르는데 여기에는 적어도 20개 이상의 은하들이 포함된다. 그러나 안드로메다 은하와 우리 은하를 제외하고는 모두 작은 은하들인데 이들 중 세 번째로 무거운 M33 은하의 경우 우리 은하 질량의 10분의 1에 지나지 않는다.

은하들도 별과 같이 무리로 모여 있는 경우가 많은데 은하들의 무리를 은하단이라 한다. 은하단도 그 크기가 다양하여 국부은하군도 일종의 작은 은하단이라 할 수 있다. 본격적인 은하단으로는 우리 은하로부터 약 5,000만 광년 떨어져 있고 크기가 1,000만 광년 정도 되는 처녀자리 은하단을 들 수 있다. 처녀자리 은하단 같은 전형적인 은하단은 그 총 질량이 우리 은하의 약 100배에 이른다. 조금 더 멀리 있는 머리털자리 은하단은 그 크기가 2,000만 광년 이상이며 수천 개의 은하들을 포함하고 있다. 이러한 은하단 내의 은하들을 조사해 보면 은하들은 아주 어두운 것부터 아주 밝은 것까지 밝기의 차이가 별의 경우보다 훨씬 더 큼을 알 수 있다. 그러나 별의 경우처럼 밝은 은하들의 수에 비해 어두운 은하들의 수가 더 많다. 더욱이 나선은하나 타원은하 같은 정상은하보다 더 작고 어두운 왜은하(dwarf galaxy)들은 관측하기 어려워서 천문학자들이 추정하는 것보다 더 많은 수가 존재하고 있을

지도 모른다.

멀리 있는 은하들을 관측해 보면 은하들이 우리로부터 멀리 있을수록 더 빨리 멀어지고 있음을 알 수 있다. 이것이 그 유명한 허블의 우주팽창 법칙인데, 100만 광년 떨어진 두 은하는 대략 23km/s의 속도로 멀어지고 있으며 거리가 멀수록 후퇴속도도 비례해서 커진다.

이 같은 팽창과는 달리 큰 은하단 내의 은하들을 관측해 보면 이들은 무려 초속 1,000km의 속도로 여러 방향으로 움직이는 것이 발견된다. 이 정도의 속도로 움직이는 은하들이 현재 흩어지지 않고 있다면 은하단의 총 질량은 우리 은하의 천 배 이상(~10^{47}g)이 되어야 한다. 그러나 은하단을 채우는 100만도 이상 고온의 희박한 은하 간 이온화 기체들과 모든 은하들을 다 더해도 겨우 이 질량의 10분의 1 정도이다. 따라서 천문학자들은 은하에서와 마찬가지로 은하단에서도 보이지 않는 암흑물질이 은하단 질량의 상당 부분을 차지하고 있다고 추정하고 있다.

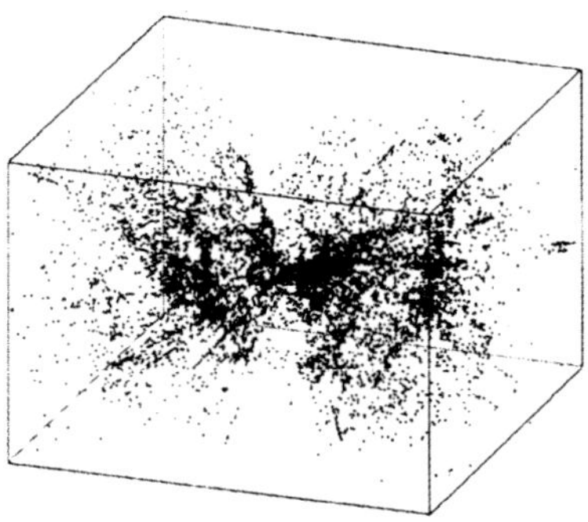

그림 5-12 태양에서 10억 광년 내에 있는 은하들의 분포. 어두운 은하들과 은하수와 같은 방향에 있는 은하들은 나타나 있지 않다.

은하단과 같이 좁은 영역에 많은 은하들이 분포할 경우 은하와 은하 사이에 충돌이 잦아지게 된다. 별과 별 사이의 평균거리는 광년 정도로 별의 크기에 비해서 100만 배 이상이어서 별과 별이 충돌할 확률은 거의 없으나 은하와 은하 사이의 거리는 은하 크기에 비해서 100배 미만인 경우가 많아 충돌이 가능하다. 실제 은하와 은하가 정면 충돌하는 경우에도 별과 별은 아무 일도 없는 것처럼 지나가고, 서로 지나칠 수 없는 기체들만

충돌하게 된다. 은하와 은하가 충돌하면 일반적으로 큰 은하들이 조석력으로 작은 은하들을 조각 내어 흡수하는 형태로 진행된다. 일부 타원은하들은 나선은하들이 서로 병합되어서 생긴 것이라 믿어지고 있으며, 우주에서 은하와 은하가 충돌하고 있는 많은 경우들이 현재 관측되고 있다.

은하단들은 다시 이보다 느슨한 초은하단이라는 더 큰 구조를 형성하고 있다. 초은하단은 대체로 둥근 모양을 하고 있는 은하단과는 달리 거미줄(filament) 형태를 하고 있으며 국부은하군과 처녀자리 은하단이 포함된 국부 초은하단(local supercluster)은 직경이 약 1억 광년, 두께가 6백만 광년 정도로 납작한 모양이며, 총 질량은 우리 은하의 1만 배 정도로 추정된다. 국부 초은하단의 중심은 처녀자리 은하단이나 그 근처에 있으며 우리 은하는 초은하단의 가장자리에 위치하고 있다. 그 밖에 잘 알려진 초은하단으로는 페르세우스, 헤라클레스, 머리털자리 초은하단 등이 있다. 이러한 초은하단과 은하들의 3차원 분포를 살펴보면 거미줄 형태로 분포하고 군데군데 은하들이 보이지 않는 공동(void)들이 뒤섞여 있음을 알 수 있다.

현재 초은하단은 우주에서 보이는 가장 큰 구조인데 은하단들이 초은하단을 한 번 가로지르는 데 걸리는 시간은 우주의 나이보다 길어서 초은하단들이 역학적으로 충분히 진화한 상태가 아니며 은하나 은하단들이 생길 당시의 상태들이 여전히 남아 있다고 믿어진다. 현재 천문학자들은 이들의 분포와 역학적 특성들을 비교적 잘 기술하는 은하형성이론을 완성하기 위해 애쓰고 있다.

은하들보다 더 멀리 있으면서도 관측이 가능한 천체는 준성체(Quasi Stellar Object)이다. 이들은 얼핏 보기에는 별과 같지만 실제로는 보통 은하보다 10~100배 이상 밝게 빛나는 특별한 천체이다. 준성체의 후퇴속도를 우주팽창법칙에 적용하여 준성체까지의 거리를 추정해 보면 많은 준성체들이 수십억 광년 이상 멀리 있으며 빛의 속도의 수십 %에 이르는 빠른 속도로 우리와 멀어지고 있음을 알 수 있다. 따라서 준성체야말로 우리로부터 가장 멀리 있는 천체라고 할 수 있겠다.

마지막으로 우주 천체에 대해 설명해야 하지만 이는 간단하지 않다. 우선 우주의 기하학적 형태에 따라 우주의 총 체적이 무한할 수도 유한할 수도 있고, 어느 경우에나 우주의 임의 방향으로 여행하더라도 막히지 않고 계속 진행할 수 있으므로 우주의 끝은 없다고도

할 수 있기 때문이다. 반면에 가시적 우주의 끝은 우주의 나이 동안 빛이 여행한 거리로 주어지는데 그 너머의 우주에서 방출된 빛은 아직 도착하지 않았기 때문이다. 우주의 지평선이라 불리는 이곳까지의 거리는 대략 150억 광년이다. 이 거리는 우주의 나이 150억 년에 빛의 속도를 곱한 것이다. - 만약 빛이 우주를 여행하는 동안 우주가 팽창하는 것을 고려하여 좀 더 정확한 값을 구해 보면 지평선까지의 현재 거리는 대략 260억 광년이 된다. - 물론 이는 현재 측정할 경우의 값이고 지금도 지평선은 점점 멀어지고 있어서 우리가 볼 수 있는 우주의 크기도 점점 커지고 있다.

여러 천문관측에 의해서 우주 전체의 평균 질량밀도는 약 $10^{-29}gm^{-3}$으로 추정된다. 이 값을 이용하여 가시적 우주 내의 모든 질량을 계산하면 대략 10^{55}g으로 이는 핵자(양성자 또는 중성자) 10^{79}개에 해당하는 질량이다. 물론 우리 몸을 구성하는 10^{28}개 정도의 핵자들도 우주의 소중한 일부임이 분명하다.

5.4 생명체

하나의 외로운 백혈구가 조직을 이리저리 헤매면서 세균으로 위장해 다닌다. 먹이를 찾고는 게걸스레 먹어 치운다. 세포는 살아 있는 생명체로서 혼자서는 존재할 수 없으며, 자신보다 훨씬 더 다재다능하며 우수한 자손을 낳기도 한다.

왜 생명은 그렇게도 값진 것일까? 우리들은 무한 속에 있는 하나의 실체로서 존재하고 있다. 우리 몸속의 생명의 흐름이란 별들 속의 불꽃과도 같다. 신의 행동에 의해 창조되었다고 주장하는 이론주의자나, 화학 또는 물리학의 연속성에 의해 이론화시키는 과학자의 주장 어느 것이든지 생명에 대한 해석은 동일한 논리로 귀결된다. 별을 구성하는 실체란 살아 있으면서 지금까지 존속하여 왔다. 죽어 있던 화합물이 살아 있는 것으로 바뀌게 되었다. 지구 상의 살아 있는 실체는 천체의 변화에 의해 생성된 피조물이며, 우주의 창조물이다. 원자 충돌, 별들의 폭발, 분자의 집합체 등 이들은 우연하게 만들어져서 지금도 격변하고 있다. 우리들은 우주의 아이들이며, 또한 우연하게 만들어진 아이들이다.

생명체는 무생물과는 달리 조직을 가진 구성체로서 에너지의 대사, 생체 항상성의 유지,

자극에 대한 감응성 및 적응성, 증식, 성장, 분화 등의 기능이 수행되고 있다. 생명체는 3차원적인 구성체로서 구성체 내에 또 다른 구성체를, 그 내부에 또 다른 구성체를 연쇄적으로 가지고 있다. 프랑스의 유혈 혁명 때 비샤(Bichat)는 시체 부검을 하면서 인체가 이러한 구성체로 되어 있음을 처음으로 주목하게 되어, 인체의 기관이 조직(불어로 "아주 엷다"는 의미)이라 불리는 구조체로 되어 있으며 이는 다시 세포로 구성되어 있다고 하였다. 그 후 세포는 특이한 기능을 수행하는 세포 소기관으로 구성되어 있으며, 이는 생체구성물질이란 화합물로 이루어져 있으나 단순한 구조물의 집합체가 아님을 알게 되었다. 생체를 구성하는 화합물은 개별적으로는 태양광을 보유할 수 없으나 식물 생체막에 보유된 공동 집합체로서는 빛의 에너지를 보유할 수 있었다. 이러한 성질들은 생물학적인 복합체에서만 나타나는 하나의 성질이다. 기관, 조직, 세포, 세포소기관은 고도로 조직화되어 있고 특이한 기능을 수행한다. 모든 생물에서 구조는 기능과 밀접하게 연관되어 있어, 수정란을 강하게 흔들면 병아리가 부화되지 않듯이, 구조를 파괴하면 기능도 상실된다. 또한 사용하지 않는 근육은 위축되듯이 기능이 상실되면 구조체도 상실된다. 이와 같이 생체에서 구조와 기능은 상호 의존성으로써 긴밀하게 연관되어 있다. 사람, 뱀장어, 소나무 등은 외적으로는 다양한 형태로 나타나지만, 구조체로서는 연관된 통일성을 갖고 계층성을 형성하고 있다.

생명의 역사에서 생명을 만드는 일련의 계열은 수소나 헬륨이 우주로 소용돌이쳐 나와서 거대한 구름을 형성하였을 것이다. 구름 속의 중력은 하나의 원자를 핵반응에 의해 또 다른 원자로 가속화시키며 바꾸었을 것이고, 구름이 불꽃으로 훨훨 타서는 별들이 빛을 발하듯 반짝이게 되었을 것이다. 큰 별은 하나하나 폭발하고 그 잔해물들은 우주로 흩뿌려져 번져 갔을 것이다. 가스와 먼지로 자아내는 구름은 별과 해가 되었고, 여러 가지 물질의 낱알 또는 뭉쳐진 덩어리는 부서져서 그 내부가 불덩어리로 된 별을 만들었으며 수억만 년을 흘러 오면서 타다 남은 연기 나는 덩어리가 소위 지구라는 유성이 되었을 것이다. 펄펄 끓는 유아기의 지구는 바위를 녹이며 주름진 계곡을 형성하였고, 내부에 쌓이는 별들의 가스들은 분출하였을 것이다. 이들 증기들이 원시대기를 형성한 후 비로 변하여 내림으로써 원시 대양이 형성되었고 이 과정에서 지구 표면의 파편이나 대기로부터 씻겨 내려온 분자들이 모였을 것이다. 천둥 번개나 자외선이 이들 분자들을 체인으로 연결하였고 아미노산이나 단백질, 뉴클레오티드, 유전물질 등이 만들어졌을 것이다. 원시대기에 존재하였을 것으로 예상되는 수소, 메탄, 암모니아 및 수증기 등을 연구실의 플라스크 내에서 방전시키면 아미노산이 많이 생성되어 플라스크 내의 액체가 분홍빛, 황갈빛으로 되기 때문이다. 그러나 이 경우 생명의 구성성분은 만들 수 있지만 생명 그 자체를 어떻게 만드는지는 설명하지 못한다. 분자들은 계속 천둥 번개나 태양광의 자극을 받으면서 대사의 수식이나 빛에 대한 감응성 세포로 변이되었을 것이고, 이들은 태양 에너지를 취하여 생명 현상을 혁명적으로 뒤바꾸어 놓았을 것이다. 산소를 호흡하는 생물은 핵을 갖고 있었고 이 핵은 유전물질 – 유성생식이라든가 식물과 동물의 조상을 만들어 내는 – 을 보유하였던 것이다. 단순한 세포는 증식하고 결합하여 다핵세포로 발전하였으나 이때의 증식은 단순한 분열에만 의존하지 않고, 유전물질의 성적인 결합에 의존함으로써 새 생명이 탄생할 때마다 다양성이 부가되어 갔던 것이다. 어떻게 하여, 어디에서 이들 물질이 지구 상의 생명으로 만들어졌을까? 어떠한 현상이 오늘날의 생존을 영위케 하였으며, 자기 스스로 영양을 섭취케 하고, 또한 미래에도 자신의 분자를 자손에게 물려줌으로써 영속성을 유지하도록 하였을까? 이들 문제에 대해서는 아직도 명쾌한 답을 얻지 못하고 있다.

침엽수나 양치류 등의 은화식물이 서식하던 지구의 녹색 초원은 많은 종류의 채색된 꽃무늬로 장식되고 모든 피조물들은 시간적으로 거의 동시에 다른 것들과는 구별되는 자기 자신의 모습을 나타내기 시작하였다. 감미로운 과즙은 벌새의 교향악으로 변화하였고 목련 나무나 미나리아재비는 딱정벌레를 나타나게 하여 자기의 화분으로 유인하였다. 새, 박쥐, 나비, 익룡(고생물) 등이 날개를 개발하여 유사한 공기역학적인 원칙에 따라 공중묘기를 부리기 시작하였으나 이들은 같은 조상은 아니었다. 그들은 날개를 상속받은 것이 아니라 바람을 상속받았기 때문이다. 오징어, 낙지, 척추동물, 어떤 종류의 거미 등은 동일한 기본 구조를 가진 자기의 눈을 독립적으로 개발하였다. 고래는 포유동물로서 그들의 조상이 비록 양이나 소와 닮았었지만 바다에 적응하기 위해 알몸을 물고기 모양으로 진화시켰다. 5억 종의 생물이 현재 지구 상에 서식하고 있다. 한 개의 세포에 뒤섞여 있던 이들 유전자가 그러한 다양성을 부여하였다.

지구의 탄생은 지금으로부터 약 45억 년 전의 일이다. 그리고 생명이 탄생한 것은 화석세균의 발견으로 유추해 볼 때 대략 35억 년 전으로 추정된다. 이 무렵의 생명은 모두 핵물질이 세포 내에 분산된 형태로 존재하는 이른바 "전핵생물(前核生物)"(원핵생물이라고도 함)이었다. 오늘날 우리가 볼 수 있는 생물은 거의 핵물질이 핵막이라는 주머니에 싸여 있는 세포(진핵세포)를 가지는 "진핵생물(眞核生物)"(유핵생물이라고도 함)인데, 이 유핵세포(有核細胞)가 출현한 것은 생명의 탄생으로부터 상당히 늦은 12~15억 년 전이다. 그 후 단세포생물로부터 다세포생물이 탄생하고, 뇌가 생성되고, 나아가 2억 년 전에 우리와 같은 포유동물이 출현하여 400만 년 전에 마침내 인류가 탄생하게 된 것이다.

지구 탄생에서 현재까지를 1년으로 계산하면 1억 년은 365 나누기 45로 8.1일에 해당한다. 또한 1,260만 년이 1일에, 50만 년이 1시간에, 9천 년이 1분에, 그리고 150년이 1초에 해당한다. 그리하여 지구 탄생을 원단이라 하면 화석세균이 살았다고 여겨지는 무렵은 4월 23일경에 해당한다. 생명의 탄생은 이보다 조금 전인 3월 말이 될 것이다. 진핵생물의 출현은 12~15억 년 전이므로 3월 3일~17일, 포유동물의 탄생은 12월 15일이며, 인류의 출현은 섣달 그믐날의 밤 8시경이다. 또한 고대 이집트 시대는 0시 1분 전, 그리스도가 태어난 것은 14~15초 전이 된다. 이렇게 본다면 현재 우리는 1년의 최후 1초의 몇 분의 1이라는 시점에 살고 있는 셈이 된다.

시간이란 단 한 개의 생물에 대한 복잡성도 설명할 수 없다. 수천 년의 거대한 변화와 변이 속 어디에서도 우리들의 몸을 구성하는 복잡 미묘하고 상호 연관관계를 가질 수 있는 방향성이나 기울어짐은 설명되지 않고 있다. "이 우주에 존재하는 모든 것은 우연이거나 필연의 열매이다"라고 데모크리토스는 기술하고 있다. 모노(Jacques Lucien Monod, 1910~1976)는 후에 이 철학을 "변이는 끝없는 기회를 부여하는 것"이라며 그의 진화론적인 가설을 설정하는 데 응용하였다. 모노는 다음과 같이 기술하였다. 자연선택은 필연적인 것이었고, 창조물은 자연의 요구에 적응하였어야 하며 그렇지 않을 때는 사라져야만 했다. 이리하여 자연선택은 생명을 자기의 코스 속에 집어넣었던 것이다. 영리한 것은 받아들이고 부적합한 것은 기소되었다. 현재 지구 상에 남아있는 전 생명체는 5억 종으로서 이들이 진화되는 가운데 약 99%는 자연의 끊임없는 시험대에서 견디지 못하고 사라졌다. 진화는 그 가운데 성공한 것만을 모아 놓았다.

진화는 더하기, 빼기를 하면서 조화롭게 이루어졌다. 선택의 순화 가운데 가장 정교한 것은 육체를 만드는 지혜라고 생리학자 캐넌(Walter Cannon, 1871~1945)은 말했다. 수십억 년 동안의 변화, 죽음, 그리고 삶은 생체 항상성이란 놀랄 만한 자가조절의 균형을 창조해

냈다. 이러한 과정에서 자연의 위협에 대응하고 체내의 안정성을 유지하기 위하여 생물학적 반응기구는 조화성을 부여해 왔으며, 어떤 것은 불과 수 초 만에, 또 어떤 것은 조금 더 천천히 자동적으로 증폭되어 왔다. 즉, 만약 사람이 피를 흘리게 되면 몸에서는 모든 조직으로부터 물을 빼내어 순환계로 보내는데, 이렇게 함으로써 혈압이 한계치 이하로 떨어지는 것을 막는다. 또 만약 동상을 입으면 우리 신체는 자동적으로 손가락이나 발가락, 코나 귀 등으로 혈액을 덜 보내 열이나 산소를 보존하여 가장 중요한 뇌나 가슴, 복부로 보낸다. 이러한 체내의 평형이 자기 자신을 온도변화에 적응하게끔 하였던 것이다. 너무 더우면 땀을 흘려 체온을 내리고, 너무 추우면 에너지를 열로 발산하였다.

가장 매력적인 창조물 중의 하나는 인간의 두뇌이다. 약 5백만 년 전에 뇌의 성장률은 최고에 달하였으며 그 후 1백만 년마다 약 10제곱인치 – 커피 스푼 10개분에 해당 – 씩의 뇌가 전기자극이 연속된 조직 속에서 성장해 왔다. 인종은 턱과 잇몸의 감소를 시작하면서 유아기와 어린시절을 더 길게 하여 성숙과 성생활의 연령을 지연시켰다. 이 모든 것들이 뇌의 발달을 위해 시간과 연료를 보존하였기 때문으로 해석된다.

그와 같은 탁월하고 섬세한 성질, 즉 근육이 아닌 사고와 희망이란 점이 부여됨으로써 인간은 박수하고 즐기고 원조하고, 미래를 보증하고, 종족에게 영양을 주어 양육함으로써 생명을 지속시켜 왔다. 발자국의 화석에서 최초의 인간이 직립한 채로 있었는데 이는 약 400만 년 전에 나타난 것으로 예측된다. 이들 화석의 유인원은 아마도 한 손에는 무기를 다른 손에는 나누어 먹을 음식을 갖고 있었을 것으로 예상된다. 그 후 수백만 년이 흐르면서 관용이나 상상력이 주어졌으며 네안데르탈인은 자신의 그룹에서 절름발이나 불구자를 무서운 세상으로부터 보호한다거나, 자기들의 죽음에 대해 무덤을 파면서 눈물을 흘렸고, 무덤 앞에 꽃을 놓을 줄도 알게 되었다. 그들은 생명에 대해 경외심을 나타내었으며, 생명을 연장하기도 하였다. 지식인의 세대가 지혜로 가득 찬 몸으로부터 아이디어를 추가하여 갔으며, 자기 자신들을 발전시켜 나갈 수 있었다.

화석의 기록이나 우리들의 몸에 보존되어 있는 모든 것으로부터 어떤 생명은 모든 다른 생명과 연관이 있음을 알게 되었으며 이들은 선조들로부터 최초의 하나의 단세포에 의해 물려받을 수 있음을 알 수 있었다. 모든 생명은 – 나무, 눈(싹), 인간과 아메바, 고래와 개미 등 – 동일한 네 개의 뉴클레오티드 염기로 유전코드를 구성하고 또한 동일한 20개의 아미노산으로 단백질을 구성하고 있다. 동일한 연소계열로 음식물을 에너지로 전환시키며 인간의 뇌를 조정하는 물질과 동일한 화합물이 원생동물의 진동파장을 일으키고 있다.

인간이란 여러 가지 다른 실체들의 공동체로서 우리 세포 하나하나는 음식물을 에너지로 전환시키는 수천 개의 작은 공장 미토콘드리아로 구성되어 있다. 각 미토콘드리아는 자기 자신의 유전자를 가졌다. 미토콘드리아가 스스로 증식할 수 있을까? 과학자들은 가능하다고 생각한다. 그들은 미토콘드리아가 원시세균이었으며 그것이 원시세포에 삼켜져 소화되지 않은 채 주인노릇을 하고 숙주에 이익을 주면서 그대로 존속하였기 때문이라고 믿고 있다.

살아 있는 것은 물이 넘치는 강물과도 같다. 이들을 구성하는 분자들은 하나의 생명의 형태에서 또 다른 것으로 지속적으로 흐르고 있다. 탄소, 수소, 질소, 인, 유황, 나트륨 등 모든 물질은 흙에서 와서 흙으로 돌아간다. 이 순환은 짧게는 수개월에서 길게는 수백만 년이 걸리기도 한다. 분자는 흙에서 여러 가지 식물로, 질주하는 다람쥐로, 어슬렁거리는 인간으로 흘러가고 있다. 분자는 조화를 이루면서 활동하고 있으며 그들의 순환은 전 지구가 하나의 단순한 생명으로의 기능을 나타내게끔 하는 지구의 온도나 공기를 유지하도록 하였고 대양의 알칼리성이나 염농도를 결정하게 하였다. 이러한 분자들은 물질로서 시간적인 간격을 두고 우리 몸과 결합하였다. 처음 만들어진 단세포의 핵산이 어느 생물에선가 남게 되었으며, 혈류에 있는 소금이나, 뼈 속의 칼슘은 원시대양에 있던 것들이었다. 우리들은 이들 성분을 내 아들과 딸들에게가 아니라 아득히 먼 미래에 상상할 수 없는 어떤 생명에 전달할 것이다.

무한성, 영원성은 존재의 양끝에 파수병처럼 서 있다. 우리들의 몸속에 있는 무기염류들은 별들에서 유래한다. 그들은 태양이 사라지는 어느 날 우주로 다시 돌아갈 것이다. 언젠가는 지구나 우리 몸의 모든 구성요소들은 산화되어 우주의 어느 다른 별로 갈 것이다. 이러한 진화의 기원들은 우리들에게서 사라지지 않을 것이다. 그들은 우리들을 찬양할 것이다. 인생은 참으로 우연이며, 천체의 우연이기도 하다. 그 우연은 너무나 정교하여 인체를 구성하는 전구체의 분자들이 전 우주에 씨앗으로 뿌려질지라도 어떠한 다른 유성에서도 이 같은 인체를 아마 영원히 똑같이 반복하여 창조하지는 못할 것이다.

우리들 인간의 몸은 - 먼지와 같은 무수한 별들의 생물학적인 은하수로서 - 단순히 우주의 중심일 뿐만 아니라 그 이상의 무엇이리라! 우리들은 우주 그 자체로 존재하며, 우주의 핵이요, 우주의 전자로서, 우주의 원자로서 결합하고 또 결합하고 있다. 우리들은 우주의 과거였으며 또한 미래이기도 하다.

제6장

재미있는 수학사 이야기

6.1 모든 것이 $\sqrt{2}$로 시작되었다.

인류의 수학은 처음부터 어렵게 시작되었다. 최초의 위기는 $\sqrt{2}$의 발견인데 위기의 근원은 이 수 자체의 발견이 아니라 이 수가 가지고 있는 의미에 있는데 피타고라스(Pythagoras, 기원전 582?~497?)가 여기에 관련되어 있다. 이 수를 최초로 발견한 사람은 피타고라스로서, 그의 주장에 따르면 삼라만상은 수로 구성되어 있다. 피타고라스가 어떻게 그런 엉뚱한 생각을 했는지는 모르겠지만 아마 음계를 만들고 난 후에 이런저런 생각들이 모여 자신의 이와 같은 철학을 만들었을 것이라고 한다. 만약 그렇다면 피타고라스는 참으로 대단한 직관과 담력을 가진 인물이다.

그런데 여기서 그가 의미하는 수는 유리수이다. 유리수는 1로써 구성되는 만큼 그는 최초의 원자론자인 셈이다. 피타고라스는 그의 철학적 신조에 따라 물리적 대상 속에 수학적 의미를 부여했는데 삼각수, 사각수, 완전수, 부족수, 과잉수 등등은 그의 작품이다. 특히 사각수와 같은 것은 넓이의 개념을 낳기도 하였고 완전수의 이론은 아직도 연구 대상이다. 그러나 피타고라스의 이와 같은 수에 대한 해석은 수의 수학적 연구보다도 수에 현실적 의미를 부여함으로써 점쟁이들의 생계에 유용한 수단이 되었다. 이런 가운데서 가장 중요한 것은 $\sqrt{2}$가 유리수가 아니라는 사실의 발견이다.

여러 가지 막대기의 길이가 유리수가 아니라는 사실은 피타고라스에게 이만저만한 고민이 아니었다. 그의 철학에 따르면 오두막 건물도 제대로 지을 수 없기 때문이다. 그 와중에 외부에서 오는 공격도 만만찮았다. 한 손은 아킬레스와 거북이로, 다른 한 손은 화살로 무장한 제논은 피타고라스로 하여금 유사 이래 듣지도 못한 말로 전면적인 항복을 요구하였다. 제논의 이와 같은 역설들은 피타고라스의 세계관을 공격하기 위한 것이었다. 그런데 세간에 회자되는 소문 중에는 이 역리가 왜곡되어 있는 것도 있었다.

피타고라스뿐만 아니라 제논의 공격에 혼쭐이 난 그리스의 다른 수학자들은 제논의 입심에 주눅이 들어 $\sqrt{2}$ 를 바로 쳐다볼 수도 없을 정도로 겁을 먹게 되었다. 그런 와중에서도 약간의 정신이 남아 있었는데 그는 바로 알렉산드리아의 유클리드(Euclid, 기원전 300년경)였다. 그도 역시 $\sqrt{2}$ 는 대하기가 껄끄러운지라 아예 숫자를 사용하지 않는 기하학을 만들기로 작정하였다. 그러다 보니 항간의 현학자들이 공리라고 부르는 여러 가지 군더더기 말로 땜질을 하였는데 이 그리스식 퀼트가 바로 우리가 잘 알고 있는 그 유명한 유클리드의 『원론(Elements)』이다. 이것도 숫자를 아예 사용하지 않겠다던 그의 처음 의도대로 되지는 않았다.

$\sqrt{2}$ 컴플렉스와 자신은 전혀 관계없다는 듯이 보이는 느긋한 한량이 있었는데 그는 다름 아닌 시라쿠사의 아르키메데스(Archimedes, 기원전 287?~212?)였다. 목욕탕에서 때 벗기고 소일하는 것이 즐거움이었던 그는 피타고라스의 작품에 대하여 아주 가벼운 생각을 가지고 있었다. 그는 피타고라스가 만물은 유리수로 되어 있다고 하는 것이 싫다면 그냥 수로 되어 있다고 함으로써 모든 것이 해결된다고 주장하여 유리수에 강박증을 보이는 군중들에게 일침을 가했다. 이 생각은 간단하면서도 기발한 것이었다. 아르키메데스는 아마 $\sqrt{2}$ 컴플렉스와 무관한 최초의 인간이리라.

이렇게 보면 『원론』이 하찮게 보일지 모르지만 피타고라스가 저질러 놓은 일을 피해 가는 것이 얼마나 힘든가를 생각한다면 『원론』은 실로 대단한 작품이다. 여기서 피해 가는 것이 왜 그렇게 힘든가 하는 것에 대해 조금 생각해 볼 필요가 있다. 플라톤은 그 당시에 삼척동자라도 알 만한 유명인사였는데 피타고라스에 심취한 그는 혼자서 그것을 즐기지 않고 검증되지 않은 피타고라스의 낭만적인 생각에 자신의 생각을 그럴듯하게 포장하여 전국 방방곡곡과 해외에서 유학 온 학생들에게 골고루 나누어 주었다. 어떤 역사가는 그리스 문화가 번영한 원인은 그리스인의 말하기 좋아하는 특성에 있다고 했는데 민주주의는 정직성보다 언변의 유창성을 먹고 사는 것이 이때부터 시작된 모양이다. 그리스의 이러한 분위기에 더하여, 마케도니아의 젊은 왕이 유럽과 아시아 전역에 이 사실을 유포하였다.

어쨌든 피타고라스가 각본을 쓰고 플라톤이 주연을 맡고 알렉산더 대왕이 홍보를 담당한 이 공연은 역사상 최초의 블록 버스터였다. 이 연극의 포스터에 나타난 트레이드 마크는 으르렁거리는 사자가 아니라 시옷자 지붕에 커다란 기둥을 일렬로 내세운 아폴론 신전이었다. 그런데도 브로드웨이 극장에서는 단 한 차례도 공연되지 않은 것을 보면 미국의 실용주의가 대단한 건지 스파르타쿠스와 사자의 오래된 앙숙관계로부터 비롯된 것인지는 알 도리가 없다. 이 연극의 속편은 그 후 유럽에서 공연되었는데 그 흥행 결과를 말하려면 이야기가 너무 길어지기 때문에 조금 참아 주길 바란다.

그러나 어떡하나. 이제 그리스 촌구석에서도 이 사실을 모르는 사람이 없는데……. 연극이나 영화를 보고 눈물까지 흘릴 정도가 되면 그냥 마음속에 감추어 두고 지내기 힘들다는 것은 당나귀 귀를 가진 임금님도 인정한 바가 아닌가. 보고 들은 이야기는 딴 사람에게 전달해야만 직성이 풀리는 것은 그때나 지금이나 별반 다를 것이 없는 것 같다. 생각은 점점 고무되어 갔다. 아리스토텔레스가 평생을 플라톤 죽이기로 골몰했던 것을 보면 이 두 사람의 독재(?)가 얼마나 심했는지를 짐작할 수 있을 것이다. 이런 상황이 상상이 안 된다면 역사를 조금 거슬러 올라가서 쇼펜하우어가 헤겔에게 한 것으로 이해하면 된다. 이런 상황에서 알렉산더의 업적을 칭송하기 위해서 세운 알렉산드리아 대학의 유클리드로서는 제논도 생각해야 되고 급료를 주는 학교 측도 생각해야 했기 때문에 처신하기 꽤나 힘들었던 것 같아 보인다.

유클리드의 방법을 공리론적 방법이라고 하는데 추론의 사슬에서 최초의 명제를 당연하게 참으로 받아들이게 함으로써 피타고라스가 한 실수를 재현하지 않게 하기 위한 교묘한 술책이었다. 유클리드의 이 작품은 판매 부수로 보았을 때 대단한 성공이었다. 유클리드의 『원론』은 성경 다음으로 판매 부수가 많았기 때문이다. 그러나 성경에 대한 해석을 두고 여러 교파로 갈라진 것처럼 이 베스트셀러도 예외는 아니었다. 유클리드의 성공에 힘입어 피타고라스에 의하여 야기된 외부적 논쟁은 16세기까지는 잠복되었으며 그의 공리적 방법은 수학의 전형이 되다시피 하였다. 그러나 다시금 문제는 내부적 논쟁으로 변형되었는데 그것은 유클리드가 제시한 그 처방 속에서 논란을 이미 잉태하고 있었다. 문제의 핵심은 이미 그 당시 말참견하기 좋아하는 사람들 - 아크로폴리스에서 수다떠는 시민들 - 에게는 널리 알려진 소문 속에 있었는데 "크레타인은 모두 거짓말쟁이다"라는 것이다. 솔직히 말해서 크레타 사람이 이런 욕을 들을 정도로 나쁜 짓을 많이 했는지는 모르겠고 이런 문제에 깊이 관여하면 국제적인 논쟁의 꼬투리가 되니 그만두자. 그러나 항간의 설에 의하면 이 나라 사람들의 일부가 나중에 팔레스타인 지방으로 이주했다고 하는데 그 후손 중의 한 사람이 무기라고는 당나귀 턱뼈밖에 모르는 순진무구한 사람을 꼬드겨 그의 머리카락을 팔아먹었다는 이야기도 있고 하니 순전히 헛소문만은 아닌 모양이다. 문제는 이 소문을 낸 사람이 소아시아 사람이거나 아예 멀리 갈리아 사람이면 문제가 없었겠는데 불행히도 크레타 사람이었던 모양이다. 이 이야기는 아예 나중에 새 판을 짜서 이야기하자. 이게 전체의 핵심이니까.

세상에는 붕어빵 같은 것을 만들어 팔아 생계를 유지하는 사람도 있지만 불량품을 고쳐 주면서 생계를 유지하는 사람도 있다. 유클리드 이후의 수학자들도 대략 이 둘 중의 하나였는데 그중에는 겸업을 하는 사람도 꽤 있었다. 그런데 지금부터 100여 년 전 독일의 힐버트(D. Hilbert, 1862~1943)라는 수학자는 이 지루하고 기나긴 논쟁을 종식시키기 위하여 유클리드의 『원론』을 꼼꼼하게 정리하였다. 그는 만년 총각 - 시비거리를 피하기 위해서 오히려 독신이라는 것이 낫겠다 - 이었는데 이렇게 된 것이 유클리드 탓도 있을 것이라고 추측한다. 하여튼 외견상 이 논쟁은 사라지는 듯 보였다.

역사는 피타고라스를 지지하는 쪽과 반대하는 쪽으로 양분되었다. 피타고라스를 지지하는 입장은 자연이 수학처럼 생겼다는 것인데 그들은 라카토스의 말마따나 자신들의 이론을 지지하기 위한 예를 찾는 데 혈안이 되어 있었다. 아까 뒤로 미루기로 했던 이야기를 시작하자. 피타고라스의 대본은 17세기에 그 시대에 맞게 다시 각색되었다. 사람들도 간교해지고 유클리드의 생각도 꾸준히 지지를 받고 있었기 때문에 과거의 대본 그대로 공연하기에는 무모해 보였다. 무대는 유럽으로 옮겨졌는데 이번에는 데카르트(R. Descartes, 1596~1650)가 각본을 짜고 뉴턴이 주연을 맡았다. 뉴턴의 연기는 그야말로 일품이었다. 그는 피타고라스의 원본이 의도하는 바를 충분히 이해하고 있었다. 이 공연을 반대하는 사람은 주로 교회와 관련된 사람들이었는데 그들로부터 쓸데없는 반발을 사지 않기 위해서 뉴턴은 매우 신중한 연기를 하였다. 알렉산더 대왕이 홍보를 담당했을 때 그가 군인이라는 것이 성공의 요인이었다는 것을 본보기로 삼아 이번에는 나폴레옹이 맡았으나 실무는 모두 라플라스(P. S. Laplace, 1749~1827)가 담당했다. 그것은 알렉산더가 담당했을 때 그가 군인이어서 이슬람인들에게 불쾌감을 주었다는 역사적 교훈도 있고 한편으로는 나폴레옹이 황제가 되었다는 소문에 베토벤이 그의 작품을 찢어버렸을 정도로 격양된 사회적 분위기도 있다고 하나 나폴레옹은 이미 황제 자리에 눈독이 올라 이게 모두 정치적 술수의 일환이었다. 라플라스는 나폴레옹 시대에 장관이 되었을 정도로 나폴레옹으로부터 총애를 받았다. 라플라스가 내세우는 것은 미분방정식만 찾아 풀기만 하면 삼라만상의 미래와 과거는 모두 알 수 있다는 주장이다. 이렇게 검증도 거치지 않고 막무가내로 주장하는 태도는 피타고라스를 쏙 뺐다는 느낌이다. 포퍼가 이 당시에 살아 있었다면 제논의 대를 이을 정도로 재미있는 싸움이 벌어졌을 텐데, 불구경하는 우리로서는 약간 아쉽다.

미국식 자본주의의 성공을 보면 세상에서 선전으로 안 될 것이 어디 있겠냐는 식이라는 것을 알 수 있다. 라플라스는 선전하는 데 정신이 없었기 때문에 이런 식으로 장기적인 로드쇼를 했을 때 계속해서 재미를 볼 것인지에 대해서는 심각하게 생각할 틈이 없었다. 그런데 이런 부주의가 나중에 자신의 발목을 잡게 된다는 사실을 미처 깨닫지 못했다. 그럼에도 불구하고 이런 선전은 잘 먹혀들어 갔다. 물론 광고 포스터는 하얀 머리칼을 날리는 뉴턴의 부드러운 얼굴로 장식했다. 그러고 보니 뉴턴과 아인슈타인의 머리칼의 모양은 비슷한 면이 있다. 우연의 일치일까? 가장 싫어하는 사람의 모습을 닮는다는 역설도 있던데 그런 것일까? 이것도 저것도 아니면 융의 말대로 집단 무의식의 발현일까? 사족은 그만 달고 넘어가자. 가야할 길은 아직 멀다.

이 연극은 원작과는 달리 "기계론적 결정론"이라는 부제목까지 붙었는데 이 부제목은 자연과학자가 아닌 부류에게도 강렬한 인상을 주었다. 더욱이 이번 공연은 초연과는 다른 점이 몇 군데 있었다. 초연에서는 그냥 유리수만으로 된 알파벳을 사용했는데 그 후 아르키메데스의 훈수도 있고 해서 내친김에 수학적인 것은 모조리 사용하였다. 즉 '자연은 수학적이다'라는 슬로건을 내걸었다. 피타고라스의 각본이 신앙에 호소한 반면에 데카르트의 각본은 이성에 호소한 것이 심리적 차별화였다. 고객의 취향을 파악하는 것이 마케팅의 기본 전략이 아닌가. 이 시대 사람들은 이성이라면 자다가도 벌떡 일어날 정도였다. 또 데카르트는 친절하게도 소위 환원주의라는 연극 감상법까지 제시했는데 오늘날까지도 이런 종류의 연극을 감상하는 데는 이것이 필수 지침서이다. 피타고라스의 정신은 이 시대를 지나면서 물리 세계에 국한되지 않고 급기야 정신적·사회적 문제 전반으로 파고들었다. 그 후 대리점 내고 한몫 단단히 챙긴 사람들 중에는 프로이트, 마르크스, 레비스트로스 등도 있다. 뿐만 아니라 이 흥행이 얼마나 성공했는지는 이 시기에 유클리드를 이어받은 회의주의자가 없다는 점에서도 알 수 있다.

두 번째 공연 이후 이 연극이 가지는 위력은 실로 가공할 만한 것이었다. 아무리 좋은 음악이라도 자꾸 듣게 되면 싫증이 나는 법. 이 작품도 예외는 아니었다. 이 연극을 싫어하는 사람들이 나타나기 시작한 것이다. 그들은 독립하여 분가하는 수학자들이라기보다는 주로 수리 물리학자들 집단이었다. 그들은 각본의 해석과 연극을 보는 방법에 대하여 비판하기 시작하였다. 이 새로운 집단이 가르쳐 주는 방식으로 보니 이제까지 보던 것과는 전혀 다른 맛도 있다는 것을 알게 되었다. 그들은 공개적으로 비판하기에는 역부족인지라 무대 위에서 동조 세력을 모았다. 사람들은 술렁거리기 시작했다. 공연은 그 후로도 계속되었는데 각본에 대한 해석을 달리하는 연출가들이 대거 등장했다. 공격 무기는 제논이 화살을 가지고 위협한 것과 마찬가지로 여기서도 화살 – 역전하지 않는 화살 – 이 사용되었다. 재공연이 대중에게 준 것과 다른 해석을 하는 사람 중에는 유난히 돌출 행동을 한 사람이 있었는데, 그 사람은 다름 아닌 아인슈타인과 보어였다. 이 두 사람은 서로 이 연극의 연출을 맡겠다고 죽을 때까지 싸웠다. 그런데 여기서 역사적 교훈이 하나 있다. 주석가와 비평가가 배가 부르게 되면 그 시대는 종말을 고하게 된다는 것이다.

급기야 사람들은 자연이 수 자체라는 생각을 하게 되었다. 따라서 수학에만 호소해도 자연을 알 수 있다고 생각했다. 이 생각이 수학자들로 하여금 분가하게 된 동기가 되었다. 이 일원론자들은 피타고라스의 원본이나 데카르트의 수정본에 근거를 두지 않고 독자적으로 각본을 만들거나 이 작품을 적당히 각색하여 한밑천 잡겠다고 나섰는데, 이에 동조하는 사람들이 워낙 많았기 때문에 여기서 그들을 시시콜콜 열거할 수는 없고 대표적으로 한 사람만 소개한다. 여기서 이 사람을 특별히 따로 떼어 소개하는 것은 이 사람이 저지른 일의 여파가 그냥 간 건너 불구경 할 정도의 상황이 아니었기 때문이다. 이 사람은 칸토어(G.

Cantor, 1845~1918)라고 하는 수학자였는데 세상이 숫자로 되어 있다는 피타고라스의 생각은 지지했으나 그의 성격이 너무 소심했기 때문에 확실치 않은 것은 배제하고 나머지 부분만 각색하였다. 그가 한 것은 수의 근본적 이해에 관한 것이었다. 이 생각은 이미 라이프니츠(G. W Leibniz, 1646~1716)에 의하여 초기 필사본이 나왔는데 그때까지는 시대정신과 맞지 않아서인지 몰라도 별로 인기를 끌지 못하였다. 칸토어의 각본은 피타고라스의 초판본이 가진 신비성과는 또 다른 분위기를 자아냈다. 무엇보다도 무한의 세계가 신비스럽고도 아주 섬세하게 묘사되었다.

그러나 칸토어의 이러한 각본에는 "크레타인은 거짓말쟁이다"라는 전설이 유령처럼 스며들어 있었는데 그는 미처 알아차리지 못했다. 즉각 이 유령은 칸토어를 괴롭히기 시작했으며 결국 그는 정신병원 신세를 져야만 했다. 어떤 비평가들은 – 논리학파라고 부른다 – 무한이란 판도라의 상자 속에 있어야 하는 것으로서 조심해서 다루어야 하는데 칸토어가 이 경고를 무시했다고 말했다. 그런데 이렇게 말하는 작자들도 슬며시 이 상자를 건드리다가 망신만 당했다. 또 다른 비평가들은 – 직관주의 학파라고 불렀다 – 경험이나 직관에서 출발했으면 거기서 마쳐야 한다는 상식을 어기지 말았어야 한다고 했는데 이 경구는 이미 피타고라스가 쓴 초판본에 암시되어 있다. 파스칼은 신앙에 관한 것을 통상의 논리에 의하여 논증하는 것보다 우둔한 것은 없다는 의미로 일찍이 이것에 대하여 설파하였는데 저승에 있는 파스칼이 이 광경을 보고 매우 안타까워했을 것 같다.

유클리드의 각본으로 연극하던 사람들은 항시 피타고라스의 연극이 실패하기만 기다리고 있었는데 칸토어에 의한 연극이 실패하자 이것을 기회로 그들은 형식주의학파라는 간판까지 내걸고 즉각 반격에 나섰다. 그중에는 힐버트라는 독신주의자도 있었는데 그는 유클리드에게 제사 지내는 것을 하루도 거르지 않은 사람이다. 이때를 위해서 얼마나 노심초사했을까? 춥고 습기찬 바이에른 숲 속에서 이렇게 오랜 시간을 기다리게 되면 와신상담이라는 낱말 맞추기는 식은 죽 먹기다. 힐버트는 독신이라 가족을 돌볼 시간이 필요하지 않았기 때문에 이 시간을 이용하여 피타고라스를 죽이기 위한 작전을 세웠다. 칸토어가 정신병원에서 오락가락한다는 소문을 들은 많은 사람들이 여기에 동조하였다. 힐버트의 가문은 먼 조상 중에 유클리드 가문과 관계가 있는지도 몰라도 다른 비평가들보다는 여러 측면에서 유리한 입장에 있었다. 그러나 이들도 결국 들뜬 기분에 도취되어 이

난리의 원인에 대한 핵심을 규명하는 것에는 실패하였다.

이 문제의 해결책이라고 제시하는 그들의 의견은 모두 칸토어를 둘러싸고 있는 현상에만 초점이 맞추어지고 있었다. 수학자들은 그때부터 다른 집단과의 차별화를 위해서 정체성을 엄밀성 - 이거 무시하면 죽는 줄 알고 있다 - 으로 확립하였다. 이 문제를 해결하고자 하는 그들의 여러 의견 속에서도 항상 이 고정관념이 잠재되어 있었다. 물론 자신의 정체성을 확인하는 것은 고금을 막론하고 중요한 일이다. 그러나 그 정체성이 어떻게 확립되었는가를 반성하는 것은 더욱 중요한 일이다. 문제의 핵심을 칸토어의 주변에서 찾아야 할 것이 아니라 피타고라스가 제시한 원본에 대한 역사적 안목을 가짐으로써 가능하다. 이것이 과학자도 역사를 공부해야 하는 이유 중의 하나이다. 이러한 안목이 없는 수학자는 맹목적이고 심지어 낭비적이다.

그나마 다행인 것은 자성을 해야 한다는 목소리가 이 집단 속에서 나타나고 있었다는 것이다. 이 때문에 괴델(K. Gödel, 1906~1978)의 양심선언은 모든 사람의 심금을 울리기에 충분하였다. 이것에 힘입어 여러 사람들이 동조했다. 이러는 동안 많은 사람들이 과거에 보지 못한 분열적 증상을 가지게 되었다. 이들은 일하러 가서는 유클리드에 빠져 있고 퇴근만 하면 피타고라스에 얽매였다.

분가한 후 남은 것은 뼈저린 후회뿐. 그래 지금이라도 늦지 않다. 가서 형님께 용서를 빌자. 이제는 콩도 먹지 않겠다고 맹세하자. 형님은 워낙 돈키호테 같은 분이시라 그래도 받아 주겠지. 그나저나 고양이 목에 방울을 매달 사람이 필요한데……. 이걸 누구에게 부탁하지? 형님 댁 방문은 라카토스(L. Lakatos, 1922~1976)가 과거에 수학자들과 연분 - 그는 차라리 악연이라고 생각하는 것 같다 - 이 있었다는 것 때문에 내키지 않았지만 자신이 맡기로 했다. 물론 찾아갈 때는 약간의 선물을 준비했는데 그것은 위튼표 스웨터였다. 옛날 알렉산더 대왕이 골디우스의 매듭을 칼로 잘랐기 때문에 그의 미래가 산산조각 났다는 전설이 선물의 선택에 한몫을 했다는 소문이 있다.

그런데 선물을 안 줘도 되는데 왜 그렇게 쓸데없는 짓을 했느냐고 하는 브로커들이 나타났다. 이들은 형님 댁의 상태를 누구보다도 잘 알고 있다고 하면서 현재 형님 댁의 상황도 당신들만큼이나 어렵다고 했다. 이 브로커 중의 한 사람인 파이어아벤트의 이야기에 의하면 형님 댁이 완전히 주인도 객도 없는 콩가루 상태라나? 위로의 말인지 사태를 더욱

꼬이게 하는 것인지는 도대체 갈피를 잡지 못하겠다. 하지만 분명한 것은 어떤 사소한 수학이라도 응용 가능하다는 점이다.

제7장

자연과 인생

7.1 우리의 지구와 태양

7.1.1 지구

지구는 은하계 소우주의 한 항성인 태양의 행성들 중 하나로서 약 46억 년 전에 형성된 구형의 천체이다. 태양계의 안쪽에서 세 번째 궤도를 자전하면서 태양 주위 약 1억 5천만 km 거리에서 공전하고 있다. 지구의 위성으로는 달이 있다. 지구는 총 질량 5.977×10^{21}톤, 극 반지름 6,356.7km, 적도 반지름 6,378.1km, 적도 전주 40,075.1km, 평균밀도 $5.525 g/cm^3$이며 엷은 대기층으로 둘러싸여 있고 특유한 지구자기를 가지며 고등생물이 서식한다는 점에서 태양계에서는 독특한 존재이다.

지구 전체를 고체의 구(球)라고 보면 다른 행성들과 여러 가지 점에서 공통된다. 코어와 맨틀 내에서 비중이 큰 물질 부분이 지구 내부를 향해 낙하할 때에 중력 퍼텐셜 에너지가 열에너지로 변하여 지구의 중심을 고온으로 만든다. 따라서 하부가 뜨겁고 상부가 찬 수조 속의 온수와 같이 코어와 맨틀의 내부에는 대류가 발생하고 내부에 축척된 비중이 작은 잔재는 분출되어 지각을 형성한다. 지각물질은 맨틀에 비해 아주 얇고 연약하므로 차례차례 일어나는 맨틀 대류에 찢겨 부유하며 많은 대륙괴를 형성한다.

지구의 대기는 처음에 이산화탄소와 수증기 또는 얼음이 대부분을 차지하였고, 현재와 같이 산소를 20%나 함유한 대기와는 전혀 다른 것이었다. 그러나 해수와 대기가 얼지도 날아가 버리지도 않은 지구의 표면온도는 생명체가 발생하기에 꼭 알맞은 온도(-50~+100℃)였다. 생명의 본원인 유기물, 특히 DNA와 RNA가 형성되었고, 특히 엽록소의 발생은 지구 대기의 조성을 결정적으로 변화시키는 결과가 되어 이산화탄소 가스는 태양 에너지의 힘을 빌려 탄산동화작용에 의하여 산소를 발생한다.

지구생태계에 필요한 에너지원은 태양으로부터 이입되며 생물체를 구성하는 모든 화학물질은 대기나 물 그리고 토양으로부터 공급된다. 이처럼 생물권이 필요로 하는 물질은 외계로부터 이입되는 것이 아니기 때문에 지구생태계를 폐쇄계(閉鎖系)라고 할 수 있다. 따라서 생물이 필요로 하는 모든 물질이 생물권 내에 있어야 하며, 지구 상에서 생물이 수십억 년 동안 생존하기 위해서는 물질의 재순환이 일어나야 한다. 지구생태계 중 육상은 거대한 생물군계(Biome)로 구별된다. 생물군계는 보통 기후, 식생, 동물 그리고 토양형에 따라 구분되는데, 가장 중요한 요인은 강우량과 온도이다. 고위도에서 저위도로 이행함에 따라 툰드라, 타이가, 온대낙엽수림, 사막, 열대우림 등 뚜렷한 생물군계를 구별할 수 있으며, 초원이나 사바나처럼 지역에 따라 나타나는 군계도 있다. 동물은 보통 식물에 의해 조성되는 환경이나 먹이원과 밀접한 관계를 갖기 때문에 각 군계에는 특이한 동물의 종 구성이 형성된다.

7.1.2 태양

막대한 복사에너지와 중력으로 태양계 내에서 일어나는 모든 현상을 주도하는 태양은 우리에게 가장 가까이 있는 전형적인 항성으로 지구를 비롯한 9개의 행성, 소행성, 위성, 혜성 등의 운동을 직접 또는 간접으로 지배하고 있다. 태양은 우리의 일상생활에 지대한 영향을 미칠 뿐만 아니라 그 표면에 나타나는 여러 가지 흥미 있는 자연 현상들을 상세히 연구할 수 있어 태양 자체와 다른 항성의 연구에 필요한 기초자료를 제공하고 있다. 우리가 이용하는 에너지의 대부분은 태양에 의존한다. 수력, 풍력도 모두 태양에서 유래하고, 나무, 석유, 석탄도 태양열을 저장한 것이며, 조석력, 화산, 온천, 원자력 등만이 태양열에 직접 의존하지 않는 에너지 자원이다.

태양의 지름은 약 139만 km로 지구 지름의 100배이다. 부피는 지구의 130만 배, 질량은 약 2×10^{33}g으로 지구의 33만 배, 평균밀도는 지구의 약 1/4인 1.41g/cm^3이며 고온의 기체로 된 거대한 공이다. 태양의 기체는 그 스펙트럼으로부터 대부분이 수소(H)이고 다음이 헬륨(He)이며, 그 밖에 극히 적은 양의 나트륨(Na), 마그네슘(Mg), 철(Fe) 등 지구 상에서 알려진 원소 약 70종이 기체상태로 존재하는 것이 확인되었다.

맨눈으로 보아 둥글고 빛나는 부분을 광구라고 하는데 이는 물론 기하학적인 면이 아니고 표면에서 깊이 약 300km까지의 층으로 그 온도는 약 6,000℃이다. 이보다 더 깊은 곳에서부터 나오는 빛은 도중에 있는 물질에 흡수되어 밖으로 나오지 못한다. 태양의 내부는 직접 관측할 수 없으므로 물리학과 수학의 도움을 받아 표면의 상태로부터 이론적으로 추정할 수 있을 뿐이다. 현재 태양의 중심부는 온도 1,500만 ℃, 압력은 약 30억 atm로서 초고온, 초고압의 기체로 이루어졌고, 가장 많은 수소의 원자핵(양성자)이 충돌해서 열핵융합반응을 일으켜, 양성자 4개가 헬륨의 원자핵으로 뭉치고, 이때 질량의 0.7%가 소실되어 에너지로 바뀌는 원리로, 태양이 매초 방출하는 방대한 에너지를 생산하고 있다.

태양의 활동은 주기적으로 변하는데, 이것을 가장 잘 나타내는 것은 흑점수의 변동이다. 극소기에는 열흘 동안 태양면 위에 흑점이 하나도 없을 때가 있는가 하면, 극대기에는 100개 이상의 크고 작은 흑점이 나타나는 일이 흔하다. 변동주기는 약 11년이다. 1초 동안에 태양이 우주공간에 방출하는 에너지 양은 9.2×10^{22}Kcal이고, 지구표면에서 태양광선에 수직하게 놓은 1cm^2의 넓이에 1분 동안에 들어오는 에너지는 약 2cal에 가깝다. 태양에너지는 주로 전파, 적외선, 가시광선, 자외선, X선, r선 등 모든 파장의 방사선을 포함하는 전자기파로서 지구에 오지만, 그 밖에 미립자의 흐름이 있어 지구 외부의 반알렌대나 오로라, 자기폭풍 등을 만드는 원인이 된다. 평상시에는 태양풍이라 불리는 약한 흐름이 불어 나오지만, 플레아가 나타날 때는 현저하게 증가한다.

지구의 기후를 지배하는 주역은 태양임을 의심할 여지가 없고, 그 극단적인 예는 4계절이 존재하는 것이다. 북반구에는 겨울에 태양광선이 지표에 비스듬히 쪼이고, 여름에는 직각에 가까운 방향이 되므로 지표의 단위 넓이가 받는 열량이 겨울에 비하여 커진다. 기상현상에는 대기의 흐름이나 지형 같은 복잡한 요소가 얽혀 있다. 태양에 이상 현상이 생기면 지구에서는 거의 동시 또는 하루 정도 지체해서 이른바 지구물리학적 현상에 여러 영향이 나타난다. 가장 뚜렷한 것은 플레아로, 특히 큰 것이 나타나면 이에 따라 발생하는 X선 때문에 지구대기 상층의 이온층이 영향을 받아 원거리 단파통신이 두절되는 델린저 (Dellinger) 현상이 생긴다. 또 플레아와 같이 미립자가 방출되어 1~2일 후에 지구 부근에 도달하여 지구자기를 교란시키고 오로라를 수반하며 지표에 우주선의 이상증가를 일으키는 경우도 있다.

7.2 에너지 문제

7.2.1. 에너지 자원과 환경

초기의 에너지원으로는 대부분 목재가 이용되었고 미국에서는 1900년대 초부터 석탄 이용이 증가하기 시작하였는데, 석탄은 더럽고 부피가 크며, 채광이나 운반에 많은 비용이 든다. 이후 석유와 천연가스의 이용으로 석탄의 사용량은 감소하였다. 에너지는 전체의 1/3 정도가 냉난방과 온수공급 및 조명 등에 이용되고 1/4 정도가 수송분야에, 그리고 2/5 정도가 채광(採鑛)이나 금속의 제련 또는 화학제품 생산 등의 산업활동에 이용되고 있다. 에너지 문제에서 가장 중요한 것은 많은 양의 에너지가 쓸모없는 열로 소실되는 것이다. 에너지는 생산과정에 따른 경제적인 비용과 소비과정에서 야기되는 환경파괴나 오염, 이로 인한 인간의 건강악화 등 부대비용을 지불해야 한다.

석탄은 주로 탄소로 구성된 퇴적암이다. 현재 채굴하고 있는 갈탄, 역청탄 및 무연탄과 같은 석탄은 2억 2천5백만 년 내지 3억 5천만 년 전인 고생대에 호수나 늪지 근처에서 서식하고 있던 식물에서 형성된 것들이나 이 기간에는 무더워서 식물의 생장이 양호하였으며 죽은 식물들이 호수나 물속에 퇴적되었는데, 수중에는 산소가 부족하기 때문에 대부분의 식물체가 분해되지 않고 수백만 년 동안 축적되어 압력과 열에 의하여 석탄으로 전환되었다. 석탄의 양은 7천8백60억 톤으로 추산되며 부존자원은 12조 7천억 톤으로 추산되는데, 연간 소비량을 37억 톤으로 보면 212년간 사용할 수 있는 양이다. 채굴된 석탄은 부피와 운송비를 줄이고 연소효율을 높이기 위하여 불순물을 제거하는 과정을 거친다. 그 후

대부분은 화물열차, 트럭 또는 배를 이용하여 가공장소나 사용처로 운반된다.

인구 1백만 명이 사용할 수 있는 전기를 생산하는 1,000MW 규모의 석탄화력발전소는 매년 270만 톤의 석탄을 연소시켜서 5백만 톤의 이산화탄소, 1만 8천 톤의 이산화질소, 1만 1천 톤 내지 11만 톤의 이산화황, 1천5백 톤 내지 3만 톤의 입자상 물질을 생성한다. 대기 중에서 이산화황과 이산화질소는 물과 반응하여 황산과 질산을 형성하여 산성비의 원인이 되며, 이로 인한 피해액은 연간 120~160억 달러에 이르는 것으로 추산된다.

원유는 검고 점성이 있는 탄화수소의 혼합체로서 정제를 통해 가솔린, 프로판, 등유, 타르, 디젤연료, 윤활유, 제트연료, 아스팔트, 기타 플라스틱이나 약품 또는 합성섬유를 만드는 데 필요한 수많은 화학물질로 전환된다. 천연가스는 주로 메탄과 같은 저분자량의 탄화수소 혼합체로서, 가정이나 공장에서 소비되며 불순물이 거의 없고 연소가 깨끗하기 때문에 이상적인 연료라고 할 수 있다. 원유와 가스는 대략 지하 10km 깊이에서 뽑아낸다. 육상에서는 유정의 원유채굴장치가 야생동물 보호지에 위치하지 않는 한 큰 피해는 없다. 그러나 원유채굴지역의 지반이 침강하는 경우가 많다. 원유 매장량은 2조 배럴인데, 현재까지 4천6백억 배럴이 생산되었기 때문에 1조 5천4백억 배럴이 남아 있다고 할 수 있다. 현재와 같이 매년 210억 배럴의 원유를 소비하면 앞으로 25년 정도는 채굴이 가능하나 소비가 증가할 경우 그 수명은 단축될 것이다. 천연가스는 현재 매년 50조 ft^3이 사용되고 40년 내지 120년간 채굴이 가능하다. 해양을 오염시키는 기름의 절반 정도는 바다에 매장된 원유로부터 자연적으로 스며 나오는 것인데 연간 60만 톤의 원유가 스며 나온다.

7.2.2 원자력 에너지

원자력발전에 사용하고 있는 핵 반응기는 천연우라늄을 연료로 사용하고 있다. 우라늄은 적당한 에너지를 가진 중성자와 충돌하면 쉽게 분열되는데 이때 엄청난 양의 열에너지가 방출된다. 우라늄 1kg이 완전히 분열하면 2,000kg 이상의 석탄이 연소할 때 발생하는 열과 같은 에너지를 낸다. 이 열은 물을 끓여 증기로 전환시키며 증기는 터빈을 돌려 전기를 발생시킨다. 원자로에서 진행되는 핵분열반응은 연료봉 사이를 흐르는 물로 철저히 제어되어 열 생산을 조절하고 분열을 멈추기 위해서는 연료봉 사이로 조절봉을 넣는다.

전체 반응기는 20cm 두께의 강철로 된 통으로 봉해져 있고, 이 통은 다시 1.2m 두께의 시멘트 구조물로 보호되어 있다.

핵연료는 생산, 가공, 운반, 보관, 소비, 폐기에 이르는 복잡한 과정을 거치는데, 각 단계에서 방사성물질이 유출되어 환경오염이나 건강문제를 초래할 수 있다. 이 단계에서 U235는 2.7%이고 U238은 97.3%이다. U235를 4%로 농축시켜 농축우라늄을 연료가공공장에서 작은 덩어리로 만든 뒤 연료봉에 넣어 반응로로 운반한다. 사용된 연료는 높은 방사성물질을 함유하는데 이 폐기물은 대부분 Pu239이다.

핵에너지 사용의 가장 큰 장점은 대기오염물질을 생산하지 않는다는 것이다. 단점으로는 핵폐기물의 처리, 오래 지속되는 방사성물질에 의한 환경오염, 열공해, 저준위 방사선이 건강에 미치는 영향, 우라늄광의 공급부족, 낮은 사회적 수용도, 고액의 건설비, 반응기의 안정성, 반응기의 사고를 유발할 수 있는 사람의 실수, 예기치 못한 기술상의 문제, 반응기의 고준위 폐기물을 이용한 핵무기 제조 등 매우 많다. 사람들은 핵이라고 하면 핵폭탄을 연상하고 무조건 위험하다고 생각한다. 또한 원자력발전소 건설에는 화력발전소 설비 비용(5~10억 달러)의 몇 배에 달하는 비용(40~60억 달러)이 소요된다. 건물규정이 까다롭고 노동자들의 임금이 높으며, 특별한 소재들이 필요하다는 단점도 있다.

7.2.3 미래의 에너지

(1) 태양에너지

지속적인 에너지원은 재사용이 가능한 것이어야 하는데, 그것에는 태양에너지와 지구 내부의 열에너지가 있다. 모든 생명체는 필요한 에너지를 태양에너지를 고정할 수 있는 식물에 의존하고 있다. 태양에너지는 직접 에너지와 간접 에너지로 구분되는데 전자는 가열이나 전기발생 또는 냉각에 사용된다. 후자는 태양의 활동에 의해 주도되는 자연현상, 예를 들면 바람, 생물량, 파도, 수력 등에 의해서 발생되는 에너지이다.

태양에너지의 가장 큰 장점은 에너지를 고정하고 저장하는 설비를 만드는 데 소요되는 경비 외에는 연료비가 안 든다는 것이다. 또한 자원이 고갈될 염려가 없고 대기를 오염시키거나 고형쓰레기를 생산하지도 않으며 소음도 없다. 이러한 면에서 볼 때 태양열 주택은 미래사회에 알맞은 것이라고 할 수 있다. 태양에너지의 가장 큰 단점은 눈 또는 비가 오거나 구름 낀 날, 밤에는 이용할 수 없어 에너지 공급이 단속적이라는 것이다. 야간에도 에너지를 이용하기 위해서는 낮 동안 에너지를 모아서 저장해야만 하므로 저장기술의 개발이 필요하다. 태양에너지 이용의 수동적인 방법은 가장 단순하고 경비가 적게 드는 방법이다. 태양에너지를 많이 받을 수 있도록 온실이나 태양열 주택 등을 건설하는 것이다. 태양열을 능동적으로 이용하여 냉난방을 하는 시스템은 보통 지붕 위에 설치하는 집열판을 이용한다. 이는 단열상자이며 그 내부에는 검은색 물질을 넣어 햇빛을 최대로 흡수하도록 되어 있고 에너지 포집효율이 30~40%되는 것이 개발되고 있다.

태양전지는 햇빛에너지로 전기를 발생시키는 장치로, 햇빛을 받을 때 전자를 방출할 수 있는 실리콘이나 기타 다른 물질(카드뮴설파이드나 갈륨아세나이드)의 얇은 막으로 구성되어 있다. 2000년까지는 원자력발전소 한 개와 맞먹는 1,000MW 이상의 전기를 생산할 수 있을 것으로 전망되고 앞으로 태양전지의 생산단가도 1950년대의 1W당 600달러이던 것이 기존의 발전소와 경쟁할 수 있는 자동생산에 의해 1달러 이하의 수준으로 낮아질 것으로 전망하고 있다.

(2) 풍력

지표면에 입사된 태양에너지 중 약 2%는 바람의 운동에너지로 전환된다. 바람은 전기나 열을 발생시키거나 지하로부터 물을 끌어 올리고 기계적인 일을 수행하며 공기를 압축시키는 데 이용할 수 있다. 미국의 에너지부에서는 거대한 풍력터빈과 가정에서 사용할 수 있는 소규모의 풍력발전기를 개발하기 위해 2억 달러 이상을 연구비로 사용하였다. 캘리포니아에서는 2000년까지는 풍력발전에 의해 전체 전기수요량의 10%를 충당할 수 있을 것으로 기대하고 있다. 풍력 시스템에도 단점이 있다. 첫째는 바람이 늘 부는 것이 아니기 때문에 생산된 전기를 저장해야 하는데 저장기술의 미비가 풍력 시스템의 가장 큰 약점이다. 둘째는 풍력을 이용하기 위한 사전조사가 거의 이루어지지 않았다는 점이다.

(3) 생물량 에너지

생물량이란 식물과 동물 그리고 미생물을 구성하는 유기물질이다. 유기물질은 궁극적으로 광합성에 의해 생산된 것이기 때문에 태양에너지의 간접적인 형태라고 할 수 있다. 인류는 난방 또는 발전, 수송, 기타 다른 목적을 위해 생물량을 에너지로 사용해 왔다. 에너지원으로 흔히 사용되고 있는 생물량은 목재, 농업 부산물, 퇴비, 가연성 도시 쓰레기와 산업폐기물 그리고 도시하수 등인데, 이 가운데에는 직접 연소시켜 쓰는 것도 있고 메탄이나 알코올로 전환시켜 이용하는 것도 있다.

도시 쓰레기, 퇴비, 농업 부산물 등과 같은 생물량은 여러 가지 합성연료로 전환시킬 수 있다. 전환방법에는 여러 가지가 있지만 가장 유망한 것은 미생물을 이용하는 방법이다. 여기에는 두 가지 유형이 있는데 하나는 혐기상태의 발효이고, 다른 하나는 알코올발효이다. 전자는 무산소 상태에서 박테리아가 유기물질을 분해시켜 메탄(70%)과 이산화탄소(30%)로 전환시키는 것이다. 이렇게 생성된 혼합기체를 생물가스라고 한다. 알코올발효는 산소가 있는 상태에서 효모가 유기물질을 분해시켜 에탄올을 생산하는데, 이는 연소도 되며 가솔린과 혼합하면 가스홀이 된다. 생물가스를 만들기 위해서 퇴비와 같은 유기쓰레기를 물과 섞어 밀폐된 용기에 넣고 가열한다. 생물가스의 생산은 경제적인 면에서 후진국에 적합하며 환경 오염면에서도 별 문제가 없다. 버리는 에너지원을 다시 이용하며 오염물질이 생성되지 않고 부산물로 유기질 비료가 생산되기 때문에 화학비료 사용량을 줄일 수 있다는 장점도 있다. 그 과정에서 기생충이나 병원성 미생물이 제거되기 때문에 국민의 보건향상에도 도움이 된다. 모든 에너지정책의 기본은 에너지 절약이다. 냉난방의 단열처리와 온수의 이용시간을 같은 시간에 하고 먼 거리 여행은 버스나 기차와 같은 대중교통을 이용하며 가까운 거리는 자전거를 이용하는 것이 바람직하다.

7.3 식량 문제

7.3.1 식량생산

기본적으로 농업생산은 작물을 기를 수 있는 경지면적에 달려 있다. 농사를 지을 수 있는 땅이 많다고 생각하지만 좋은 땅은 이미 경작을 하고 있다. 남은 땅은 관개가 필요한 건조지역, 배수가 필요한 습지, 비탈지역, 많은 양의 비료와 다른 대책이 필요한 척박한 지역들이다. 이러한 지역의 개발과 유지 · 관리에는 실제로 식량이 필요한 국가가 감당하기 어려울 만큼 비용이 많이 든다.

(1) 신품종 개발

한정된 토지에서 단위면적당 생산량을 증가시킴으로써 총 생산량이 증대될 수 있는데 이는 농작물과 동물의 새로운 변종 육종과 선발에 의해서 진행되었다. 가장 놀라운 것은 2개 이상의 종을 교잡한 잡종의 생산이다. 이들은 양친이 가지고 있는 장점과 그들 자신의 잡종 강세를 더한 것이다. 현재 진행되고 있는 육종부분의 연구는 영양물질 다량함유작물 개발, 광합성률의 증대, 질소고정능력 증대, 해충 저항성 증대 등이다.

식물과 동물육종에 가장 많이 응용된 것은 생물공학 또는 유전공학적 기법 등을 이용하여 농업생산을 위한 신품종을 개발하고 발견하는 분야이다. 지구에 서식하는 전체 식물과 동물 중에 몇 가지 종만이 농업용으로 쓰이고 전통적인 품종보다 생산성과 영양가치 측면에서 더 월등한 수많은 식물과 동물 종을 간과하고 있는 것이다. 예를 들면 강낭콩은 옥수수나 밀보다 영양학적으로 훨씬 월등하며 콩과식물이므로 질소질 비료가 필요하지 않지만 중국이나 몇 개 아시아 국가를 제외하고는 최근까지 닭과 소의 먹이로만 이용되어 왔다. 육류 생산 면에서도 재래종이 도입양보다 월등할 수 있다. 예를 들면 아프리카로부터 도입된 잡종은 야생풀과 식물의 먹이가 선택적인 경향이 있어 그들이 좋아하는 식물들만 과다 소비하게 되고 싫어하는 식물들은 그대로 방치되어 방목지의 자연균형을 깨뜨린다. 더구나 그들은 기후조건과 열대지역의 질병에 매우 약하다. 한편 야생의 초식동물들은 이러한 요인들에 잘 적응하고 있다. 따라서 미래의 식품의 질과 양은 새로운 품종의 식물과 동물을 키우고 가축화함으로써 증대될 수 있을 것이다.

(2) 비료

적절한 온도와 수분이 있으면 비료는 작물생산에 가장 보편적인 제한 인자가 된다. 수확작물이 토양으로부터 영양물질을 빼앗아 가므로 생산성을 유지하기 위해서는 영양물질이 토양에 다시 보충되어야 한다. 콩과작물이 아닌 경우 가장 많은 양이 보충되어야 하는 것은 질소이다. 질소비료는 수소와 질소를 합성하여 암모니아를 생산하는 방법으로 제조되며 에너지 비용에 따라 비료가격이 영향을 받는다. 또한 에너지 공급의 불확실성은 비료공급의 가까운 장래를 불확실하게 한다. 장기적으로 볼 때 화석에너지 공급에 차질이 생기면 농민들이 감당할 수 있는 가격으로 비료를 생산하는 것이 불가능할지도 모른다.

7.3.2 식량자원의 손실

육종가들은 내병성의 식물과 동물을 개발하지만 박테리아, 바이러스, 진균류 등 모든 생물체들도 진화하고 있다. 번식과정에서 병원생물의 새로운 변종이 갑자기 나타나서 어떤 식물과 동물의 저항을 극복하고 있다. 광활한 땅에 유전적으로도 같은 특징을 갖는 한 작물을 대량 재배하는 경우 어느 병원 생물이 이들의 저항성을 극복한다면 전체 작물을 통틀어 파괴시켜 버릴 것이고, 그렇게 되면 인간들은 다음 계절을 기다리거나 또 다른 내병성 품종으로 대체할 수 있을 뿐이다. 식량생산과 취급의 모든 과정에서 병해충의 피해를 받을 수 있다. 어린 작물은 특히 질병과 해충, 토양 선충으로부터 손상을 받기 쉽고 성숙된 작물은 새나 쥐 등에 의해 피해를 입는다. 수확 후 저장 · 수송 중에도 식량은 곰팡이, 박테리아 또는 설치류, 곤충 등에 의하여 썩거나 유실될 수 있다. 잡초는 빛과 영양물질, 물을 얻기 위해 작물과 경쟁한다.

전체적으로 세계 작물생산의 약 30%가 인간에게 이용되지 못하고 다른 소비자 또는 분해생물에게 빼앗기고 있다. 고도기술을 가진 선진 국가는 그 피해가 적으나 저개발국에서는 그 피해가 크다. 만일 이러한 손실을 막을 수 있다면 토지, 비료, 물을 더 이상 이용하지 않고도 17억 명의 인구에게 식량을 공급할 수 있는 것이다.

7.3.3 바다의 개발

바다의 식량은 대부분 물고기와 기타 동물로서 단백질의 풍부한 공급원이다. 바다의 총 어획량은 연간 7천만 톤으로, 골고루 분배된다면 10억 명 이상의 사람들을 위한 최소한의 단백질 필요량이 된다. 현재 세계의 주요 어장들이 과다포획에 시달리고 있다는 증거가 늘어나고 있으며 바다로부터의 식량생산은 오염에 매우 약하다. 그리고 이러한 오염문제는 개선되기보다는 악화되기 쉽다. 바다 밑에서 채굴하는 원유가 늘어나고 이것이 거대한 유조선을 통해 바다를 가로질러 운반됨에 따라 대규모의 원유 유출 가능성이 커지고 있다. 과거에 화학폐기물과 하수를 마구 버린 악영향과 연안지역의 개발사업 등으로 인하여 해양생물의 산란지가 파괴되고 있다.

육수양식 혹은 해중양식에는 두 가지 일반적인 접근방법이 있다. 한 가지는 인위적인 못 혹은 둘러싸인 곳에 집약적으로 매우 높은 밀도로 물고기 등을 키우는 것이다. 그러나 이는 식량을 생산하는 것이 아니라 가난한 사람들이 먹을 수 있는 저비용의 식량(꽁치, 사료)을 다량 소비하면서 소량의 보다 값비싼 식량(도미)을 생산하는 것이라 볼 수 있으며, 물고기의 배설물과 먹지 않은 식량은 수질오염 문제를 일으킨다. 또한 물고기의 질병과 기생충 문제들도 심각하다. 다른 한편, 자연적인 갯벌에서 저밀도 해중양식은 상당한 가능성을 갖는다. 자연적인 갯벌은 천연조류를 먹이로 하여 그 생산성을 증대시키고 있다.

7.3.4 생활수준과 인구부양능력

식량생산량을 기초로 하여 부양능력을 논할 때 간과해 버리기 쉬운 문제는 인간이 식량공급 이상으로 어느 정도의 생활의 질 혹은 생활수준을 향유할 가치가 있다는 것이다. 단순히 식량이라는 차원에서가 아니라 높은 생활수준을 위한 차원까지 인간의 부양능력을 고려한다면 지구의 잠재수용력은 형편없이 떨어질 것이다.

어떤 사람들은 높은 생활수준의 인구 부양능력은 아마 5억 명쯤 될 것이고 이는 현재의 부유층 6억 5천만 명보다 상당히 낮다고 주장한다. 그러나 소비를 줄임으로써 부양력은 늘어날 수 있다. 이것이 우리의 지구생태계를 유지시키기 위해 우리가 소비를 줄여야 한다고 강조하는 기본 이유이다. 소비량을 줄일수록 지구의 수용력은 점점 늘어나지만 어느 한계점에 이르면 소비를 줄임으로써 어쩔 수 없이 더 낮은 생활 수준으로 바뀌게 된다. 그 한계까지 이러한 방향으로 추구하는 것은 지구 상에 가장 많은 인구를 부양하기 위하여 극빈에 이르게 하는 것인데 이러한 극한 상황은 바람직하지 않다.

7.3.5 인구 문제

개발에 따른 인구증가와 분포는 중요한 환경문제로서, 인류의 지속적인 관심사가 되고 있다. 자원의 부족이나 각종 오염문제들은 대부분 인구과잉에서 비롯된 것이다. 1990년을 기준으로 세계 인구는 30초 동안에 134명이 증가하고 1년에 950만 명 증가한다. 인류의 역사가 시작된 이후 서기 원년의 세계인구는 2~3억에 불과하였으나 1850년에는 10억이 되었고 그 후 급증하여 1930년에는 20억, 1975년에는 40억을 넘었으며, 1990년에는 53억으로 증가하였고 2000년에는 60억으로 추산하고 있으며, 2100년에는 110억에서 안정화할 것으로 전망된다.

인류의 역사를 통해 질병이나 기아, 전쟁 등의 자연적 혹은 인위적 요인의 환경저항에 의해 인구증가가 억제되어 왔다. 고대 로마나 그리스, 이집트인의 경우는 평균수명이 약 30세였다. 그 원인은 개인의 건강관리가 불량하여 콜레라, 흑사병, 황열병, 티프스, 말라리아, 소아마비 등의 질병이 자주 발생하였는데, 이러한 질병들은 한번 발생하면 수천 명의 인명을 일시에 앗아갔다. 현재 인간은 기구와 의약품 개발, 농업과 산업의 발전을 통해 환경의 수용능력이란 자연법칙에 예외적인 존재로 군림하고 있다. 그러나 생물권의 다른 부분을 과다하게 소비하기 때문에 자원의 고갈, 오염의 증가, 환경의 파괴, 인간 정신의 타락 등과 같은 심각한 문제가 야기되고 있다.

인구가 증가함에 따라 대도시로의 인구밀집현상이 초래되어, 통계에 의하면 1970년 세계인구 가운데 도시에 거주하는 사람의 비율이 37%이던 것이 1990년에는 43%로 증가하였고, 2000년에는 그 비율이 50% 이상으로 증가할 것으로 전망되고 있다. 인구밀집과 교육, 사회 및 경제적인 위치, 영양상태, 주택문제 등의 스트레스는 체내 호르몬의 불균형을 초래하고 암, 고혈압, 신장병, 동맥경화를 유발하며 질병에 대한 저항력을 감소시킨다. 따라서 출산력이 서서히 감소하여 2100년에는 현재보다 3배 정도 많은 150억에 머물 것이라는 주장과, 출산력이 급격히 감소하면 2060년경에 현재보다 2배 정도 많은 100억에 머물 것이라는 주장이 대두되고 있다. 한편 환경변화와 자원고갈이 너무 심각하여 인류가 멸망하거나, 극소수만이 살아남을 것이라는 주장도 있다.

7.4 환경 오염과 대책

7.4.1 대기환경

지구표면의 대기는 질소(78%)와 산소(21%) 그리고 미량의 이산화탄소와 같은 기체로 구성되어 있다. 대기 중의 이산화탄소는 겨우 350ppm 정도로 미량이지만 녹색식물의 잎에 흡수되어 태양으로부터 오는 빛(가시광선)에 의해 환원(광합성)되어 유기물질을 만들며, 모든 생물체는 99% 이상이 이 유기물질로 이루어져 있다. 대기중에 산소가 없어지면 아무리 건강한 생명이라도 몇 분 이내에 질식하여 절명한다. 산소는 또한 오존을 생성하여 성층권에 오존층을 만들어 외부의 자외선을 차단하므로 지구 상의 생명을 보호한다. 가장 많은 양으로 존재하는 질소가스는 생명에 무해하고 안정한 원소이나 질소고정과 동화에 의해 생명체의 기본재료인 아미노산과 단백질 등을 만든다.

최근 개발과 산업화 과정에서 자동차 등이 주범이 되어 대기에 방출하는 배기가스는 아황산, 아질산, 이산화탄소와 일산화탄소, 탄화수소, 오존, 프레온, 악취, 방사능 등과 입자상의 먼지 등이 몇 ppm 또는 ppb 규모의 농도로 대기를 오염시키고 광화학스모그현상과 같은 이차적인 대기오염도 빈번히 발생하고 지구온난화, 산성우, 오존층의 파괴 등이 크게 우려되고 있다. 대기의 운동에 의해 오염물질도 이동 · 확산되므로 대기오염에는 지역적인 대책뿐만 아니라 국제적 협조에 의한 대책이 필요하다.

(1) 지구온난화

지구온난화란 인간 활동에 의해 대기 중에 이산화탄소(CO_2), 수증기(H_2O), 매탄(CH_4), 아산화질소(N_2O), 프레온(CFC) 및 대류권의 오존(O_3) 등이 증가하여 지표면의 적외선을 흡수하는 온실효과에 의해 대기 온도가 상승하는 현상이다. 대기중의 CO_2 농도는 18세기 중엽의 산업혁명 이후 점차 가속적으로 증가하는 경향을 나타내어 식물의 활동에 의해 4~5월에 극대치를 나타내는 계절변화를 보이면서 현재 350ppm 이상에 달하였고 연간 약 1.5ppm씩 증가하고 있다. 대기에서 CO_2는 180년의 수명을 가지며, 지구온난화에 46~50%의 기여를 하고 있다. 온실효과에 의해 CO_2 농도가 현재의 2배 수준에 달하게 되면 평균기온이 3.0±1.5℃ 높아질 것으로 예측된다.

메탄은 연간 총 5억 9천만 톤이 대기에 배출되어 매년 16ppb씩 증가하고, 그 수명은 10년간 지속하며, 같은 양의 CO_2보다 21배나 높은 온실효과를 나타낸다. CFC 11 및 12는 냉동제, 발포제, 세제로서 연간 1백만 톤이 생산되어, 각각 240ppt, 415ppt로 대기 중에 그 양은 적으나 수명은 75년과 11년 지속되며 CO_2보다 약 2만 배나 높은 온실효과를 가져 지구온난화에 23% 기여를 하고, 1ppm에 의해 0.17℃의 기온 상승을 초래한다. N_2O는 대기에 연간 0.7ppb씩 증가하며 수명은 150년이어서 CO_2보다 206배나 높은 온실효과를 가져 지구온난화에 8% 기여한다. O_3은 대기에 10~100ppb 존재하고, 연간 0.1~1ppb 증가하며 수명은 0.1~0.2년 지속되어 지구온난화에 18% 기여한다.

지구온난화에 의해 증발산이 9.2% 증가하여 땅을 메마르게 하고, 고온장해, 병충해의 증가 등으로 작물생산을 감소시킬 것이다. 평균기온이 1.5~3.5℃ 상승할 때 해수의 팽창과 극지방의 얼음 용해 등으로 해수면은 20~110cm 상승하여 해안림인 망그로브를 비롯하여 많은 인간생활의 근거지와 옥수수, 담배, 벼, 밀, 콩 그리고 소, 양, 돼지, 닭 등의 수몰지역은 8%에 이른다. 전체 삼림의 파괴는 35%에 이르고, 다양성의 감소, 생리적 결핍, 해충과 병균의 증가 및 호흡의 증가는 30% 이상 될 것이다. 한편 사회적으로 에너지소비의 증가는 교통 20.2%, 건설 14.7%, 에너지산업 9.9%, 최종제품 6.9%, 소매업 5~9%, 냉방 12~38%, 전력 15%(최대 30%), 생활 · 공업용수 70% 등의 비용이 증가할 것이며, 말라리아 인구는 20억으로 늘고, 심장병과 사망률도 현저하게 증가할 것이다.

(2) 산성비

현대과학에 의하면 지질시대에도 거대운석이 지구에 충돌할 때 생기는 에너지와 충돌파에 의해 공기 중의 산소와 결합하여 대량의 일산화질소와 이산화질소 그리고 질산을 생성하여 강한 산성비를 내렸고, 중생대의 약 2억 년 동안 지구를 지배하던 공룡이 6천5백만 년 전 갑자기 사라지고 육지와 바다에 사는 동식물 종의 3/4 정도가 사멸하게 되었다. 현재의 대기오염 물질인 이산화황이나 이산화질소 등은 석탄 · 석유를 연소하는 발전소나 자동차에서 발생하여 빗물에 용해되어 산성비가 된다. 산성비에는 대기의 황산화물이나 질소산화물이 비나 눈에 녹아서 내리는 습성강하물인 산성비와, 황산염이나 질산염으로서 강하하여 식물에 큰 피해를 주는 것으로 알려진 건성강하물이 있다. 황산화물과 질소산화물은 화산폭발, 산불, 박테리아의 유기물분해활동 등에 의해 생성되고, 발전소에서의 화석연료의 연소(70%), 화학비료, 연탄의 연소 및 부식에서 생성된다.

산성비의 영향으로 담수생태계인 호수나 강의 물고기는 pH5 이하에서 82%가 사멸된다. 또한 산성비는 화학비료와 함께 토양을 산성화시키고 미생물의 활성을 감소시키며, 식물뿌리의 무기물 흡수를 저해하여 부식층의 영양염 세탈을 가속화할 뿐만 아니라 토양 비옥도를 감소시켜 생산성을 떨어뜨린다. 산성화는 토양에서 영양분을 용탈하여 토양 비옥도를 감소시키고 유해한 알루미늄과 망간이 용출되어 뿌리의 활성과 미생물 활성을 약화시켜 물질순환의 불균형을 초래한다. 특히 알루미늄이온은 pH4.5 이하에서 용출되고 강한 식물독성을 나타내어 저항성이 낮은 적황색토에서는 약간의 산성물질이 침착해도 다량의 알루미늄을 용출하게 된다. 흑색토양은 산성물질을 흡착하므로 토양의 산성화를 억제하는 능력이 있지만 pH4 이하에서는 알루미늄이온의 용출이 급증한다. 산성비를 막기 위해서는 황산화물과 질소산화물의 배출을 억제해야 하고, 이미 산성화된 곳은 석회로 중화시켜야 한다.

(3) 오존층의 파괴

대기오염에서 오존은 광화학옥시단트의 주성분으로서, 생명체에 여러 가지 장해를 일으켜 0.1ppm의 저농도에서도 1시간 만에 식물잎에 백색반점을 형성하고 세포의 막 성분을 분해할 정도로 유해하다. 한편 광합성작용에서 생성된 대기의 산소분자는 자외선을 받으면 오존(O_3)을 형성하는데, 육지에서 생물이 생존할 수 있게 된 것은 20여억 년 동안 서서히 성층권에 오존층이 만들어져 태양에서 오는 유해한 자외선을 차단함으로써 가능하게 되었다는 것이 밝혀졌다. 그러나 최근 오존층 특히 남극상공의 오존층이 50% 이상 파괴되고 있다는 사실이 밝혀져 그 위험에 대해 큰 충격을 받고 있다. 오존층을 파괴하는 것은 냉매, 스프레이, 발포제, 세정제 등으로 널리 쓰이고 있는 프레온임이 밝혀졌고, 또한 핵폭발 실험이나 성층권을 비행하는 초음속 젯트 비행기에서 발생하는 산화질소에 의해서도 파괴되는 것($NO+O_3=NO_2+O_2$)으로 알려지고 있다.

프레온가스는 염화불화탄소물질(CFC)로서 화학적으로 매우 안정한 불활성의 기체이고 불연성이며 생명체에 무독하다. 프레온은 대기 중에서 안정하여 그 수명이 1백 년 정도 되며, 일반적으로 이산화질소와 함께 불활성 물질($ClONO_2$)로 되어 상승기류에 의해 성층권에 도달한다. 남극상공과 같은 극저온(-90℃)에서는 밀도가 낮은 수증기가 응축하여 얼음핵을 형성하고 그 표면에서 CFC는 자외선을 받아 반응성이 풍부한 염소(Cl)를 유리한다. 이 염소는 오존에 반응하여 염소산화물(ClO)로 되고, 산소원자를 받아 다시 염소로 되어 오존을 연쇄적으로 파괴하므로 염소 한 원자는 오존 10만 분자를 파괴한다.

유해한 자외선은 오존층이 1% 감소할 때 2% 증가하며 피부암을 5% 증가시키는 것으로 알려지고 있다. 자외선은 눈에 백내장을 유발하고 시력을 감퇴시키며, 면역체계를 약화시켜 전염성 질병에 대한 저항력을 감소시킨다. 오존층의 보호를 위해서는 프레온의 생산과 사용을 중지해야 하며, 냉매나 세정제로서 환경에 부작용이 없는 경제적인 대체물질(예 : HCFC, HFC)을 빨리 개발해야 할 것이다. 현재 몬트리올 의정서(1987년)에 가입하는 나라들은 단계적으로 CFC 물질의 생산을 억제하며 2천년대까지는 프레온의 생산을 전면 금지하도록 하는 목표(런던협정, 1990년)를 위해 노력하고 있다.

7.4.2 수질환경

물은 생명의 근원으로서 공기와 더불어 필수적인 요소이며, 생물체의 평균 80% 이상을 차지하여 그 수요량이 매우 크다. 물은 지구표면의 3/4을 덮고 있는데 그 양은 지구 전체를 평균 4,000미터 깊이로 잠기게 할 수 있다. 그러나 대부분의 물은 바닷물(97.5%)과 극지방에 쌓여 있는 빙설(1.75%)로서 직접 이용할 수 없다. 생활에 유용한 물은 깨끗한 지하수와 빗물, 강과 호수의 지표수로서 전체의 0.75%에 불과한데 물이 순환하면서 강수의 공급량과 증발 및 유출량으로 균형을 이룬다.

물은 특히 도시의 밀집된 주택지에서 나오는 생활하수와 공업단지의 폐수, 그리고 농축산 지역에서 유입되는 오물과 폐수에 의해 오염된다. 수질오염의 요인은 유기물의 오염을 나타내는 생물학적 산소요구량(BOD)과 화학적 산소요구량(COD) 그리고 용존산소량(DO), 총 질소량, 암모니아성 질소, 질산성 질소, 총 인량, 총 염소량 및 총 부유물질 함유량과 전도도, pH, 온도, 독성의 유기용매(페놀, 벤젠, 톨루엔) 및 중금속(납, 카드뮴,

수은 등), 합성세제, 농약, 폐기물, 병원균 등 다양하다. 따라서 수질오염을 막기 위해서는 먼저 주택가와 산업단지로부터의 생활하수와 산업폐수 및 잡배수의 유입량을 최소로 줄이고 반드시 각종 오염요인이 기준치 이하가 되도록 정수처리를 엄격히 해야 한다. 특히 대도시에서는 지표면이 콘크리트로 덮여서 강수량이 지하로 침투되는 길이 차단됨으로 지하수의 이용량에 의해 지하수압이 감소되고 지반침하와 지하수의 오염까지 우려된다. 지하수의 오염은 회복이 극히 곤란하므로 지하수 이용시설의 오염방지를 철저히 해야 할 것이다. 그리고 충분한 지하수의 확보를 위해 빗물의 침투성이 좋은 녹지대의 면적을 최대한으로 확보해야 한다.

(1) 수은

미나마타병은 1950년대 초 일본 구주지방의 작은 평화로운 어촌에서 염화비닐제조과정에 촉매제로 쓰였던 염화수은의 환경오염에 의해 발생한 것이다. 1953년부터 1961년에 걸쳐서 생선과 조개를 즐겨 먹었던 수백 명의 사람들을 무기력하게 하고 불쾌감, 수족마비, 운동실조, 정신퇴행화, 시각장애, 경련 등을 일으키는 이상한 전염병이 특히 젊은이들에게 번져 나갔다. 미나마타병이 나타나기 수년 전에 날아다니는 갈매기가 떨어져 죽는 병과, 집고양이가 춤추듯 뛰다가 죽는 병으로 알려진 이상한 현상이 유행하였고 이는 수은에 대한 감수성이 큰 지표생물로써 오염예방에 이용할 수 있는 중요한 사실이었다. 당시 해안의 조개는 27~102ppm(평균 50ppm)의 독성이 강한 메틸수은을 함유하고 있었고 갈매기에는 더욱 높아 먹이사슬의 영양단계에 따라 중금속의 생물농축현상을 보여 준다. 비슷한 현상이 니이가다에서도 1965년에 일어났다.

폐수의 유기 및 무기 수은화합물은 침전하여 혐기성 미생물에 의하여 휘발성, 지용성 및 산성용매에 수용성인 메틸수은으로 전환된다. 메틸수은은 소화관에서 흡수(98%)되어 조직단백질 및 뇌에 비가역적 상해를 주며, 태아조직에 친화성이 높아 유전적 손상효과는 콜히틴처리보다 1,000배나 높아 0.25ppm 수은의 저농도의 먹이를 준 초파리에서 염색체 이상이 나타난다. 수은은 효소의 황화수소기에 대해 쉽게 멜캅티드를 만들어서 극히 낮은 농도에서 불활성화시킨다. 또한 수은은 먹이사슬에서 농축되므로 어류에서의 최대농도는 물보다 3,000배 이상 높았다. 수은은 신장에서 간을 경유하여 담즙으로, 장의 점액, 침,

땀, 그리고 대소변에 의해 배설되고, 반감기는 70~100일 정도이다. 유럽에서 매독이 맹위를 떨치던 시대에 돌팔이 의사들이 수은혼합물로써 치료에 성공한 사례가 알려지자 내과의사들도 수은 처방법을 사용하였으며, 나폴레옹도 중금속 약품의 장기처방으로 인해 만년에는 수은중독의 병증세를 보였다. 특히 감홍(염화제1수은)은 오래전부터 통변, 이뇨제, 방부살균제, 불꽃놀이, 질그릇에 그림을 그리는 금물에 널리 쓰여져 왔었으나 수은의 맹독성을 모르고 있었다.

(2) 카드뮴

일본의 진쯔(神通)강과 그 유역 주민들에는 이따이 이따이(아프다 아프다)병이 발생한 적이 있다. 이는 간, 신장, 골조직에 영향을 미치는 병으로서 치명적인 경우도 있다. 이 병은 카드뮴, 아연, 납의 광산 폐기물이 진쯔강에 버려지기 시작한 2차대전 무렵부터 나타났다. 이따이 이따이병은 관개수에 함유된 것이 식물체에 흡수되어 농축된 중금속, 특히 카드뮴을 흡수한 데 원인이 있었다. 이 병의 증세는 중금속을 흡수한 후 몇 년이 지나서야 나타나기 시작한다. 먼저 신장의 기능이 약화되고 혈액의 인산 함량이 감소하여 골조직의 무기물 함량이 줄어들고 마치 구루병과 같은 골연화증이 나타나며 심한 통증이 수반되는 것이다.

카드뮴은 아연, 수은 등과 같은 족에 속하는 원소로서 보통 아연 또는 납의 광석에 포함되어 있으며, 구리, 납, 은, 알루미늄, 니켈 등의 합금에 많이 쓰인다. 카드뮴은 또한 전기도금, 염료공업, 질업, 사진, 원자로 등에도 쓰인다. 생물의 체내에 일단 흡수되면 좀처럼 배설되지 않고 중요한 기관, 즉 간, 콩팥, 이자, 갑상선, 골조직 등에 축적되는 성질이 있다. 이 원소는 많은 동식물의 조직에 포함되어 있는데 그 오염원은 주로 해산식품과 곡식으로 생각된다. 카드뮴과 상승적 유독작용을 하는 물질로는 시안화물과 아연 셀레늄 등이 있다.

(3) 납

납(Pb)은 생물에 전혀 유익함이 없는 강한 독성의 중금속원소로서 자연환경 중에 보편적으로 존재하여 지각에 10~15ppm, 해수에 0.03ppb, 생활하수에 55~216ppm, 식물체에

8ppm, 먼지에 0.84%로 함유되어 있다. 전 세계의 납 생산량은 연간 4백20만 톤으로 카드뮴의 20배나 된다. 인체에서 납은 긴 잠복기를 거쳐 중요한 증세로서 간과 신장기능의 장해, 산업근로자에게 가장 많은 소화관 장애, 신경 및 근육장애(허약감, 피로감, 손목근육 이상, 근육대사 이상, 근육발육 부진, 경련), 중추신경장애(정신착란, 의식상실, 사망), 포르피린의 형성 저해에 의한 헤모글로빈 감소, 얼굴의 검은 반점(황화납), 생식기능장애, 유황함유효소의 억제, 칼슘 대신 골조직에 퇴적되어 삼염기성 인산납을 형성하는 등의 치명적인 손상을 일으킨다.

고대 로마에는 납광산과 제련소가 많았고, 로마인들이 가장 좋아하는 색인 폼페이 홍색은 중독성이 강한 적납을 함유하였으며, 어린이 납중독의 주 원인인 백납은 기원전 4세기경부터 페인트에 사용되었다. 로마에는 5백 km에 달하는 상수도관이 납으로 만들어져서 납중독이 전염병처럼 확산되었다. 납은 귀족들이 갖는 화려한 요리기구에 쓰였고, 술에도 감미료와 방부제로서 희랍 시대부터 첨가되었고, 의약용 연고, 시럽 등에도 쓰였다. 도자기의 유약인 리싸이지(일산화납)나 백납공장에 의해 오염된 여직공들에게 불임, 유산율 및 유아사망률이 높고, 납중독에 걸린 남성의 생식세포 이상으로 태아의 44~82%가 사산 또는 유산되고, 많은 어린이가 경련증세와 뇌의 과대생장증(70%)인 짱구로 되며 78%의 치사와 정신박약증(22%)을 일으킨다. 성인은 페인트 희석제의 증기나 먼지에 의한 산업병인 복통을 앓고, 납땜에 쓰는 납줄, 건전지 공장, 염색공장, 주물공장 등에 쓰이는 산화납에 의해 오염된다. 비소산납은 DDT가 발명되기 전까지 사과나 배 등 유실수에 가장 많이 뿌려진 살충제였으며, 각종 살상용 폭탄이나 수렵가들이 뿌린 납탄환(연간 6백만 kg)은 연간 수백만 마리의 야생동물을 죽이고 있다.

7.4.3 토양환경

고대문명의 발상지는 모두 기름진 땅의 생산력에 의해 성립될 수 있었던 것인데 과도한 이용에 의해 지금은 매말라 버린 건조지 또는 반건조지로 변하였다. 인구밀집에 따른 공간개발과 필요한 식량을 공급하기 위해 경작지를 확대하고, 더 많은 가축을 방목함으로써 서서히 자연의 균형이 파괴되고 그 발자취에는 황야만 남기고 있는 것이다.

현대의 기계화된 개발은 자연생태계를 돌이킬 수 없는 모습으로 파괴하고 곳곳에 생태적으로 기능을 잃은 고독한 섬을 만들어 가고 있다. 각종 환경오염은 도시와 근교의 토양을 비롯하여 개간지 등 도처에 토양침식과 유실을 촉진시키며, 환경오염에 의한 산성화, 건조에 의한 염류화 및 사막화 등 생물이 살 수 없는 환경으로 변화되고 있다. 지구 전체에서 매년 우리나라 면적과 비슷한 녹지가 사막화되고 있는데 건조와 더불어 토양층에 분포하는 수분에 녹아 있던 각종 염류를 함께 상승시켜 지표면에 대량으로 집적시키게 된다. 분해되지 않는 생활쓰레기와 산업폐기물을 토양에 매립하는 행위나 중독성의 중금속이나 잔류성 농약을 대량으로 사용함에 따라 생태계 내에 생물농축현상을 초래하게 되어 멸종되는 생물이 전 세계적으로 연간 4만 종에 이르고 있다.

(1) 쓰레기

쓰레기란 인간의 생활에서 필요에 의해 만들어졌으나 쓸모가 없어진 것으로 불결하고 악취가 나거나 유독한 가스를 낸다. 우주공간에서도 로켓이나 인공우주선의 쓰레기가 8천여 개나 산재하는 것이 레이더에 나타나고 있으며 이들이 초속 16km의 고속으로 인공위성에 충돌해 와서 큰 위협이 된다. 쓰레기의 종류는 일반의 생활폐기물과 산업활동에 의한 특정산업폐기물로 구분된다. 일반폐기물인 가정의 생활쓰레기에는 가연성물질, 비가연성물질, 연소가 부적합한 물질, 대형쓰레기 및 분뇨 등이 있고, 분해와 소각 및 매립처리를 한다. 산업폐기물은 그 종류가 다양하여 오니, 폐유, 폐산-알칼리, 플라스틱, 목재, 섬유, 고무, 중금속, 유리, 도자기, 광물질, 건설폐재, 동물분뇨, 동식물 잔해, 의료폐기물, 방사성폐기물, 합성고분자화합물, 유기염소계물질, 매진, 아스베스트 등이 있고 자연에서 분해되지 않는 것이 많아 소각, 중화, 파쇄매립 또는 분해에 의해 처리하지만, 2차적으로 대기오염과 지하수의 오염 및 토양오염을 유발하는 문제를 일으키고 있다.

생물적으로 분해가 가능한 유기물에 대해서는 호기성, 통성혐기성 및 혐기성세균에 의한 효소산화법이나 발효법으로서 유기물을 분해(85~95%)하고, 생성되는 메탄을 연료로 사용하며, 잉여 오니를 비료로 이용할 수 있다. 여기서 처리가 어려운 질소는 질화균과 탈질균의 처리에 의해 질소가스와 이산화탄소가스로 분해하고, 인은 혐기상태와 호기상태를 반복하여 탈인산균에 의해 처리한다. 초식동물은 대량의 분뇨를 배출하지만 그것을 딱정벌레가 영양분으로 이용하고 사자의 분뇨는 하이에나가 먹어서 자연의 순환과 균형을 유지하고 있다. 생태계를 쓰레기로부터 보존하기 위해서는 쓰레기의 발생을 줄이고, 재이용하고 재순환하며, 적절한 처리를 하는 운동을 확산해야 할 것이다.

(2) 생명의 다양성

지구에는 다양한 생물종이 서식하여 생물권을 이루고 있다. 지구의 형성 초기에 혐기적 조건에서 만들어진 메탄, 암모니아, 유화수소, 물 등의 무기물은 긴 생명진화의 과정을 거쳐 35억 년 전에 생명체를 탄생시켰다. 남조류의 광합성에 의해 대기 중에 점차 산소가 축적(0.2%)됨으로써 미토콘드리아를 갖는 호기성 에너지 생성계, 즉 진핵생물이 나타나 고생대의 진화를 촉진시켰다. 더욱 산소의 축적(2%)이 진행되어 성층권에 오존층을 형성하자 생물은 육상에서도 살 수 있게 되어 진화는 더욱 빠르게 진행되어 약 2억 년 전의 중생대에는 대형의 공룡을 비롯한 파충류가 전성기를 이루었다. 다양성 즉 생물마다 그 형태나 성질에 차이가 나는 것은 그것을 구성하는 단백질이 다르기 때문인데 단백질은 20종류의 아미노산이 평균 5백여 개가 일정한 순서로 결합하여 이루어지는 것이므로 그 조합은 20,500 즉 10,650이나 되고 이로써 무한히 다양한 생물의 표현형을 나타낼 수 있는 것이다.

생물의 크기는 현미경에 의해서만 관찰되는 작은 미생물(1 μ)로부터 높이 200m나 되는 대형의 식물에 이르기까지 다양하다. 현재 지구 상의 생물종은 약 1백5십만 종이 기록되고 있으나 생물의 보고인 열대다우림 속의 생물을 모두 밝힌다면 5천만 종 또는 5억 종 이상이 될 것으로 추산하고 있다. 또한 과거 수억 년 동안에 출현하였다가 멸종된 종, 그리고 앞으로 새로이 나타날 종류를 생각하면 그 수는 무한한 것이다. 같은 종에 있어서도 개체마다 조금씩 다른 모습과 성질을 갖는다. 인류는 신생대 후기에 출현하였으나 50억을 넘고 있으며 흙 한 줌 속에 들어 있는 생명체로 십억 마리 이상의 세균을 비롯하여 다양한 종이 있다. 육상과 수상의 생태계에서 종 다양성은 안정성과 저항능력을 제공하고 다양한 종과 경관이 지구적 변화에 대하여 영양소의 유지 · 분해 · 생산 등에서 양적 · 질적 그리고 장단기의 피드백을 이루고 있다.

지구 각처에서 진행되고 있는 환경오염과 삼림벌채, 원시림의 경지화, 목축의 확대,

국가 간의 분쟁, 무력행사, 전쟁 등이 야생생물의 감소와 서식력의 파괴를 초래하고 생태계와 생물다양성을 위협하고 있다. 1992년 리우에서 열린 국제환경계획(UNEP)의 지구정상회의는 생물다양성 보전조약을 성립시켰다. 그러나 정부마다 이해와 요구가 달라서 보존해야 할 생물종과 보호지역의 지정 등 중요한 내용은 아직 결실을 맺지 못하였다. 다양한 생물이 현재와 미래의 자원이라는 인식이 부족하고 야생생물이 갖는 가치와 자연 및 자원적 가치는 과학기술분야에서 국제적 합의가 이루어지더라도 미적 가치나 윤리적 가치에 대해서는 현저히 많은 차이가 있다. 생태계 조사와 표본은행, 유전자은행, 생물다양성의 전산화, 전문인력양성 등을 실현하여 조속히 세계생물다양성협약에 적절히 대응해야 할 것이다.

제8장

첨단과학

8.1 현대의 연금술

8.1.1 새로운 물질의 합성

화학만이 새로운 물질을 합성할 수 있다. 그 어느 누구도 새로운 별을 만들어 내었다는 소식을 들은 사람은 없다. 아무도 새로운 합성 생물이라는 이야기를 듣지는 못했을 것이다. 그러나 화학은 엄연히 합성화학이라는 한 분야가 있고 많은 화학자들이 참여하여 새로운 의약품, 극한의 온도에 견디는 신물질, 초전도체 등, 인간이 필요하다고 생각하는 새로운 물질을 만들어 내고 있고, 또 만들어 내려고 끊임없이 노력하고 있다. 화학자들은 이런 점에서 다른 어느 과학자보다 자부심을 가져도 좋으리라 믿는다.

(1) 새로운 의약품 개발

먼저 페니실린(penicillin)의 개발과 합성을 살펴보자. 페니실린은 β-락탐 계열 항생제를 대표한다. 항생제란 살균 작용을 가진 미생물의 2차 대사물질을 말한다. 역사적으로 페니실린은 1929년 플레밍(Alexander Fleming, 1881~1955)이 우연히 페니실리움(penicillium) 곰팡이에서 발견하여 그 살균 효과가 탁월함을 알았으나 화합물이 너무 불안정하여 그 당시 기술로는 분리하지 못하였다. 10년 후인 1938년 플로리(Howard Florey, 1898~)에 의해 처음으로 순수하게 분리는 하였으나 오랫동안 그 구조는 밝히지 못한 채 임상 실험을 거쳤으며, 생산량이 부족하여 군인들에게만 사용하여 세계 대전 중 많은 군인들의 생명을 구하였다. 미국에서는 1944년 이후부터 상용화되기 시작하였다. 보스톤(Boston) 축구우승 축하 파티장인 한 나이트 클럽 화재로 많은 민간인들이 화상을 입어 2차 세균 감염에 의한 사상자가 속출함에 따라 군수용으로 비축해 두었던 페니실린을 처음으로 민간 병원에서 사용하였으며 많은 인명을 구해 그 효능의 탁월성을 인정받았다. 그 후 정부차원의 연구비를 투입하여 대량 생산에 필요한 기술을 개발함으로써 상용화에 성공하여 오늘에 이르게 되었다. 1945년 호지킨(Alan Hodgkin, 1914~)이 X선 분석으로 페니실린의 구조를 확인하였으며, 1957년에는 MIT 대학의 시한(Seehan) 교수가 실험실에서 처음으로 합성에 성공하였다. 그 구조를 그림 8-1에 나타내었다.

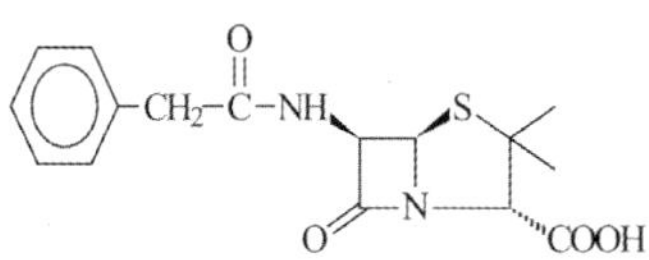

Penicilline G

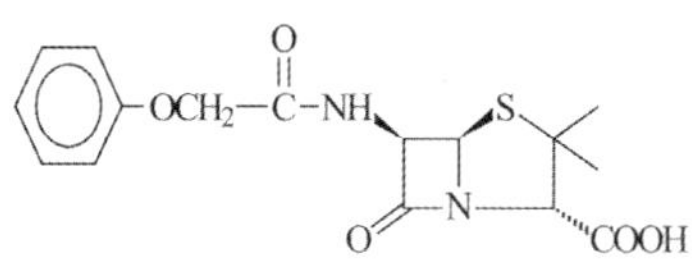

Penicilline V

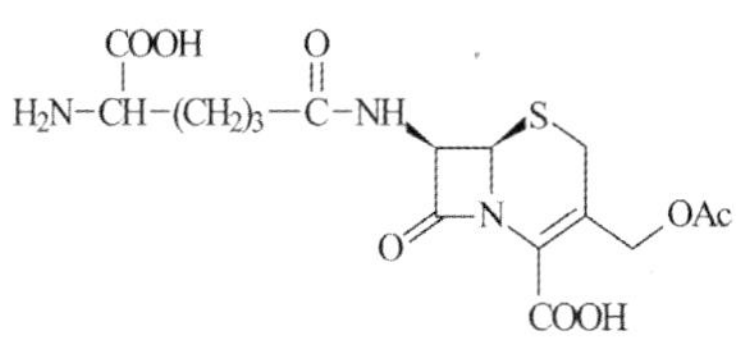

Cephlaosporin C

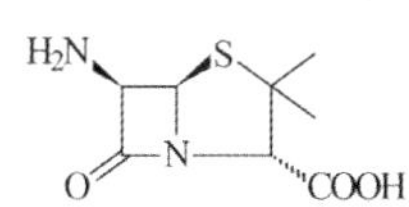

6-APA

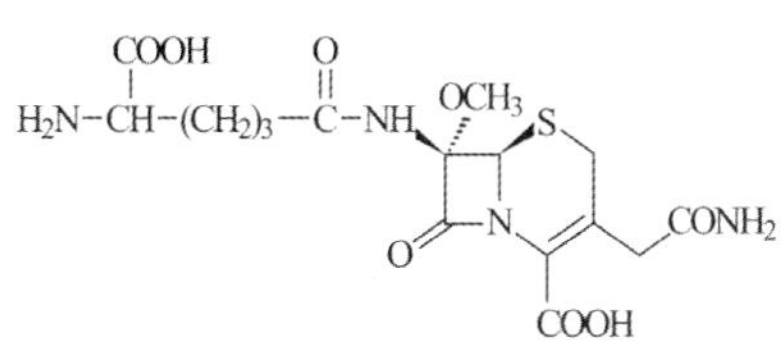

Cephamycin C

그림 8-1 대표적인 페니실린의 분자 구조

합성과정이 10단계 이상이나 되어 수율과 비용 면에서 상업적으로 수용하기가 어려웠다. 오늘날 페니실린 합성은 반합성과정으로 중간체인 6-APA는 생합성으로 얻고, 나머지 부분은 합성공정을 거쳐 얻고 있다. 대표적인 3가지 β-락탐 계열 항생제, 즉 페니실린 G, 페니실린 V, 및 세파로스포린(cephalosporin)의 구조를 그림 8-1에 나타내었다. 이들 페니실린은 포유동물에게는 독성이 거의 없으며 뛰어난 살균 효과를 가지기 때문에 널리 사용되고 있으나 가장 큰 단점은 잦은 사용으로 인해 내성 균주가 탄생한다는 것이다. 한때 세균과의 전쟁에서 인간이 승리한 듯하였으나 오늘날 변이 균주의 탄생으로 새로운 전쟁이 시작되었고, 따라서 이에 대한 많은 연구를 다시 시작하고 있다. 먹을 수 있는 약으로 암피실린(ampicillin)과 아목시실린(amoxicillin)이 개발되었고, 세파로스포린 C의 발견과 세파마이신(cephamycin)의 개발을 가져왔으나 새로운 항생제 개발은 우리의 큰 과제 중 하나다. 지진과 홍수, 전쟁 등으로 인한 세균 병원균의 창궐로 세균과의 전쟁은 끝이 보이지 않는다.

(2) 나일론

나일론(nylon)은 아미드(amide) 결합으로 연결된 고분자 물질의 일반 명이다. 아미드 결합은 단백질의 펩티드(peptide) 결합과 동일하다. 나일론의 대표적인 물질로는 나일론 66, 나일론 6 및 케블라(kevlar) 등이 있다.

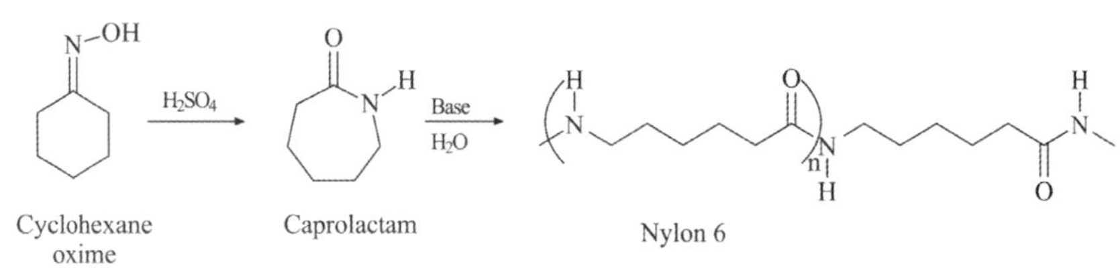

그림 8-2 나일론 6의 분자 구조

나일론의 구조(그림 8-2)에서 숫자 6은 아미드 결합 사이의 탄소 수를 의미한다. 이들의 용도를 보면 여자 양말, 블라우스, 셔츠, 자동차 바퀴 코드, 선박용 밧줄, 방탄 조끼, 및 건축 섬유 등 다양하다. 나일론은 특히 아미드 결합, 즉 펩티드 결합을 하고 있어서 비단과 유사성이 많지만 비단보다 질기고 탄력이 좋다. 또한, 가볍고 광택이 있으며, 염색이 쉬워서 고급 비단 대체 품목으로 각광을 받고 있다. 나일론의 연구 개발과 상품화 과정은 듀퐁사의 기적으로 일컬어지며 기초 연구의 중요성과 동시에 기업의 상품화 과정의 중요성을 대표하는 좋은 사례로 알려져 있다. 여기에는 두 사람의 유능한 연구 관리인과 한 사람의 천재적인 화학자가 관련되어 있다. 두 사람은 듀퐁사의 부사장까지 오른 슈타인(Stein)과 볼턴(Bolten)이고, 천재적인 화학자는 카로더스(Wallace Carothers, 1896~1937)이다. 슈타인의 업적은 이 사진들로 하여금 기초 연구의 중요성을 인식하게 하여 그 당시로서는 파격적인 투자를 유도하여 기초 연구팀을 형성하게 한 것이다. 슈타인은 그 당시 일반적으로 주어진 연구원의 연봉인 15,000달러의 두 배 이상이나 되는 35,000달러의 연봉 제안과 자유로운 연구 및 막대한 연구비를 제안함으로써 하버드 대학의 전임 강사였던 카로더스를 영입하는 데 성공하였다. 카로더스는 중합체 연구팀을 구성하여 당시에 잘 알려져 있지 않았던 중합 반응과 중합체를 형성하는 결합이 일반적인 분자를 형성하는 결합과 동일한지를 연구하기 시작했다. 1930년 처음으로 축합 반응에 의한 폴리에스테르 합성에 성공했으나 융점이 너무 낮아 섬유로서의 실용성이 없었다. 융점이 더 높으리라 믿은 아미드 결합으로 관심을 돌려 드디어 나일론 합성에 성공했다. 이때 슈타인은 승진하여 부사장으로 자리를 옮겼고, 그 대신 볼턴이 카로더스 팀의 연구를 관리하게 되었다. 볼턴은 슈타인과는 달리 기초 연구보다는 상용화 과정에 더 관심을 두었고 이익을 얻지 못하는 기초 연구에 회의적인 견해를 가진 관리자였다. 여기서부터 카로더스와 볼턴 사이에는 충돌이 잦아졌고 급기야 카로더스는 상용화 작업의 압력을 못 이겨 1937년 나일론의 주 특허를 제출한 지 3주 후에 필라델피아의 어느 호텔 방에서 자살을 했다. 기초 연구를 맡은 지 9년째 되는 해였다. 미국은 또 하나의 노벨상 후보를 놓친 순간이었다. 볼턴이 나일론 66을 최초의 물질로 선정하고 대량 생산과 섬유화 과정을 성공적으로 마친 후, 1938년 슈타인은 천연 섬유보다 더 질기고 가벼우며 탄력성이 좋고 아름다운 광택을 가진 이 인조 섬유를 신문에 발표하였다. 최초의 선전용 상품은 칫솔이었으나, 1940년에는 여자 양말(stockings)을 전 미국에 판매하기 시작했다. 기록에 의하면 뉴욕 시에서만 2~3시간 만에 400만 켤레가 팔렸다고 한다. 사회적으로 미국 여성들의 치맛단이 올라가기 시작하여 여자 양말이 절대적으로 필요하였으나 비단 양말은 값이 너무 비싸고 약하며, 또 전량을 일본으로부터 수입하던 비단이 세계 대전 때문에 수입이 막힌 상태여서 나일론 양말은 더욱 인기를 얻을 수 있었다. 듀퐁사는 여자 양말 한 품목으로 단 1년 만에 나일론 개발비를 회수할 수 있었고 막대한 이익을 올릴 수 있었다고 한다. 듀퐁사의 통계에 의하면 지난 50년간 200억 달러의 순이익을 얻었다고 한다. 그 후 나일론 6은 유럽에서 개발되었고, 우리나라도 1957년대 초 대구의 코롱 회사에서 생산하기 시작하였다.

8.2 초전도성

물체는 온도를 낮추면 그 물체의 특성에 따라 다른 온도(T_C : 이를 임계온도라 한다)에서 전기전도도가 갑자기 좋아져서 비저항이 거의 0이 되는 상변화를 한다. 이에 대한 연구는 1911년 네덜란드의 물리학자 오네스(M. K. Onnes)의 연구에 시초를 두고 있다. 오네스는 불활성 기체 가운데 액화점이 가장 낮은 헬리움을 액화시키는 데 성공한 후(이는 온도를 4°K까지 내리는 데 성공하였다는 뜻) 4K 근처의 온도를 측정하기 위한 극저온용 온도계 개발을 목적으로 수은저항의 온도 의존성을 조사하던 중 4.2K에서 수은저항회로에 갑자기 과전류가 생기는 것을 체험하였다. 실수려니 생각하고 주의를 경주하여 반복하여 보았으나 계속 과전류 현상이 일어나므로 이에 대한 많은 연구를 수행하여 이 과전류 현상이 실험상의 실수가 아니고 수은이 상변화를 일으켜 초전도 상태가 된 결과임을 밝혀냈다. 이후 다른 많은 물체들도 이와 같은 초전도상태가 됨을 알아냈으나 임계온도가 20K 이하여서 응용에는 극도로 제한적이었다. 이와 같은 상황에서 볼 때 임계온도 이하로 온도를 낮추려는 노력도 중요하지만 임계온도가 높은 물질을 찾든가 새로운 물질을 합성하는 것이 더욱더 합리적일지 모른다. 이러한 관점에서 많은 연구가 수행되어 1986년 IBM 취리히 연구소의 물리학자 J. G. Bednorg와 K. A. Muller는 바륨, 란탄, 구리의 산화물이 30K 근처에서 초전도성을 갖는 것을 발표함으로써 관련 학계뿐 아니라 일반인에게도 큰 관심을 끌었으며 이 업적으로 1987년 노벨물리학상을 수상하였다. 이와 같은 연구는 계속되어 1987년 초 앨라배마와 휴스턴 대학의 연구진이 이트륨 바륨, 구리 산화물의 임계온도가 92K임을 발표하였고 같은 해 후반부에는 일본과 미국의 과학자들이 비스므스, 스트론튬, 칼슘, 구리산화물(Bi-Sr-Ca-Cu-O)이 105K의 임계온도를 가짐을 발표하였고 최근에는 수은화합물의 임계온도가 150K의 높은 값을 가졌다는 보고도 있다. 이와 같은 일련의 보고들은 실온에 가까운 임계온도의 물질을 예견하게 하고 이러한 물질이 발견되었을 경우 과학적인 면뿐 아니라 실용적인 면에서도 대단한 가치를 지니고 있다. 그렇다면 초전도란 어떤 것인가? 초전도체는 ① 완전도체성, ② 완전반자성 현상, ③ 위상결맞음(phase coherence)이 있는 물체를 말한다.

8.2.1 완전도체성

각 물체는 임계온도 이하에서 전기저항이 사라져서 완전도체적 성질 나타낸다. 일반적인 전류는

$$J(t) = J_0 e^{-\frac{\epsilon}{\sigma}t}$$

가 되어 시간이 σ/ϵ가 되면 전류는 처음 전류의 $1/\epsilon$이 되어 없어진다. 이때 $t = \sigma/\epsilon$를 이완시간이라 하며 전도성이 좋으면 이완시간도 길다. 일반적으로 이 이완시간은 10^{-14}sec 정도이다. 그러나 초전도체 내부에 흐르는 순환전류의 경우 이 전류의 감쇄를 측정할 수 없을 정도로 작다. 이는 $t = \sigma/\epsilon$가 거의 무한대라는 것을 의미하며 이는 σ, 즉 전기전도도가 무한대임을 나타내며 이것은 저항이 0임을 의미하며, 있더라도 $10^{-23}\,\Omega m$보다 작을 것으로 추정한다.

한편 아무리 초전도체라 할지라도 무한정의 전류를 흘릴 수 있는 것은 아니다. 어떤 특정한 전류(I_c) 이상을 흘리면 저항이 존재하는 원래의 상태로 되돌아가기 때문에 무한정의 전류를 흘릴 수는 없다. 이때 이 특정전류 I_c를 임계전류라 하며

$$I_c(T) = I_{\infty}(1 - \frac{T}{T_c})^{3/2}$$

와 같은 온도의존성을 보이고 있다.

8.2.2 완전반자성 현상

임계온도 이하의 초전도체에 자기장을 가하면 초전도체 표면에 전류가 유도되고 이 전류에 의한 자기장이 외부에서 가해진 자기장을 상쇄시켜 초전도체 내부에 자기장을 침투시키지 않는다. 임계온도 이상에서 자기장을 가하면 자기장은 물체 내부를 침투한다. 이 상태에서 온도를 임계온도 이하로 낮추면 물체는 초전도체가 되고 내부의 자기장은 밖으로 추방되어 0이 된다. 이때 자기장 B는

$$B = \mu_0 (H + M)$$

이다. 즉 자화 M과 외부자기장 H는

$$M = -H$$

가 되어 완전반자성 상태가 된다.

이와 같은 현상이 1933년 Meissner와 Ochsenfeld에 의하여 관측되었으며 Meissner효과라 불린다. 이와 같은 효과도 외부자기장이 특정값(H_c) 이상 되면 자기장은 내부로 침투되고 초전도성은 사라진다. 이때 이 특정자기장의 값 H_c를 임계자기장이라 하고

$$H_c(T) = H(0)(1 - (\frac{T}{T_c})^2)$$

와 같은 온도 의존성을 보이고 있다.

초전도체에 임계자기장을 걸어 주면 초전도성이 파괴되어 정상상태가 된다. 이는 에너지면에서 볼 때

$$E_N - E_S = \frac{H_c^2}{8\pi}$$

의 관계가 성립되며 온도가 내려가면 단위체적당 $H_c^2/8\pi$의 에너지가 응축되어 정상 상태보다 에너지가 낮은 초전도상태가 된다.

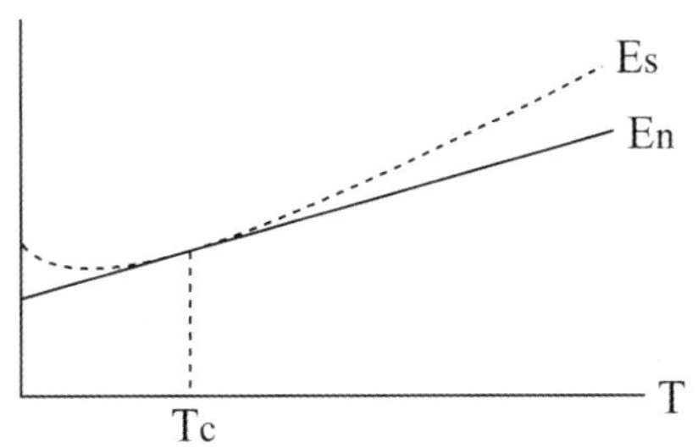

그림 8-3

8.2.3 위상의 결맞음

두 초전도체 사이에 얇은 절연체를 연결한 경우(Josephson 접합이라 함) 양편의 쿠퍼전자쌍의 파동함수를

$$\psi_i = \psi_j \exp(i_j) \quad : j = 1, 2$$

라 하면 초전도 전류밀도는

$$J = J_0 \sin(\phi_2 - \phi_1) = J_0 \sin \phi_0$$

로 주어져 외부전압을 가하지 않더라도 위상결맞음에 의하여 직류전류가 흐른다. 이와 같은 현상을 직류 조셉슨효과라 한다.

한편 조셉슨접합에 전압 V를 가하면 두 초전도체의 위상차가 변하여

$$\frac{d\phi}{dt} = \omega_j = \frac{2eV}{\pi}$$

의 관계를 만족시키고 두 초전도체의 위상차이는

$$\phi_2 - \phi_1 = \frac{2eV}{\hbar}t + \phi_0$$

가 되어 조셉슨 전류 J는

$$J = J_0 \sin\left(\frac{2eV}{\hbar}t + \phi_0\right)$$

가 된다. 이는 직류전압을 걸어 주었을 때 조셉슨접합에는 위상결맞음에 의하여 교류전류가 흐른다는 것을 의미한다. 이와 같은 현상을 교류 조셉슨효과라 한다.

8.2.4 고온초전도체의 응용

임계온도가 높은 물질이 발견되면 응용분야는 대단히 넓다. 특히 수송, 에너지 저장, 송배전, 미세신호의 검출 및 컴퓨터소자의 응용은 소멸되지 않은 전류에 의한 자기장의 응용과 자기유도에 의한 전류의 응용에 국한된다고 할 수 있다. 그 예로써 자기 부상열차를 생각하자. 초전도 자석을 갖는 열차가 도체판 위를 지날 때 부분적으로 도체판에 생기는 와전류에 의한 자기유도(Lenz의 법칙에 따름)가 열차에 장착된 초전도 자석과 같은 극끼리 마주치는 결과가 되어 서로 밀어내는 결과로 열차를 뜨게 하며 떠 있는 상태에서는 철로와의 마찰을 없애므로 빠른 속도로 달릴 수 있다.

8.3 레이저

1961년 레이저(LASER) 발진이 성공되고 Javan, Benett, Herriott 등에 의한 연속기체레이저의 성공이 알려지자 과학분야에서는 대단히 들뜨게 되었다. 왜냐하면 이와 같은 성공으로 과학소설에 등장하는 살인광에서부터 수많은 산업적인 응용은 물론이며 우주통신까지의 가능성을 예견하였기 때문이다. 이의 응용은 지난 30여 년 동안 과학, 기술발전에 대단한 영향을 미쳤다. 이와 같은 것들을 몇 개 들어 보면 프리스마 진단, Raman분광기 주파수 변조, 홀로그래피, 경성물질에 작은 구멍 만들기, 거리측정기, 유도탄 식별 및 추적 등 이루 말할 수 없이 많다.

이와 같은 현대과학기술시대에서 필수품인 이 레이저의 근본원리는 빛의 흡수, 방출 및 방출된 빛의 상보적인 간섭현상이다.

8.3.1. 빛의 흡수

원자는 허용된 전자배열의 상태로만 존재한다. 이는 임의의 모든 상태로 존재할 수 없음을 의미한다. 다시 말하면 어떤 상태는 그에 해당하는 에너지가 있어서 원자가 가질 수 있는 에너지가 제한되어 있다는 의미이다. 그림 8-4와 같이 하나의 상태에 대응하는 에너지 준위를 각각 E1, E2, …라 하자.

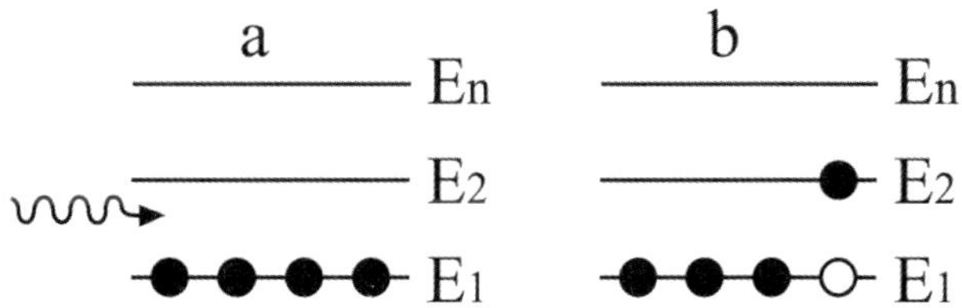

그림 8-4 광흡수

빛이 원자에 입사되면 이 빛의 에너지가 원자의 에너지준위의 차 $\Delta E = E_2 - E_1$과 같으면 흡수되어 그림 8-4의 a와 같은 상태에서 b와 같은 상태가 된다. 이 과정이 흡수과정이다. 이때 1의 준위에 있는 원자의 개수를 N_1이라 하면

$$\frac{dN_1}{dt} = -\omega_{12} N_1$$

으로 나타낼 수 있다. 이 과정은 빛의 에너지가 $E_3 - E_1, E_4 - E_1, \cdots E_j - E_1$과 같을

때도 일어날 수 있고 위 식은 ω_{12} 대신 ω_{1j}로 나타내면 된다. 여기서 ω_{12}를 흡수계수(흡수확률)라 하고 물질의 특성인 흡수단면적 σ와 광파의 프럭스 F의 곱($\omega = \sigma F$)으로 나타낼 수 있다.

8.3.2 빛의 방출

그림 8-4의 (b)는 빛을 흡수하기 전의 상태 (a)보다 에너지가 높은 상태이며 여러 개의 들뜬 상태 중의 하나이다. 이 들뜬 상태는 오래도록 지속되지 않는다. 얼마의 시간(수명)이 지난 뒤 더 낮은 안정된 상태로 되돌아온다. 이 과정에서 두 상태의 에너지 차(ΔE)에 해당되는 에너지를 $v = \dfrac{\Delta E}{h}$의 진동수를 갖는 빛으로 방출한다. 이때 낮은 상태로 되돌아오는 과정이 자발적으로 이루어질 때 이 과정을 자발적인 광방출이라 한다(그림 8-5 (a)).

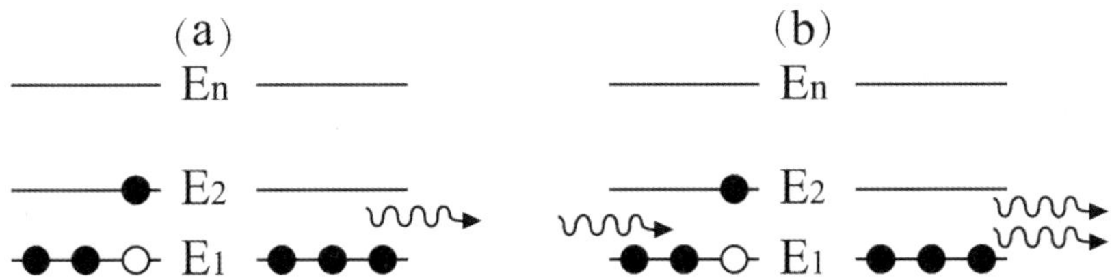

그림 8-5 광방출

그림 8-5 (a)에서 E_2준위는 자발적인 방출과정을 $\dfrac{dN_2}{dt} = -AN_2$와 같이 나타낼 수 있다. 여기서 N_2는 E_2준위의 전자를 갖는 원자의 개수이고 A는 자발적인 방출계수(확률)이다.

그리고 외부의 입사광에 의하여 들뜬상태에 있던 원자가 에너지가 낮은 안정된 상태로 되돌아가는 과정에서 빛을 방출하는 것을 유도방출이라 한다. 이 방출을

$$\left(\frac{dN_2}{dt}\right)_{\text{유도}} = -\omega_{21} N_2$$

와 같이 나타낼 수 있으며 여기서 ω_{21}은 여기천이계수(확률)이며 천이특성(σ_{21})뿐 아니라 입사광파의 프럭스(F)에도 의존하며

$$\omega_{21} = \sigma_{21} F$$

로 나타낸다.

자발적인 광방출과 유도광방출은 결과적인 면에서 큰 차이가 있다. 자발적인 광방출과정의 경우 다른 원자로부터 방출된 빛들 사이에는 일정한 위상관계가 유지되지 않으며 방향도 일정하지 않다. 그러나 유도방출의 경우는 입사광에 의하여 방출이 일어나기 때문에 방출된 빛의 위상과 방향은 입사광의 것과 일정한 관계를 갖고 있다. 따라서 이 빛은 비교적 순수한 단색의 빛으로 생각할 수 있으며 쉽게 합하여져 강한 빛으로 될 수 있다.

계가 열적으로 평형상태에 있을 때는 들뜬 상태의 원자수보다 바닥상태의 원자수가 많고 따라서 전체적으로는 및을 흡수하여 에너지를 흡수하는 경우가 된다. 그러나 반대로 들뜬 상태의 원자수가 바닥상태의 원자수보다 많으면 빛을 방출하고 에너지를 방출하는 상태가 되며 이와 같은 경우를 밀도반전상태라고 하며 이것이 유도방출에 의한 광증폭(LASER : Light Amplification by stimulated Emission of Radiation)의 기본원리를 제공해 주고 있다.

8.3.3 레이저

흡수와 방출이 공존하는 경우 그림 8-6에서처럼 광자속 다발의 변화 dF는

$$dF = \sigma F (N_2 - N_1) dz$$

로 주어진다.

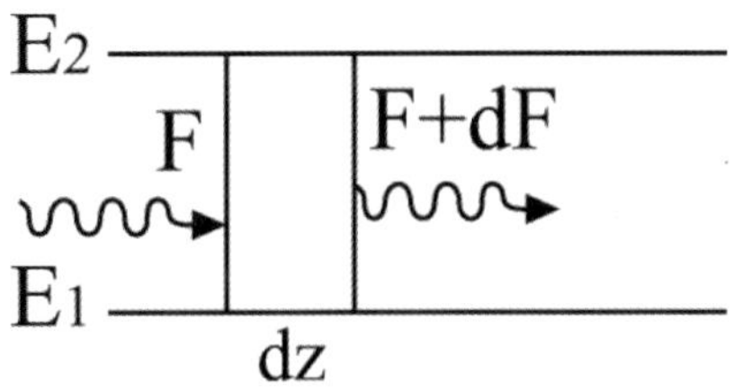

그림 8-6 광자다발의 변화

$N_2 - N_1 > 0$이면 $N_2 > N_1$이고 이때 이 물질은 $\frac{dF}{dz} > 0$이 되어 광증폭기의 역할을 한다. 그러나 $N_2 - N_1 < 0$이면 이때에는 광을 흡수하는 역할만 하게 된다. 열적으로 평형상태에 있을 때는 볼츠만(Boltzman) 통계에 의하여

$$\frac{N_2}{N_1} = \exp\left(\frac{-(E_2 - E_1)}{kT}\right)$$

의 관계를 유지하게 되고 $E_2 > E_1$인 경우 $N_2 < N_1$이므로 열평형상태에서 계는 항상 광흡수체 역할을 하게 된다. 여기서 k는 볼츠만상수이고 T는 절대온도이다. 그러나 $N_2 > N_1$인 열적인 비평형상태가 되면 이 계는 광증폭기의 역할을 하게 되고, 이때 이 계가 밀도반전의 상태가 되었다고 하고 이와 같은 계의 물질을 밀도반전가능물질이라 한다.

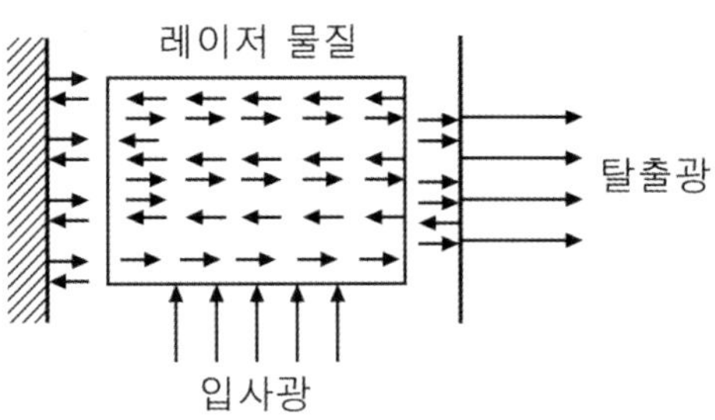

그림 8-7

증폭이 되기 위해서는 $N_2 - N_1 > 0$, 즉 밀도반전이 필요조건이다. 그러나 밀도반전만 되었다고 모든 것이 다 해결되는 것은 아니다. 우리가 필요로 하는 강도 이상의 빛을 얻어야 한다. 그러기 위해서는 계속적인 방출광의 수합이 필요하다. 이를 위하여 방출광이 자동적으로 유도광이 되고 나머지 방출광은 서로 상보적인 간섭을 할 수 있도록 하여야 한다. 이를 위하여 그림 8-7과 같은 두 개의 거울을 사용한다.

그림의 레이저물질에서 방출된 빛은 거울 1(그림의 왼쪽 : 완전반사거울)과 거울 2(그림의 오른쪽 : 반투명 거울) 사이를 왕복하면서 증폭되어 얼마 이상의 강도가 되면 밖으로 탈출한다. 이 빛이 레이저광이다. 이때에는

$$R_1 R_2 \exp[2\sigma(N_2 - N_1)l] = 1$$

의 조건이 만족된다. 여기서 R_1, R_2는 거울 1과 거울 2 사이의 반사율이며 l은 레이저물질의 길이다. 이 식을 만족하는 $(N_2 - N_1)$이 임계밀도반전값이며 이 값보다 큰 값을 가질 때는 증폭이 지속된다.

이처럼 얻은 레이저빛은 방향성, 단색성, 간섭 가능성 및 휘도에 있어서 뛰어난 값을 갖는다.

① 방향성 : 입사광에 의하여 유도방출된 빛의 방향은 일정하지 않으나 이 빛이 계속 상보적인 간섭을 통하여 증폭될 수 있는 빛은 레이저 거울에 수직인 방향의 빛이다. 따라서 레이저 거울에 수직한 방향으로의 빛만이 최후까지 남게 되어 고도의 방향성을 갖는 빛이 된다.

② 단색성 : 진동수 v인 입사빛과 $\frac{E_2 - E_1}{h} = v$인 방출빛이 간섭하여 강도가 강한 빛으로 증폭되었기 때문에 고도로 단색성이 보장된다.

③ 간섭 가능성(결맞음) : 이는 공간적인 것과 시간적인 것이 있다. 첫째 공간적인 간섭가능성은 두 점 P_1과 P_2에서의 광파를 각각 $E_1(t)$, $E_2(t)$라 할 때 이 두 파에 대한 두 위치의 위상차가 일정할 때 공간적인 간섭 가능성이 있다고 하며 임의의 한 점 P에서 두 파 $E_1(t)$와 $E_2(t)$의 위상차가 항상 일정할 때 시간적인 간섭 가능성이

있다고 하고 이 위상차가 시간 t에서 $\tau(0<\tau<\tau_0)$동안만 간섭 가능할 때 일시적인 간섭 가능성이 있다고 한다. 이때 진동수 차이는 $\Delta v \simeq \frac{1}{\tau_0}$이 되며 이것이 에너지 띠 폭의 원인이 된다.

④ 휘도 : 휘도는 단위면적당 단위입체각당 들어오는 빛의 강도로 정의되며

$$dp = Bcos\ \theta ds d\Omega$$

로 나타낼 수 있다. 여기서 P는 파우어, S는 면적, Ω는 입체각, θ는 ∞'와 면에 수직한 성분 n과의 사잇각이다. 이때 B는 θ에 무관한 물리량이며 이를 휘도(Brightness)라 한다. 레이저빛은 어떤 빛보다 더 밝은 휘도를 갖고 있다.

8.3.4 레이저의 종류

레이저의 종류는 레이저 발진물질에 따라서 분류하는 것이 보통이며 분류에 어떤 특별한 방법이 있는 것은 아니다. 그러나 여기서 발진물질의 상에 따른 분류를 하면, 고체레이저, 가스레이저, 액체레이저, 화학레이저, 반도체레이저 등 많은 종류의 레이저를 들 수 있다. 이들 레이저의 원리들은 앞에 설명한 것과 같고 이 레이저의 특징은 발진물질의 성질에 따라 다르다는 것을 여기서 말해 둔다.

8.4 새로운 물질과 재료

전자 혁명이 끝없이 지속된 80년대 이후 새로운 물질에 관한 요구가 꾸준히 늘어나고 있다. 이런 배경에서 1990년대는 '신소재 혁명'의 시대로 불리고 있다. 새로운 기능을 갖춘 소재에 대한 끝없는 요구는 1981년 유인 우주왕복선인 콜럼비아호의 발사 성공에 힘입어 우주실험이 가능하게 된 이후 더욱 고무되었다. 무중력, 고진공 등 지상과는 완전히

다른 우주공간 특유의 상태로부터 새로운 물질이 기대되기 때문이다. 예를 들어 지상에서는 중력의 영향으로 완벽한 구형의 물건이나 균일한 화합물을 만들 수 없지만 우주 실험실에서는 이들의 제조가 가능하다.

금속이 광택을 가지며 유리가 빛을 통과시키는 등 물질의 성질이 물질마다 다른 것은 물질을 이루는 구성 원자의 성분, 구조, 결합 형태 등이 서로 다르기 때문으로 알려지고 있다. 원자를 구성하는 핵은 비교적 안정하기 때문에 원자의 성질은 주로 외각전자의 수에 의해 결정되고 원자와 원자가 모여 물질을 이룰 때 어떤 구조, 어떤 상태로 결합(금속결합, 공유결합, 이온결합 등)하느냐에 따라 물질의 열적 · 기계적 · 전기적 · 광학적 성질이 달라진다. 따라서 새로운 물질을 개발하려면 반드시 불순물이 거의 없는 초고순도 재료를 가지고 그것의 조성비, 성장 시의 온도, 압력, 시간 등을 제어해야 한다. 향후 21세기를 선도하는 첨단 산업의 하나로서 기대되는 하이테크인 신소재는 종래에 없었던 새로운 기능을 가질 뿐 아니라 새로운 용도를 창출해 내는 물질을 말한다. 신소재는 구성 재료에 따라 금속계, 무기계, 유기계 및 복합계로 대별되며 기능별로는 전자재료, 자성재료, 광학재료, 열재료, 기계재료, 화학 · 생체 재료, 기타 재료 등으로 나눈다. 인공치아, 인공모발, 단백질 플라스틱 및 생물(세균)이 만들어 내는 자기물질인 바이오 마그네틱스 등 최근 연구가 시작된 재료를 제외하고 이 절에서는 대표적인 신소재인 아몰퍼스 재료, 뉴 세라믹스, 신소재 고분자, 형상기억합금, 초전도 재료, 인공 다이아몬드, 센스재료, 액정, 수소저장재료, 우주에서 만들어지는 신소재 등에 대해 살펴보기로 한다.

8.4.1 비정질 재료

금속은 상온에서 규칙적인 원자배열을 갖는 결정을 만드는데 비정질(amorphous)재료는 고온 상태의 합금을 1초 동안 10만~100만℃의 초고속으로 냉각시키면 합금의 구성원자들이 결정화할 시간적 여유가 없어 무질서한 상태로 고착화가 일어나게 되어 만들어진다. 아몰퍼스 합금은 피아노선과 같은 강도, 뛰어난 자성 및 스테인레스를 능가하는 내식성을 가지나 불길에 닿으면(대체로 400℃ 이상) 결정화되면서 고유한 성질을 잃는다. 아몰퍼스 합금은 레코드 플레이용 카트리지, 자기헤드, 메탈 카세트 테이프, 센서, 변압기의 철심 등에 이용되고 있다. 한편 아몰퍼스 실리콘과 같은 아몰퍼스 반도체는 성장시킬 수 있는 단결정 반도체 웨이퍼의 크기 한계(현재 기술로는 직경 8~10인치 정도) 때문에 대면적화를 필요로 하는 태양전지에 사용되고 있다.

8.4.2 뉴 세라믹스

세라믹스란 도자기나 타일처럼 금속 산화물인 천연의 무기화합물 분말을 성형하여 구워서 굳힌 것(소결)을 말한다. 이것에 대하여 알루미나, 지르코늄 등과 같은 고순도의 천연 산화물, 질화규소나 탄화규소 등과 같이 인공적으로 합성한 비산화물을 소결하여 종전의 세라믹스에서 볼 수 없었던 내열성(1,000℃ 이상), 내열충격성, 내식성, 내마모성 등의 뛰어난 기능을 갖게 한 물질을 정밀 세라믹스(fine ceramics)라 부른다. 정밀 세라믹스는 절삭공구, 고온공구, 자동차엔진, 가스터빈, 터보엔진, 인공뼈 등의 다양한 분야에 응용되고 있다. 세라믹스는 소결시킬 때 결정입자(grain)와 결정입자 사이의 경계면인 입계(grain boundary)의 성질에 따라 전자 재료로서의 기능이나 특성이 좌우된다. 입계의 선폭은 Å(옹스트롬) 즉 1억분의 1cm 단위이다. 이 입계의 선폭을 제어하는 원자나 분자 단위의 미세가공 기술에 힘입어 세라믹스는 정밀세라믹스의 기능 위에 전자세라믹(electronic ceramics) 기능을 추가하게 되었다. 전자세라믹스의 경우는 내열성, 내식성 등의 구조재료로서의 기능보다는 유전성, 압전성, 전도성, 자성 등의 전자재료로서의 기능을 갖는 것이 특징이다. 전자세라믹은 소형콘덴서, 열민감성 저항기, 산업용 피뢰침, 탄성파 필터, 발진자, 변압기 등에 응용된다.

한편 세라믹스의 일종인 유리에서도 신소재가 나오고 있다. 석영 유리에 산화티탄을 섞으면 뜨거운 물을 부어도 깨지지 않는 유리가 되고 소다 유리에 탄화규소를 섞으면 사람이 올라서도 깨지지 않는다.

8.4.3 신소재 고분자

플라스틱이란 유기고분자(폴리머)에 첨가제를 넣어 마무리한 혼합물이며 성형성이 우수한 소재이다. 원료인 폴리머는 탄소원자가 쇠사슬 모양으로 연결된 분자이다. 플라스틱은 열적인 성질에 따라 열가소성과 열경화성으로 나눌 수 있으며 페놀, 에폭시, 폴리에스테르와 같은 플라스틱은 가열하면 쇠사슬 모양으로 분자 사이에 다리가 생겨 그물구조를 만들어 단단하게 된다. 그물구조가 되면 식혀도 원래 상태로 되돌아가지 않고 더욱 가열하면 탄소 원자에 붙어 있던 산소나 수소가 튀어 나가 탄소만의 그물구조를 갖게 된다. 이와 같은 열경화성 플라스틱은 자동차나 정밀기계, 자석에 사용될 수 있으며 이것을 엔지니어링 플라스틱이라 부른다.

한편 전기 절연체로 알려진 유기화합물 가운데, 금속은 포함하고 있지 않더라고 상당히 높은 전기전도성을 보이는 고분자가 있다. 이것을 도전성 고분자라고 한다. 폴리아세틸렌에 요오드와 같은 소량의 불순물을 첨가하면 금속과 같은 전도성을 나타낸다. 도전성 고분자는 태양전지, 축전지, 표시소자, 기억소자, 센서 등에 널리 사용될 수 있다.

탄소섬유도 고분자 신소재의 하나이다. 탄소섬유는 폴리 아크릴로 니트릴(poly-acrylo-nitrile)이라는 고분자를 열경화시켜 제조하며 굵기가 10미트론 정도의 섬유를 뽑아 다발로 만들어 사용한다. 탄소섬유의 인장강도는 피아노선보다 훨씬 강해서 스키판이나 골프채와 같은 스포츠 용품이나 항공기, 인공위성 부품에 사용된다.

8.4.4 형상기억 합금

고온 상태의 형상을 기억하고 있어 실온 이하에서 변형하더라도 가열하면 순식간에 원래의 형상으로 되돌아가는 합금재료를 형상기억 합금이라고 한다. 형상기억 효과는 니켈-티탄 합금(니티놀)을 비롯하여 구리-아연-알루미늄 합금(베타알로이)에서 알려지고 있다. 형상기억 효과의 원리는 고온의 재료가 실온 부근까지 냉각될 때 결정구조가 변하여 마르텐사이트(martensite) 상태로 되고 이 상태에서 응력이 가해지면 원자 간 결합은 유지된 채 결정방향이 바뀜으로써 변형이 일어난다. 변형된 마르텐사이트를 가열하면 변형응력이 제거되어 원래의 모양으로 되돌아간다. 형상기억 합금은 가열에 의한 수축을 이용하여 전투기의 파이프 이음매, 자동개폐 온도창문, 방화문, 우주탐색용 안테나, 골절치료용 핀 등에 이용되고 있다.

8.4.5 초전도 재료

초전도 형상은 극저온 영역에서 물질의 전기저항이 사라지는 현상으로, 1911년 네덜란드의 온네스가 수은을 냉각시킬 때 절대온도 4.2K에서 전기 저항이 사라지는 현상을 발견하였다. 초전도 재료는 전기저항이 0으로 되기 때문에 고밀도 대전류를 전력손실 없이 흘려보낼 수 있고 코일에 전류가 흐르면 영구적으로 전류가 흐르기 때문에 큰 자기장을 얻을 수 있다. 초전도 코일에 전류를 흘리면서 다른 보통 코일을 접근시키면 이 코일에 전류가 흘러 서로 반발한다. 이 반발력은 자기부상열차에 응용된다. 초전도 현상을 나타내는 재료는 현재 1,000종을 넘어서고 있지만 실용화가 진행 중인 것으로는 니오브(Nb) 티탄(Ti)합금, 니오브-주석 합금인 Nb3Sn 등이 있으나 이들은 모두 초전도가 되는 온도가 18K 부근이므로 이 온도까지 냉각시키는 데 값비싼 액체 헬륨이 필요하다는 단점이 있다. 초전도 재료는 자기부상열차뿐만 아니라, 전력의 저장, 송전, 전자공학의 소자(조셉슨 소자: 두 초전도체 사이에 얇은 절연층으로 구성원 전자소자로서, 절연층의 두께에 따라 변화하는 전류를 지나가게 할 수 있다. 조셉슨 소자는 뇌의 자기장을 재는 뇌자계, 고속 스위칭 기능을 이용한 조셉슨 컴퓨터 등에 이용될 수 있다.) 등에 이용될 수 있지만 초전도 현상을 일으키기 위해서는 저온 냉각이 필요하다는 문제가 있다. 이 때문에 고온 초전도체에 대한 연구가 진행되었으며 구리(Cu)를 함유한 산화물에서 돌파구를 찾을 수 있게 되었다. 1980년대 후반 이트륨(Y), 바륨(Ba), 구리(Cu), 산소(O)가 1 : 2 : 3 : 7의 비율로 구성된 산화물은 90K에서 초전도체가 되는 것이 알려졌다. 이후 상온에서 초전도성을 갖는 물질을 찾기 위해 노력하고 있고 최근에 0℃(273K)를 넘어서는 물질이 보고되고 있으나 검증되지 않고 있다.

8.4.6 인공 다이아몬드

천연 다이아몬드는 지하 깊은 곳의 높은 압력과 온도 아래에서 만들어진다. 다이아몬드는 탄소의 일종이며 1,000℃에서는 약 4만 기압 이상이 아니면 안정되지 않는다. 그래서 흑연을 다이아몬드로 바꾸려면 높은 에너지 장벽을 넘어서야 한다. 인공다이아몬드는 대체로 메탄이나 알코올 등을 분해시킬 때 발생하는 래디컬을 강한 자기장에 가두어 고온, 고압인 플라즈마 상태로 만들어 성장시키고 있다. 다이아몬드는 가장 단단한 물질이므로 절삭기나 굴착기에 없어서는 안 되며 또한 열을 잘 전하는 적외선 반사방지막, 플라스틱 렌즈 코팅, 비디오 헤드 픽업 등을 비롯하여 다양한 분야에 응용되고 있다. 그러나 인공 다이아몬드의 궁극적인 응용은 트랜지스터와 같은 반도체소자를 만드는 데 있다. 다이아몬드는 실리콘과 같은 결정구조를 갖고 실리콘보다 큰 에너지 띠 간격을 갖고 있으므로 불순물을 소량 첨가함으로써 다양한 반도체 소자를 만들 수 있다.

8.4.7 센서 재료

인간의 눈처럼 미세한 빛을 느끼거나, 초음파를 감지하거나, 가스를 감지할 수 있는 센서 재료에 대한 연구의 배경은 무엇보다 이들 재료를 사용하여 만든 센서(Sensor)가 인간의 눈과 귀, 코 등과 같은 감각기관을 대신하여 정확하고도 많은 정도를 제공하여 인간 생활의 개선에 직접적으로 기여하기 때문이다. 황(S), 셀렌(Se) 및 텔루르(Te)와 같은 칼코겐 화합물에 빛이 닿으면 이들 재료의 전기 저항이 변하기 때문에 미량의 빛을 검출하는 소재로 이용된다. 물체나 인체의 표면에서 방사되는 적외선에 대한 검출은 소재로 이용된다. 물체나 인체의 표면서 방사되는 적외선에 대한 검출은 수은(Hg), 카드뮴(Cd), 텔루르(Te) 등의 화합물 반도체도 가능하며 적외선 카메라에 응용되어 군사적 · 의학적 목적으로 사용된다. 어군 탐지기, 잠수함, 의료용 진단기 등에 사용되는 초음파 센서는 납(Pb), 지르코늄(Zr), 티탄(Ti)의 산화물인 PZT 소결체 판에 고주파 전류를 흘리면 초음파가 발신되고 물체에 닿아 반사된 초음파는 PZT 판에 되돌아올 때 PZT 판이 진동하여 전압을 일으키는 현상을 이용한다. 인간보다 만 배나 뛰어난 개의 후각과 같이 미세한 냄새를 감지하는 냄새 센서의 하나로서 가스센서가 실용화되고 있다. 예로써 철이나 망간의 산화물 소결체에 가스분자가 닿으면 전기 저항이 변하기 때문에 가스를 검출할 수 있다. 대체로 가스 센서의 재료는 검출하고자 하는 가스의 종류에 따라 다양하다. 그러나 인간의 코와 같이 하자의 센서로 모든 냄새를 검출하는 센서는 아직 개발되지 않고 있다.

8.4.8 액정

MBBA(p-methoxybenzylidene-p′-butylaniline)와 같이 가늘고 긴 막대모양의 분자를 갖는 유기화합물 가운데 고체의 분자 결정상과 등방성 액체상 사이에서 어느 쪽에도 속하지 않는 중간상의 물질을 액정(liquid crystals)이라고 한다. 액정은 일반 액체와 달리 분자 배열의 규칙성에 기인하는 이방성을 나타낸다. 그러나 분자 배열의 규칙성이 3차원적으로 형성되지 않고 격자의 일부가 규칙성을 잃어 1차원 혹은 2차원적인 규칙성을 형성하고 있다. 따라서 외부의 전기적 자극에 의해 쉽게 분자 배열의 변화가 일어나며 이로 인한 광학적인 흡수나 투과가 초래된다. 이 전기광학효과를 이용한 것이 평면표시소자에 응용되고 있는 액정표시소자(liquid crystal display : LCD)이다.

8.4.9 수소저장 재료

원자의 크기가 작은 수소를 금속 수소화물과 같은 형태로 흡수, 저장하고 있다가 필요할 때에 방출할 수 있는 기능을 갖춘 재료이며 흡수된 수소의 양은 기체 상태 수소의 1,000배나 된다. 수소저장재료로는 마그네슘-니켈, 티탄-망간 합금의 경우 1kg당 193ℓ의 수소를 비교적 단시간에 저장할 수 있다. 일반적으로 수소를 흡입 · 저장할 때 냉각하고 수소가스의 압력을 높이고 방출할 때는 가열한다. 수소저장재료는 수소정제, 전지, 냉동기에 이미 적용되고 있고, 자동차나 항공기의 수소엔진 등에 곧 응용될 전망이다.

8.4.10 우주에서 만들어지는 신소재

지상에서 400km 정도 떨어진 궤도에서 비행하는 우주선 내부는 우주선의 원심력과 지구의 중력이 상쇄되어 일종의 무중력 상태를 이루고 있다. 무중력 상태에서는 공중에 물체를 띄울 수 있으며 물속에 무거운 물체를 넣어도 가라앉지 않고 물을 데워도 가볍게 되지 않으므로 대류가 일어나지 않는다. 이와 같은 무중력 현상을 이용하여 신소재를 만드는 실험을 무중력 프로세서라고 한다. 갈륨 · 알루미늄 · 인듐 · 비소 등이 화학 결합한 화합물 반도체는 초집적회로, 레이저, 양자광학 소자 등에 유망한 기능이 떨어지게 된다. 그러나 대류가 없는 무중력 프로세서에서는 균일한 결정을 키울 수 있다. 대류가 없는 무중력 프로세서로부터 지상에서는 균일하게 혼합하기 어려운 구리와 바나듐의 합금을 쉽게 얻을 수 있다. 이 합금은 자기부상열차에 사용되는 초전도재료가 된다. 이 밖에 우주 정거장에서는 초고순도의 유리섬유, 강자성체, 초소성체를 만들 수 있고 얼룩이 없는 렌즈, 초경합금, 의약품, 새로운 아몰퍼스나 유기화합물 등을 만들어 낼 수 있다. 이런 의미에서 우주는 신소재를 만드는 꿈의 공간으로 불리며 21세기에는 우주에 공장을 지어 신소재나 신약품을 만들어 내는 것이 실현될 것으로 보인다.

8.5 21세기의 과학과 기술

20세기 초반에 상대론과 양자론의 출현으로 자연과학분야에 혁명을 일으켰다면 20세기 후반에는 과학을 기초로 한 레이저, 퍼스널 컴퓨터, 신소재, 생명공학, 우주산업 등의 기술이 급속도로 발달되어 현대 사회의 모습은 몰라보게 달라졌다. 다가오는 새로운 세기에 과학기술은 더욱 발전하여 사회의 모습과 생활양식을 긍정적으로 바꾸어 놓을 것인지, 이런 물질적 풍요 뒤에 늘 뒤따르는 환경오염 문제, 핵 문제 등과 같이 미래를 위협하는 재앙을 가져다주는 무기가 될지 의견이 분분하다. 미래 사회에 대한 다양한 의견에도 불구하고 21세기는 우주, 생명, 물질, 정보통신, 환경 등과 관련된 분야에서 과학의 역할이 더욱 커질 것이라는 것에 대해서는 대체로 의견이 일치한다. 이 절에서는 정보통신 생물공학, 나노과학, 우주를 중심으로 예측 가능한 21세기 초반의 과학기술을 전망하고자 한다.

8.5.1 정보통신

21세기 초반에는 대부분의 정보통신은 광케이블망이나 이동체 통신망인 통신위성을 통해 이루어진다. 하늘에서는 통신위성이라는 정보의 초고속도로를 타고 방대한 정보량이 전송된다. 통신용량은 늘어나고 컴퓨터가 교환대 역할을 하기 때문에 통신료는 대단히 적게 들 것이다. 집집마다 비디오 전화를 갖춰 얼굴을 마주보며 통화를 할 것이며 학교의 강의, 비즈니스 상담, 병원진료, 주식거래 등이 화상회의 시스템에 의해 손쉽게 이루어질 것이다.

한편 개인의 요구에 따라 정보의 메뉴를 선택해 주는 대화형 텔레비전 시스템, 컴퓨터와 전화의 기능을 함께 갖는 개인용 전자비서(PDA)가 등장하는 등 대화형 기계의 세계가 열릴 것이다. 정보통신 분야에 응용되는 컴퓨터는 일상적인 프로그램을 운영할 뿐 아니라 데이터 파일을 저장하고 서버(server) 컴퓨터의 도움을 받아 인터넷 검색을 하는 네트워크 컴퓨터(NC)가 퍼스널 컴퓨터를 대신할 것이며 컴퓨터와 TV 기능을 결합시킨 TV 컴퓨터가 정보와 오락을 동시에 제공할 것이다. 넥타이 핀에 매달고 다니면서 통신을 수행하는 미니컴퓨터, 인공두뇌를 갖는 신경망 컴퓨터(뉴로 컴퓨터), 정보의 입력 · 연산 · 출력을 모두 전자 대신 빛이 담당케 하여 정보전달속도와 성능을 대폭 개선한 광컴퓨터 등 21세기 자연과학은 신소재 연구를 통하여 초고속 정보통신 시대에 기여할 것이다. 예를 들어 초전도 상태와 저항 상태를 0과 1 논리에 대응시켜 연상에 이용하는 조셉슨 소자, 순수한 빛으로만 계산과 정보처리가 이루어지도록 양자우물소자를 중심개념으로 한 광컴퓨터용광 집적 회로(광 IC), 시토크롬 C와 같은 생물의 호흡에 관계하는 단백질의 전기적 성질을 인공지능 컴퓨터에 적용시켜 보자는 바이오 컴퓨터와 3체 문제와 같이 해석역학으로 풀리지 않는 자연현상을 컴퓨터로 풀어 가는 컴퓨터 물리학 등의 연구가 활발하게 이루어질 것이다.

8.5.2 생물공학

20세기 생물학은 물리학과 화학에서 사용하는 양자론을 생명체의 본질에 접목시켜 생명의 신비를 분자 수준에서 해석하게 되었다. 따라서 생명과학은 생명에 대한 본질적인 욕구를 충족시켜 주면서 질병, 환경, 식량문제 등 인류의 미래를 위협하는 문제에 대한 해결책을 제시하고 있다. 특히 인류에서 해악이 되기도 하고 도움을 주기도 하는 미생물에 대한 연구가 활발하여 연구 결과를 실용화하는 생물공학이 놀랍게 발전하였다. 그 결과 기존의 유전자나 염기서열에 새로운 조합을 만들어 인위적으로 유전자를 조작하는 유전공학까지 나타나게 되어 생물공학은 21세기 연금술로서 우리 생활에 더욱 밀접하게 다가오고 있다. 미생물을 이용하는 생물공학의 첫 시도는 의약품 생산으로서 현재 약 1,200종의 항생물질이 미생물의 대사 산물로부터 발견되었다. 이들 대부분은 흙에서 자라는 방선균에서 얻는데 방선균은 의약품뿐만 아니라 환경을 파괴하지 않는 바이오 농약의 개발에 이용될 것이다. 유전자 치환 기술, 세포 융합기술 들을 통해 새로운 균주를 만드는 연구에 힘입어 영양성, 기호성, 보존성 등이 크게 개선된 식품이 머지않아 개발될 것이다. 광합성에 의해 생산된 각종 생물자원(biomass)은 대부분 탄수화물로 구성되며 이 중 99%는 미생물의 대사작용에 의해 알코올, 물과 메탄가스, 탄산가스로 분해되어 버린다. 따라서 미생물을 이용하면 각종의 바이오매스를 에너지로 바꾸어 공급할 수 있는데 그 예로 이스트(yeast)와 같은 미생물에 의해 탄수화물이 분해되면 에탄올을 얻을 수 있다. 이 밖에 메탄 생성균을 이용하여 메탄가스를 얻거나 광합성세균, 남조류 등을 이용하여 수소가스를 대량으로 얻을 수 있다. 플라스틱과 같은 난분해성 물질은 대부분 인간에 의해 합성된 인공물질이어서 자연 속에는 이것을 분해하는 미생물이 거의 존재하지 않기 때문에 환경을 오염시키는 골치아픈 물질이다. 수소세균, 질소 고정균, 토양균 등의 미생물은 폴리에스테르를 합성하여 몸 속에 저장해 두고 있다. 이런 미생물의 세포 속에서 추출된 고순도의 폴리에스테르는 180℃ 전후의 온도에서 녹아 열가소성 플라스틱이 된다. 바이오 플라스틱인 이 폴리에스테르는 자연 상태에서 분해되므로 환경문제를 일으키지 않는다. 효소와 같은 생물의 반응을 이용한 바이오 센서에 대한 연구가 활발하게 이루어질 것이지만 인간게놈계획(human genome project)과 같이 게놈(사람이 생명활동을 하는 데 필요한 모든 유전자를 가진 한 쌍의 염색체)을 형성하는 30억 쌍의 염기를 완전히 해독하여 생명현상의 전체 모습을 파악하고 암과 같은 질병의 원인을 근본적으로 밝혀내어 진단 · 치료하는 유전자 정보 분석에 대한 연구가 활발하게 전개될 것이다. 21세기에는 자연으로부터 놀라운 기능을 갖고 있는 미생물을 분리하고 인공배양시킴으로써 새로운 물질을 발견하고 응용하게 될 것이며, 이런 생물공학을 기초로 유전자를 조작하여 더욱 유용한 물질을 효과적으로 만드는 연구가 이루어질 것이다.

8.5.3 나노과학

1981년, 주사형 전자 턴넬 현미경(scanning tunneling microscope : STM)이 만들어진 후 이제 나노미터(10^{-9}m, nm) 크기의 물체를 직접 볼 수 있게 되었다. STM은 도체나 반도체 표면 위에 원자 크기의 뾰족한 탐침(probe)을 1nm 이내의 거리에 접근시켰을 때 시편과 탐침 사이의 에너지 장벽을 양자역학적으로 턴넬 통과하는 전류를 측정하여 시편 표면의 전자 밀도를 3차원적으로 그려 내는 현미경이다. 분자 하나하나를 제어하여 물체의 구조를 완벽하게 제어하거나 관찰하는 분자나노기술은 원자를 눈으로 보게 하는 등 원자세계의 정보를 제공함으로써 물질에 대한 호기심을 충족시켜 주고 있다. 현대물리학과 화학에서는 분자와 고체 내부의 원자 배열에 관련된 에너지와 구조를 컴퓨터를 이용하여 이론적으로 예측해 왔다. STM이 발명되기 전까지는 예측된 이론적인 구조가 맞는지 틀렸는지 확인하는 직접적인 실험방법이 없었다. STM은 물질의 구조를 직접 관측하게 해 줌으로써 원자나 분자 크기의 물질 세계에 대한 기존 이론에 큰 수정을 가하게 되었다. 나노 스페이스(nano space) 세계의 분자과학인 나노과학은 새로운 학문 분야로 자리 잡고 있다. 나노과학의 응용분야로는 원자조작에 의한 기억소자의 개발이 있다. 단순히 원자가 있는 곳은 1, 없는 곳은 0이라는 논리로 기억 소자를 만들 수 있는 것이다. 또한 원자나 분자를 마음대로 움직이게 할 수 있기 때문에 DNA와 같은 새로운 물질의 합성이 가능할 수도 있고, 합성된 DNA를 관측하여 DNA를 이루는 원자 하나하나의 전기적 · 기하학적 구조를 파악할 수도 있을 것이다. 나노과학은 빛의 에너지와 주파수를 분석하여 원자나 분자의 정보를 얻어 내는 레이저 분광학과 더불어 응집물리, 분자화학, 분자생물학 등에 큰 기여를 하게 될 것이다.

8.5.4 우주

21세기 초, 지상 4백60km 궤도에 4백20톤 무게의 웅장한 국제 우주정거장(international space station : ISS)이 건설되어 우주로 진출하려는 인류의 도약대가 될 것이다. 우주정거장에서는 무중력 상태가 인체에 주는 영향을 비롯하여 우주 유인 비행에 필요한 여러 실험을 수행하면서 달 기지 건설, 화성 유인탐사를 위한 징검다리 역할을 하게 될 것이다. 달

기지가 건설되면 달에서 채집하거나 가공된 물질들이 우주 공간으로 운반될 것이다. 또 우주 정거장이나 달 뒤편에 망원경을 설치하여 외계의 생명체를 찾기 위한 외계 문명 탐사 계획(search for extraterrestrial intelli gence : SETI)을 본격적으로 시작할 것이다. 화성을 비롯하여 목성, 토성 등의 태양계 행성 탐사가 더욱 가속되어 태양계와 우주의 탄생과 진화 과정에 대한 비밀을 밝힐 것이다. 21세기에는 달 도시가 건설되어 지구의 관광객이 달의 호텔에 머물고 레스토랑에서 식사를 하게 될 것이고 심장병 환자는 중력이 지구의 6분의 1밖에 되지 않는 달의 병원에서 가서 치료를 받을 수 있을 것이다. 인간이 우주로 진출하려는 데는 유한한 지구에서 늘어나는 인구에 비례하여 발생하는 식량, 자원, 에너지 문제를 우주공간에서 찾으려는 의도가 깔려 있다. 우주에서 농사를 짓고, 태양 발전기로 전기를 얻어 공장을 돌림으로써 지구 상에서 얻을 수 없는 새로운 물질을 찾아 낼 것이다. 이처럼 인간이 막대한 비용을 들여서 우주 탐사를 계속하는 데는 여러 목적이 있다. 그러나 우주의 탄생과 진화과정에 대한 비밀을 밝히는 것이야말로 자연에 존재하는 법칙과 힘과 물질에 대한 본질을 알아낼 수 있기 때문에 매우 중요하다 할 수 있겠다. 우주에 설치한 망원경인 허블망원경은 우주가 팽창하는 근거를 계속 보내 오고 있고 허블의 법칙으로부터 알려진 우주의 나이는 120억 년쯤 된다. 120억 년 전의 우주는 어떤 모습이었을까? 어떤 힘, 어떤 물질로 존재하다가 어떤 원인으로 어떻게 진화해 왔는지에 대한 답을 찾고 있는 것이다. 아직은 아는 것보다는 모르는 게 더 많은 우주의 진화에 있어서 시간과 공간의 역할, 무거운 별 주위에 공간이 휘어 빛이 빠져 나오지 못하는 블랙홀(black hole), 존재하지만 눈에 보이지 않는 물질인 암흑물질(dark matter)의 모습과 성질에 대한 명확한 답이 곧 알려지게 될 것이다. 현대 우주론의 예측에 의하면 우주의 미래에는 세 가지 가능성이 있다고 한다. 그 첫 번째는 우주가 팽창을 멈추고 언젠가 수축할 가능성이고, 두 번째는 영원히 팽창할 가능성이며, 세 번째는 영원히 팽창하지만 팽창속도가 점점 느려져서 결국 우주 팽창이 멈추게 될 가능성이다. 우주가 팽창할 것인가, 다시 수축할 것인가에 대해 아직 뚜렷한 증거는 없지만 우주 팽창속도와 물질의 밀도를 측정함으로써 우주의 진화 방향에 관련된 비밀이 곧 밝혀질 것이다. 태양 주위를 도는 지구의 방향이 하나이듯이 어떻든 자연은 위의 세 가지 방법 중 하나의 길을 선택할 것이다.

제9장

지구 역사의 새 조명

지구는 우주의 오아시스요 사람은 지구의 눈동자다. 이 눈동자가 있어서 지구는 스스로를 볼 수 있게 되었다. 최근의 과학진보는 한결 밝은 빛으로 지구 역사를 조명하여, 지구는 새로운 조명 아래 새 모습으로 나타나고 있다.

9.1 지구의 행운

우리 태양계와 같이 한 항성을 중심으로 회전하는 행성계가 생겨난다는 것은 매우 희귀한 일이다. 왜냐하면 행성계가 있고서야 우리 지구와 같은 우주의 오아시스의 존재가 가능하기 때문이다. 관측에 따르면 우주에는 두 개의 항성이 맞돌고 있는 쌍성이 많은데 우리 태양계는 어떻게 해서 태양을 중심으로 도는 행성계를 가지는 행운을 갖게 되었는가? 쌍성이 되느냐 행성계를 가지느냐의 갈림길은 주고 처음에 태양계성운이 어떤 속도로 회전하고 있었느냐에 달렸다 한다.

만일 목성이 현재보다 10배쯤 더 큰 천체가 되었더라면 태양과 더불어 쌍성을 이루었을 것이다. 그러나 우리 목성은 그렇게 되지 않았다. 지금 우리 목성은 지구를 포함하는 지구형 행성들 위에 떨어질 운석이나 혜성을 끌어당겨 거두어버린다. 지구에 미칠 재앙을 막아주는 보호의 구실을 하고 있는 것이다.

우리 태양계에서 지구를 가장 닮은 행성은 금성과 화성이지만 그것들은 바다와 대륙을 발달시키지 못했다. 대륙은 지구 특유의 왕성한 판구조운동을 거쳐서 생겨난다. 대륙지각의 상부는 '화강암질층'이라 불리는 것으로 그 대표적인 암석은 화강암이다. 금성과 화성에는 현무암과 약간의 안산암이 있으나 화강암은 없다. 금성에도 과거에는 판구조운동이 있었다는 증거가 있었다. 그러나 지금은 그것이 멎은 지 오래다. 활화산이 없음을 볼 때 판구조운동이 없음은 확실시된다.

지구가 바다를 가진 행성이 된 행운은 어디서 왔는가? 금성과 지구는 크기가 비슷해서, 이들이 만일 태양으로 지구만큼 떨어져 있었다면 금성은 지구만큼이나 호적한 환경을 가지게 되었을 것이다. 그러나 금성은 태양까지의 거리가 지구에 비해 30% 더 가깝다. 이 조건 때문에 금성의 대기는 이산화탄소가 96%나 되고, 또 그 농도가 지구의 백 배에 달하게 되었다.

지구 궤도가 만일 태양 쪽으로 5%만 더 가까이 갔더라도 지구는 물과 생명이 있는 행성이 되지 못하고 금성처럼 짙은 이산화탄소의 대기에 휩싸였을 것이라 한다.

작은 천체들의 충돌로 점차 큰 천체가 되어 가던 초기지구는 그 충격열 때문에 수증기, 탄산가스 등 휘발 성분을 방출시켰다. 그 후의 화산활동으로 휘발성분이 계속 증가하여 대기가 만들어졌다. 이러한 배기(排氣)과정에서 방출된 휘발성분의 일부는 풍화작용에 쓰인다. 풍화물은 운반 · 퇴적되어 마침내 퇴적암이 되는데 이는 휘발성분들의 고체상태로의 저장을 의미한다.

식어감에 따라 지구에는 비가 내려 바다가 생겨날 수 있었던 반면, 뜨거운 금성의 수증기는 위로 올라가 자외선에 의해 분해되어 수소는 외계로 흩어지고 산소는 산화작용으로 고갈되었다. 금성의 이산화탄소는 대기 중에만 남아 그토록 짙은 이산화탄소 대기를 만들고 말았다. 바다가 있으면 이산화탄소는 물속에 흡수되어 석회암으로 저장된다. 지구에 생물계가 있게 된 후로 이산화탄소는 석탄과 석유 속에도 저장되었다. 이렇게 저장되어 버린 까닭에 짙은 이산화탄소의 온실효과에 의한 지표의 과열은 미연에 방지될 수 있었다. 지구에게는 그런 행운이 왔다.

한편 화성은 지구보다 1.5배쯤 태양으로부터 더 떨어져 있어서 이것이 저온(-60℃)의 주원인이다. 그런 데다 무게는 지구의 1/10밖에 안 되어 휘발성분의 양이 본래부터 적었다. 화성의 빙하는 얼음뿐 아니라 드라이아이스(액화탄산가스)가 섞여 있을 것이라고 한다.

화성의 대기는 매우 희박한데 그중 95%가 탄산가스이다. 지표의 영구동토(永久凍土) 속에는 저온에 적응한 미생물이 있을 가능성이 있다.

계산에 의하면, 지구는 현재보다 1.5배쯤 태양에서 더 떨어져 있어도 바다가 유지될 수 있으나 현재보다 5% 이상 태양에 더 가까우면 바닷물은 다 증발되고 말 것이라고 한다. 이처럼 태양과의 거리는 중요한데 지구는 태양과의 적당한 거리를 가지고 태어난 행운을 받았던 것이다. 행운의 다른 한 요인은 지구의 알맞은 크기이다. 이것이 지구를 내부로부터 살아 움직이게 한 조건이다. 금성은 무게가 지구의 85%로, 지구보다 조금 작을 뿐이지만 내부의 열(熱)이 일으키는 활동은 지구보다 훨씬 미약하다. 지구는 판구조운동을 하고 갖가지 암석들을 만들어 냈지만 금성에는 그러한 다양성이 없다. 지구가 알맞은 열기관의 구실을 하게 된 까닭은 그 크기가 적당해 알맞은 양의 열을 간직할 수 있었기 때문이다.

지구 상에는 풍화, 침식, 운반, 퇴적이라는 퇴적과정이 활발하고 그 산물인 두꺼운 퇴적층이 특징인데 퇴적과정이나 퇴적층은 모두 물 덕분에 생겨난다고 해도 과언이 아니다. 높은 것은 깎이어 낮은 곳을 메우는데 유수가 이 일을 거의 다 담당한다. 산과 고지는 끊임없이 침식되고 그 침식물이 퇴적층을 만드는 까닭에 지구표면에서 가장 쉽게 만날 수 있는 암석은 퇴적암이다. 퇴적암으로 굳어지기 전의 상태가 퇴적층인데 이것 없이는 농업을 생각할 수 없다. 퇴적층은 육지보다 해저에 더 많이 쌓이게 마련이며 특히 대륙 주변의 해저에 가장 두껍게 퇴적된다. 대륙붕의 두꺼운 퇴적층은 대개 조산운동이라는 극적인 종말을 겪는다.

조산운동을 겪은 땅은 대륙의 일부가 된다. 그리하여 묵은 조산대는 대륙 안쪽에 있고 대륙 변두리로 갈수록 젊은 조산대가 있게 되어 간다. 대륙은 왜 해수면 위에 솟아 있고 해저는 왜 바다 밑으로 처져 있는가? 대륙을 구성하는 암석이 가볍기 때문이다. 대륙이 없다면 전 지구표면은 바다로 덮였을 것이다. 현재와 같은 인류의 존재는 대륙이라는 무대가 있고서야 가능함은 물론이다. 대륙을 떠나서는 인류를 생각할 수 없다. 그리고 대륙이란 것은 바다가 있는 지구에만 있는 것이다. 생각할수록 오묘한 것이 지구이다.

9.2 초기 지구사

38억 년쯤의 방사능연령을 보이는 변성암들은 지구 상에서 가장 오래된 암석으로서, 서부 그린란드의 이수아(Isua)라는 곳에서 처음 발견된 이래 북미의 남서 미네소타와 북부 캐나다, 남아프리카, 동부 남극대륙 및 동인도 등지에서도 발견되었다. 이들은 보존된 최고(最古)의 암석인 동시에 최고의 대륙지각의 유물들이다. 이수아의 지층은 본래 퇴적암이던 것이 변성된 편마암이 대부분이다. 그러므로 그 이전에 이미 오늘날과 흡사한 퇴적과정이 있었음을 알 수 있다. 그때의 퇴적암이 남아 있다면 그것이 최고의 암석일 터인데 호상철광층이라는 퇴적암은 본래의 모습을 간직한 채 변성되어 편마암 속에 끼여 있다. 현재 남아 있는 최고의 암석은 호상철광층이다(이에 대해서는 후술할 것이다). 편마암은 변성되어 본래의 퇴적암의 모습이 거의 다 없어져 버린 암석이다.

광물은 암석보다 더 오래된 것이 남아 있다. 방사능 납을 함유하는 광물 저콘은 정확한 연령을 측정할 수 있는 광물인데 근래 호주 기타 몇 곳에서 42억 년 된 저콘 입자들이 발견되었다. 이 광물은 화강암과 같은 대륙지각 특유의 암석에서 부성분으로 발견되는 것이기 때문에 42억 년 전에 최초의 대륙지각이 생겨났었다는 증거가 된다. 그 대륙은 생기자마자 마그마의 바다에 휩싸여 파괴되고 말았으리라. 암석은 파괴되어도 그 광물은 42억 년 때의 결정을 그대로 유지했기 때문에 그 연령을 보여 주는 것이다. 그 후로도 4억 년쯤이나 마그마의 바다는 지속되었던 것 같다. 38억 년 전의 시기가 되어서야 대륙 암석의 영구보존이 가능하게 되었으니 말이다.

대륙이 생겨나기 전의 지구는 해양판들만으로 덮여 있었다. 이 판들이 빠른 속도로 섭입(攝入)되면 갓 생겨난 가벼운 암석들마저 맨틀 속으로 끌려 들어가 버리기 때문에 대륙지각을 만들 물질이 모이기가 어려웠을 것이다. 30억 년 이전의 지구는 아직 열이 덜 식은 상태여서 해저확장의 속도가 컸다. 섭입작용이 밑으로 끌고 가는 힘보다 안산암이나 그보다 가벼운 암석의 부력이 더 클 만큼 섭입속도가 느려졌을 때부터 대륙지각은 빨리 형성했다. 대륙지각의 연령은 대개가 28 내지 18억 년의 범위에 있으므로 이 10억 년 동안에 대부분의 대륙지각이 만들어졌음을 알 수 있다. 대륙지각 위에는 해양지각이 일부 튕겨 올라와 있는 경우가 있다. 그런 예외적인 경우를 제외하면, 해양지각은 결국 섭입대에서 맨틀로 들어가고 마는 까닭에 지금의 해양지각의 나이는 0에서 2억 년쯤이다.

표 9-1 지질시대표(숫자는 해당 시대의 시작을 백만 년 단위로 표시한 것임.)

기(紀, Period)	세(世, Epoch)	시작
제4기(Quaternary)	현세(現世, Holocene)	0.01
	갱신세(更新世, Pleistocene)	1.64
제3기(Tertiary)	플라이오신세(Pliocene)	5.2
	마이오신세(Miocene)	23.3
	올리고신세(Oligocene)	35.4
	이오신세(Eocene)	56.5
	팔레오신세(Paleocene)	65.0

대(代, Era)	기(紀, Period)	시작
신생대(新生代, Cenozoic)	제4기(Quaternary)	1.64
	제3기(Tertiary)	65
중생대(中生代, Mesozoic)	백악기(白堊紀, Cretaceous)	145.6
	주라기(Jurassic)	208
	삼첩기(三疊紀, Triassic)	245
고생대(古生代, Paleozoic)	페름기(Permian)	290
	석탄기(石炭紀, Carboniferous)	362.5
	데본기(Devonian)	408.5
	실루리아기(silurian)	439
	오르도비스기(Ordovician)	510
	캄브리아기(Cambrian)	543
원생대(原生代, Proterozoic)		2500
시생대(始生代, Archean)		3900
명왕대(冥王代, Hadean)		4600

학자들은 40년 전까지는 해양분지가 태초로부터 그대로 있어 왔다고 생각했었다. 그러나 지금은 아무리 찾아보아도 가장 오래된 해양지각이 2억 년 정도밖에는 안 된다. 그렇지만 대륙지각은 나이가 많고 특히 대륙 중앙부에 가장 오래된 부분이 있다. 지구 생성 이후 39년 전까지의 7억 년간은 암석이라는 지질기록이 남아 있지 않은, 따라서 지질학적 방법을 적용할 수 없는, 말하자면 지구가 하나의 천문학적 천체였던 기간이므로 그 시대를 명왕대

(冥王代, Hadean)란 이름으로 따로 부르자는 유력한 안이 있다. 캄브리아기 이전을 25억 년 전을 경계로 그 이전의 시생대(始生代)와 그 후의 원생대(原生代)로 나눈다(표 9-1). 명왕대는 뜨거운 마그마 바다의 시대요 운석이 자주 떨어지던 험한 시대였다.

그린란드 이수아의 38억 년 된 편마암 중에는 이른바 호상철광층(Banded Iron Formation, 흔히 BIF라 함)이라는 퇴적암이 끼여 있는데 이것은 38억 년보다 더 오래된 것이며 현재 남아 있는 최고의 암석이다. BIF는 1 내지 수 mm 두께의 처트와 산화철 박층이 반복 교대해서 쌓인, 두께 백 내지 천 m의 퇴적층인데 각각의 얇은 층을 따라가면 수백 km 이상 갈 수 있는 매우 특이한 지층이다(25억 년이 시생대와 원생대의 경계임). 그러나 38억 년 이상된 것이 있음은 이미 말하였다. 17억 년 전의 시기에 이르면 그 퇴적은 급격히 감소한다. 현재에는 전혀 퇴적되지 않고 있다.

9.3 판구조운동

지구핵을 덮고 있는 맨틀은 지하 깊은 곳이기 때문에 사람이 가 볼 수 없지만 거기서 나온 감람암이라는, 색깔이 검고 무거운 암석은 드물지만 만날 수 있다. 맨틀은 고온이지만 고압이므로 고체와 강체의 상태에 있으나 어떤 부분은 용융하는 수가 있는데 실은 비교적 가벼운 성분들만이 녹는 이른바 부분용융을 한다. 맨틀로부터 부분용융된 광물성분들이 모이면 현무암 마그마가 된다. 중앙해령이라 부르는 해저산맥에는 복판에 열곡이 있는데 이 열곡을 따라 현무암 마그마가 해저로 분출하기도 하고 그 아래에 관입하기도 한다. 그 일이 계속되면서 점차 해양지각이 만들어지는 까닭은 관입 분출하는 것만큼 양쪽 해저지각이 서로 반대방향으로 떨어져 나가기 때문이다. 중앙해령 양쪽의 해양지각은 시간이 흐름에 따라 서로 멀어지게 마련이다.

맨틀은 탄성파를 전달하는 강체이지만 아주 느린 대류(對流)를 일으키는 점성체이기도 하여 해저확장은 맨틀대류 위에서 진행된다. 대류 위에 실려서 피동적으로 이동하는 고체는 지각을 포함하는 암권(lithosphere)이다. 현무암으로 된 해양지각을 위에 둔 해양암권은 마침내 섭입대(帶)에서 맨틀로 되돌아가는 섭입(subduction)이라는 과정을 겪는다. 이와 같이 해양암권은 생성과 소멸의 순환을 하는데 이것이 이른바 해저확장(sea-floor spreading)이다. 이는 해저지각을 끊임없이 갱신시키는 과정이므로 해저갱신(更新)이라고도 한다. 온 지구를 덮은 암권은 다수의 조각, 즉 판(板) 혹은 지판(地板)으로 갈라져 상대적 운동을 하면서 여러 가지 지질현상을 일으키므로 지구조적인 측면을 말할 때에는 판구조운동(plate tectonics)이란 말을 쓴다. 현 지구 상의 동 아프리카 열곡대에서와 같이 땅이 기다랗게 융기하면서 그 복판에 열곡이 생기면 그것은 해저확장의 첫 단계이다.

마침내 그 열곡은 현무암이 분출하거나 관입하는 자리가 되면서 차츰 '열려(open)' 바다가 침입하고 해저에는 해양지각이 생겨난다. 이렇게 생겨난 바다는 마침내 대양이 되었다가 결국은 다시 닫히는 과정을 겪는다. 대양분지의 가장자리에 생긴 대륙사면의 끝은 언젠가는 꺾이어 해양판이 대륙암권 밑으로 들어가 버리는 이른바 섭입의 과정을 겪는다. 마침내 해양지각이 다 소모되면 두 대륙은 충돌하여 합체된다. 지구 내부의 열대류는 관성이 있기 때문에 대륙이 맞닿는 순간 깨끗이 멎을 수 없으므로 맹렬한 압력으로 충돌하는 것이다.

흔히 해수면 위에 있는 면적을 대륙이라 일컫지만 지질학적으로는 대륙지각의 땅덩이가 대륙이다. 대륙사면은 그 경사 때문에 해저 사태가 자주 일어나서 대륙붕 끝에는 터비다이트라는 두꺼운 해저사태층이 쌓인다. 또 해양지각에는 원양성 퇴적물이 쌓인다. 이 퇴적물들은 가볍기 때문에 해양지각에 끌려 맨틀 속으로 들어가는 양보다는 마치 밥주걱에 밥이 긁히듯이 긁혀 대륙붕 끝에서 대륙에 부가되는 양이 더 많다. 그것이 부가체(附加體)를 이루는데 이것을 단면에서 보면 섭입대의 경사로 인해 삼각형의 모양을 갖기 때문에 전체로는 프리즘 같다 하여 흔히 '부가 프리즘(accretionary prism)'이라고 부른다. 일본 땅의 거의 전부는 고생대 말 이래, 특히 주라기의 부가체임이 근래 알려졌다. 대륙들이 서로 충돌할 때는 대륙과 대륙 사이 부가체와 대륙붕 퇴적물이 끼여 격렬한 습곡을 받는다.

두 대륙이 모여서 하나가 될 때 그 접촉면을 봉합대(suture zone)라고 하는데 봉합대 양쪽 땅은 횡압력을 받아 파괴되면서 위로 부풀어 오른다. 부풀어 오른 부분은 침식을 받지만 부풀어 오르는 속도가 더 크기 때문에 산맥이 되는 것이다. 산맥은 계속 솟는 한편 그 막대한 짐 때문에 밑으로 맨틀을 누르면서 침강하기도 한다. 그리하여 이른바 산맥의 뿌리가 된다. 더 간단히 말하면 수평방향으로 충돌된 두 대륙은 수직방향으로 팽창한다.

대륙지각의 평균성분은 화강암과 안산암의 중간쯤이다. 안산암은 그 성분이 현무암과 화강암의 중간인데 그것은 섭입대를 밑에 둔 대륙 변두리에서 생겨나고 있다. 섭입대(帶)에서 맨틀로 섭입한 현무암질 해양지각은 지하 150km쯤에 이르면 수분을 뱉아낸다. 그 물은 광물의 용융점을 낮추는 묘한 작용을 하기 때문에 부군의 암석은 쉽게 부분용융을 할 수 있다. 그때 생겨나는 것이 안산암이다.

지질시대의 경과에 따라 차례로 이러한 안산암대가 더 많이 생겨나서 대륙은 점점 커진다. 이처럼 물은 대륙의 형성에 이바지한다. 감람암에서 현무암이 뽑혀 나오고 현무암에서 안산암이 뽑혀 나오며 안산암에서 유문암 혹은 화강암이 뽑혀 나오기 때문에 세월이 흐름에 따라 점점 가벼운 암석이 많이 생겨나고 위로 모여서 대륙이 된다.

안산암의 부스러기로 된 퇴적암을 포함하는 여러 가지 퇴적암의 평균 성분은 안산암과 화강암의 중간쯤임이 알려져 있다. 현재의 지하증온률(地下增溫率)은 100m 지하로 내려감에 따라 섭씨 3도씩 증가한다. 지하로 갈수록 더 고온이 되는 것이다. 조산운동이란 압력을 주는 운동이므로 압력이 열로 전환된다. 조산운동을 겪는 동안 대륙붕과 그 위의 퇴적물은 아래로 구겨 박히면서 높은 지열로 용융되어 마그마가 된다. 대규모의 마그마 덩이는 점성을 가졌고 비교적 밀도가 낮아진 상태이기 때문에 부력을 가지므로 위로 천천히 움직이다가 지하에서 식으면 화강암류(類)가 된다. 산맥의 윗부분이 침식되면 산맥은 이러한 화강암의 저반(底盤)을 드러낸다. 히말라야나 알프스 같은 신생대의 젊은 산맥들은 아직 충분히 침식되지 않았으나 중생대나 고생대의 산맥들은 모두 화강암의 산(山)뿌리를 헤집어 보여 준다.

9.4 최초의 생물

1920년대에 Opalin과 Haldane은 각각 독립적으로 생명 기원설을 발표하면서 '생물 이전(prebiotic)'의 '유기물 국물(organic soup)'로 된 원시 해양을 가정했다. 그 바닷물에는 아미노산과 같은 탄소화합물이 걸쭉히 용해되어 있어서 그 속에서 화학적 결합이 진정되어 생명체가 탄생했으리라는 것이었다. 이 가설은 유레이-밀러의 실험으로 실증되는 듯했다. 1953년 유레이와 밀러는 원시 대기의 성분이라 생각된 메탄(CH_4), 암모니아(NH_3), 수증기 및 수소를 섞어 넣은 실험장치 안에 전기방전으로 인공 번개를 일으켜 에너지를 가한 결과 아미노산을 얻었다. 아미노산은 생명체의 기본물질인 단백질의 원료이므로 이 실험은 원시지구에 생명이 생겨난 과정의 첫 단계 재연이라고 생각되었다.

그런데 최근에 와서는 생명의 기원 문제에 새로운 지평이 열렸다. 1977년 이후 심해저의 중앙해령이나 해저화산의 정상에서 무수한 '검은 분연공(噴煙孔 : black smoker)' 혹은 더 전문용어로 '해저 열수공(熱水孔 : hydrothermal vent)'이 발견되었는데 이들은 광물질의 뜨거운 수용액인 열수(熱水)를 시커멓게 내뿜는다. 열수공 위에는 화학합성을 하는(chemosynthetic) 박테리아의 거대한 떼가 있고 그 주위의 바다는 가히 '생명의 국물'이라 할 만하다. 이 걸쭉한 바닷물의 열수(熱水) 박테리아는 유황을 이용하여 신진대사를 하고 중금속을 소화한다. 이는 세균을 포함하는 모든 생물이 단백질로 신진대사를 하는 것과는 전혀 다르다. 핵산과 유전자의 구조도 가장 원시적이다. 그리하여 원균(archaea 혹은 archaebacteria)이란 새로운 부류에 이들을 귀속시켜 세균(eubacteria)과 구별하게 되었다. 원핵생물(세포 핵막이 없는 따위)이 이제 원균과 세균으로 나뉘게 된 것이다. 원균은 전 지구 생물량(量)의 20%에 달한다고 한다.

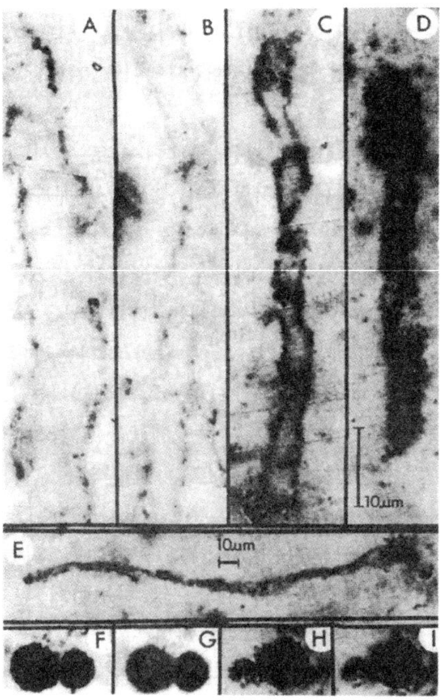

그림 9-1 호주 서부의 35억 년 된 와라우나(Warrawoona)층군의 흑색 처트의 박편에서 발견된 남조박테리아 미화석들(E 외에는 모두 D의 크기 표시가 적용됨)

지금까지 발견된 가장 오래된 화석은 호주의 35억 년 된 지층에 보존된 '남조 박테리아(cyanobacteria)'이다(그림 9-1). 이들은 박테리아나 남조와 더불어 이른바 원핵(原核)생물이다.

그 밖의 모든 생물은 진핵(眞核)생물(eucaryots)이다. 후자는 세포의 핵이 핵막을 가졌지만 전자에게는 핵물질은 있어도 핵막이 없다. 발단된 핵을 가지게 되면서 생물은 유성생식을 하게 되어 생물계에 다양성이 있게 되었고 고등한 생물로의 길이 트였던 것이다. 원핵에서 진핵으로의 진화는 생명 기원 이후의 최대의 진화이다. 원핵생물(procaryots)은 낭자(囊子, cyst)를 만들지 않는다. 그런데 아크리타크(acritarch)라는 단세포식물은 낭자가 두꺼운 유기질 벽으로 둘러싸인 극히 단순한 것으로 그 화석기록은 21억 년 전까지 거슬러 올라가며, 이것이 현재까지는 화석으로 남은 최초의 진핵생물이다. 진핵생물인 조류(藻類)는 15억 년 전쯤에야 그 화석을 남기고 있다.

9.5 에디아카라 동물

호주에서는 최초의 생물인 남조박테리아의 화석 등 많은 최초의 것들이 발견되었고 최초의 다세포동물인 에디아카라 동물군도 거기서 발견되었다. 후생동물이라고도 부르는 다세포동물이 생겨나기 전에 먼저 단세포동물로서 존재했을 것처럼 생각되기 쉬우나 그것을 뒷받침할 만한 화석 기록은 없다. 아예 처음부터 동물은 다세포로서 시작했을 가능성이 있다.

원생대 말의 동물 화석 무리가 서남 아프리카의 나미비아에서 처음 발견된 것은 20세기 초엽이었다. 호주의 에디아카라 언덕에서는 그보다 훨씬 후에 발견되었으나 활발히 연구되면서 에디아카라 동물군(Ediacara Fauna)이라는 이름을 가지게 되었다. 세계 곳곳에서 같은 따위가 속속 발견되어 지금은 거의 모든 대륙에서 그 화석 무리가 나오고 있다. 최근에는 연대(年代)의 연구가 상세히 되어 그들의 출현이 약 6억 년 전이라는 것을 알았다. 그들은 차츰 종류가 다양해져 가다가 원생대 최후의 시기, 곧 5.5억 년 전부터 약 500만 년 동안 가장 번성했다. 그 후 급격히 쇠퇴하여 캄브리아기 특유의 동물군과 교대한다.

에디아카라 동물군은 해저의 모래 바닥에 남긴 몸의 흔적들 곧 인상(印象) 화석들만이며 광물질이나 기타 굳은 껍질이 없다. 몸의 크기는 10cm 이하인 것이 많으나 1m 이상 되는 것도 있다. 내장의 흔적이라 주장된 것이 있으나 확실치 않고 '입과 항문이 없으며 내장도 없다'는 학설이 유력하다. 납작한 몸을 가진 것으로 미루어, 아마도 이들은 바닥(퇴적면)에 엎드려 살면서 혹은 엎드려 사는 종류가 아닌 경우에도 전신(全身)으로 양분을 흡수했던 것 같다.

지금까지 수천 점의 화석이 채집되었지만 상처를 입거나 찢긴 채 발견된 것은 없다고 한다. 아마도 다른 동물을 잡아먹는 포식(捕食)류가 아직 없었던 것 같다. 동물들이 활발히 운동했다는 증거는 없다. 대개 중력과 해수의 요동에 몸을 내맡겨 피동적으로 살고 있었던 것 같다. 모든 후생동물들이 그렇듯이 유성생식을 했을 것임은 물론이다.

오늘날의 해저에서 골각 없는 동물이 모래 바닥에 그 자국 혹은 인상을 마지막까지 남길 수 있는 예는 극히 드물다. 에디아카라 동물이 그들의 인상을 고스란히 남기게 되었던 것은 그들을 먹어치울 부식(腐食)류나 모래바닥을 교란시킬 동물들이 아직 생겨나지 않았기 때문이다. 그들은 죽은 후에도 모래 해저에 충분히 오래 누워 그들의 흔적을 남길 수 있었던 것이다. 육식류 없이 느긋하게 살 수 있었다 해서 '에디아카라 낙원'이란 말이 있다.

그러나 낙원이라는 이름에 걸맞지 않은 점이 하나 있었으니 그것은 공중에서 침투하는 자외선을 피하여 최소한의 수심 아래에서 살아야 했다는 점이다(라고 학자들은 생각한다). 그때는 아직 대기 상층에 오존층이 형성되지 않았기 때문에 자외선이 지상에 마구 침투했다. 그래서 깊이 10cm 이상 되는 해저에 살아야 했다는 것이 학자들의 해석이다. 퇴적물의 성질은 그들이 어느 정도 수심이 깊은 해저에만 살았다는 것을 말해 준다.

동물 생리의 기본 원리를 연구하는 학자들은 동물이 조직과 기관을 운영하려면 최소한의 산소가 필요하다고 한다. 왜 다세포동물이 원생대 말에 와서야 생겨났는가? 대기와 해수 중의 산소의 농도에 해답이 있다는 것이 얻어진 하나의 컨센서스이다. 원생대 말에 이르러 대기중의 산소 분압이 현재의 1~3%에 이르게 되어 비로소 다세포 조직 동물의 신진대사가 가능해졌다고 추측한다.

에디아카라 동물의 연구는 오랫동안 오지리 출신의 호주 고생물학자 글래스너(Glaessner) 교수가 주도했는데 그와 후진들은 화석들을 될 수 있는 대로 기지(旣知)의 동물류에 연결시키려 노력하였다.

글래스너 교수도 에디아카라 동물 가운데는 캄브리아기나 그 후의 어떤 종류와도 다른 낯선 동물들이 있음에 주목했다. 그러나 그러한 견해를 극도로 발전시킨 학자가 독일 출신의 예일대학 교수 자일라커(Seilacker)이다. 그는 에디아카라 동물이 기지의 어떤 생물류에도 분류할 수 없는, 동물도 식물도 아닌 독특한 생물계(그는 Vendobionta라 불렀다)라는 견해를 내놓았다. 진화의 시행착오 과정에서 에디아카라 동물군은 말하자면 막다른 골목에 다다르고만 하나의 거대한 실패작이라는 이야기다. 자일라커에 의하면 그들은 후손을 남기지 못했으며 캄브리아기의 동물군은 에디아카라 동물군과는 전혀 별개의 것이다.

9.6 캄브리아기 폭발

동물이 골각(骨殼)을 가지기 시작하는 한 시대에 대하여 캄브리아기(紀)라는 이름이 붙여졌는데 근래 알려진 대로는 그 시대의 시작은 약 5억 4천만 년 전이다. 이 시점 이전을 선(先) 캄브리아 시대라 한다. 지구 상에 생물이 생겨나서 수십 억 년 동안 그 존재란 오직 박테리아와 말(조류) 따위와 같은 하등식물뿐이었다. 생명은 그러한 미미한 존재로서 수십억 년을 끌어 오다가 약 6억 년 전에 에디아카라 동물군이 생겨나기는 했으나 실패로 끝났다. 사람을 포함하는 오늘날의 동물계를 보면서 시간을 거슬러 그 선조를 찾자고 하면 그 문제는 바로 캄브리아기의 시작이 언제냐 하는 문제와 대등하다. 왜냐하면 지금의 동물계의 원형이 캄브리아기 초기에 마련되었기 때문이다.

캄브리아기 초기에 동물계는 극히 빠른 속도로 종류가 다양해지므로 '캄브리아기 폭발(Cambrian explosion)'이라는 별명이 붙었다. 그 시기에 동물계가 폭발적으로 진화했다는 뜻이다. 동물계의 가장 큰 분류 단위는 문(門)인데 현생 동물은 학자에 따라 20 내지 30개 문으로 분류된다. 그러나 어떤 학자에 의하면 캄브리아기 전기(前期) 동안 출현과 소멸을 거듭한 모든 동물을 분류하자면 약 100개의 문을 설정해야 한다. 문이란 원형 혹은 기본 설계인데 그것들은 대개 시행착오로 끝났지만 3분의 1은 후손을 남길 수 있었다는 뜻이다. 그 3분의 1 속에 현생 동물문의 거의 모든 문들이 들어 있다. 현재의 동물계의 원형이 그때 마련된 것이다.

이러한 폭발적 진화는 동물들의 상당한 부분이 광물질의 굳은 껍질을 가지게 됨과 동시에 이루어졌으므로 둘은 서로 관련이 있다. 껍질은 외적(外敵)으로부터 몸을 보호하는 장치이니만큼 포식자(predator)의 출현에 대한 반응이기도 하다. 캄브리아기 동물들은 에디아카라 동물들보다 더 얕은 해저에서 살 수 있었는데 이는 껍질이 자외선을 막아 주어서 가능했을 것이다.

캄브리아계(系)는 맨 먼저 영국의 북웨일즈 지방에서 연구되었고 명명되었다. 웨일즈 사람들을 로마인들은 캄브리아라 불렀다. 이곳에서는 삼엽충 화석이 나기 시작하는 층준부터를 캄브리아계라 하면 될 것처럼 보였으므로 옛날에는 세계적으로 삼엽충이 출현하는 층위부터를 캄브리아기 지층이라 했다. 그러나 근래에 와서는 현미경으로 보아야 잘 보이는 작은 무척추동물도 연구하게 되었고 또 보다 완전한 지층을 세계 곳곳에서 찾아서 상세한 층서학적 연구를 한 결과 삼엽충이 생겨나기 훨씬 전에 패각(貝殼)을 가진 1mm 내지 수 mm 크기인 소위 '소형 패각 화석(small shelly fossils)'의 동물이 먼저 살았음을 알게 되었다.

웨일즈 지방의 캄브리아계는 지층이 불완전한 데다 화석이 드물어 하부경계를 설정하기가 곤란하다는 것이 오래전부터 알려졌다. 이 경계의 표준이 될 만한 곳을 찾아 오랫동안 연구한 끝에 1970년대에는 시베리아의 토모티안(Tommotian)이라는 지층을 캄브리아계에 추가해야 한다는 생각이 수용되어 1990년대 초까지는 토모티안을 캄브리아계의 최하부로 인정했다. 그러나 지금은 그 바로 아래에 있는 지층(Nemakit-Daldyn)까지를 캄브리아계에 넣자는 것이 학자들 간의 우세한 중론이다.

캄브리아기의 시작을 그렇게 정했을 때 절대연령이 얼마냐 하는 것은 큰 문제였는데 지금은 5억 4천3백만 년 전임을 알게 되었다. 서남 아프리카의 나미비아, 시베리아 레나강 유역 등지에서 그런 수치가 얻어졌다. 화석을 가지고 캄브리아기 최초의 지층을 알아 놓은 다음 거기서 화산암을 찾는다. 화산암 속의 저콘이라는 광물은 그 화산암이 쌓인 연대를 정확하게 알려 준다. 우라늄과 납의 비율에 의한 연대측정법을 써서 그 연령을 얻었는데 현재로서는 이 방법이 최선을 연령측정법이다.

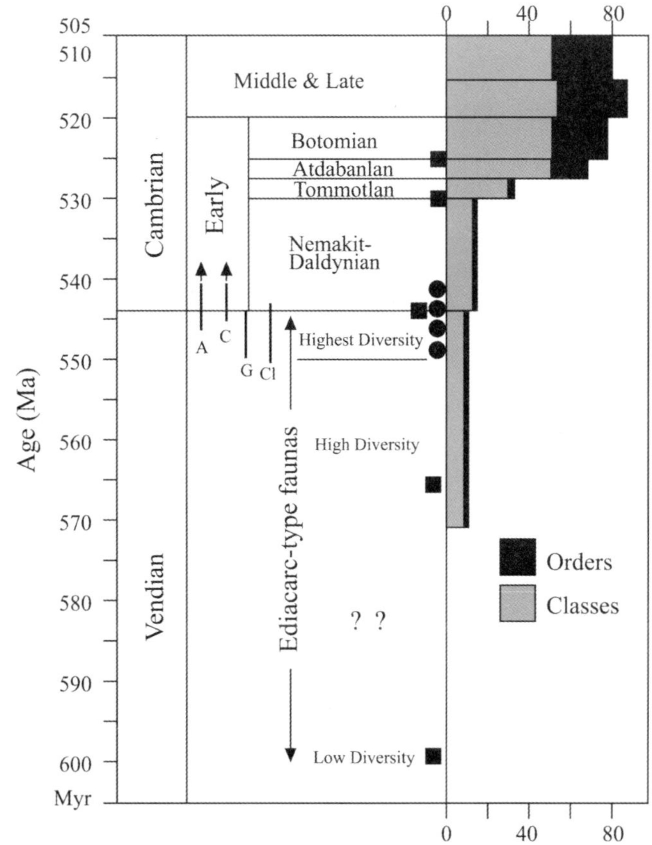

그림 9-2 캄브리아기와 선캄브리아기 말의 지질연대표. 1995년 10월 27일자 미국학술지 『SCIENCE』지에서 따온 그림이다. 저자 그로칭거(J. P. Grotzinger) 외 다수는 아프리카 나미비아 남부에서 캄브리아기 초와 선캄브리아기 말의 지층을 세밀히 조사 · 연구하고 그 경계가 5.43억 년 전임을 알아냈다. 에디아카라 형(型) 동물이 약 6억 년 전에 출현하여 선캄브리아기 최말기에 가장 번성하고 종류가 많았음을 구명했다. 흑색 점들(원이나 사각형)은 우라늄-납 연령측정 결과이다. 우측은 셉코스키와 나르본느에 의한 당시의 목(目)과 강(綱)의 수이다. A는 *Anabarites*, C는 *Cambrotubulus*, Cl은 *Cloudina* 그리고 G는 굽이 있는 술잔 모양(goblet-shaped)의 화석들이다.

캄브리아계 최하부인 네마키트-달딘 조(組, stage)에는 소형이면서 연체의 무척추동물이 살고 있었음을 그 흔적화석을 통해 알 수 있다. 연체의 소형 무척추동물보다 조금 뒤져서 광물질 껍질의 소형패각류가 네마키트-달딘 시기에 이미 출현하여 토모티안 시기 동안에는 상당히 번성한다. 그들은 1mm 내외 또는 수 mm의 가장 원시적인 무척추동물로서 몸의 형태는 칼날, 뚜껑, 각추(角錐), 모자, 컵 등이었다. 연체의 소형 동물류와 껍질 있는 소형 동물류는 에디아카라 동물군과는 아주 딴판인 동물들이지만 공통점이 있다면 소속 미상의 종류가 압도적으로 많다는 점이다. 소형 패각 동물군(small shelly fauna)은 '소형 패각 미상(未詳)류(small shelly problematica)'라고도 한다.

캄브리아기 중기의 버제스 셰일 동물군은 껍질을 가진 류와 함께 연체(軟體)의 동물들마저 잘 화석화시킨 매우 우수한 화석 집단인데 그 시대는 5억 1천5백만 년 전이다. 근래 버제스 셰일 동물군과 아주 흡사한 화석들이 중국 운남성의 5억 2천5백만 년 된 지층에서 발견되어 개가를 올렸다. 천만 년의 격차가 있는데도 생물군은 서로 흡사하여 진화가 그때 안정기에 들어서 있었음을 알게 되었다. 이보다 앞서 토모티안 동안에 번성했던 소형 패각 동물군(전문가들은 자주 쓰는 이름이기 때문에 SSF라는 약자를 쓴다)은 버제스 셰일 동물군 이전에 이미 멸망하였으므로 SSF도(에디아카라 동물군처럼) 진화상 하나의 실패한 무리로 인정된다.

9.7 버제스 셰일 동물군

화석이란 본래 희귀한 것이다. 화석은 대개가 본래 골각(骨殼)을 가졌던 생물의 그 골각이 화석화된 것이다. 캄브리아기 지층에서 채집되는 화석도 삼엽충, 완족류 등 껍질을 가진 동물이 대부분이므로 얼핏 생각하면 그 당시에는 그 따위가 우세하게 살고 있었다고 생각하기 쉽다. 실로 캄브리아기 화석의 60%는 삼엽충이고 30%는 완족류였다. 그러나 그렇게 나타나는 것은 다만 보존의 불공평함 탓이지 실상은 그렇지 않다는 것을 이른바 '버제스 셰일형(型) 동물군들'이 보여 준다.

살고 있던 생물들을 기적적으로 몽땅 화석화시켜 당시의 생물계를 잘 복원할 수 있게 된 버제스 셰일은 캐나다 브리티쉬 콜롬비아의 버제스 고개에서 왈코트(C. C. Walcott)에 의해 1909년에 발견되었다. 그 후 현재까지 세계 각지의 대략 동시대 지층에서 약 40개 장소에서 보존상태와 생물 종류가 비슷한 동물군이 발견되어 이들 모두가 '버제스 셰일형(型) 동물군'이라 불리게 되었다.

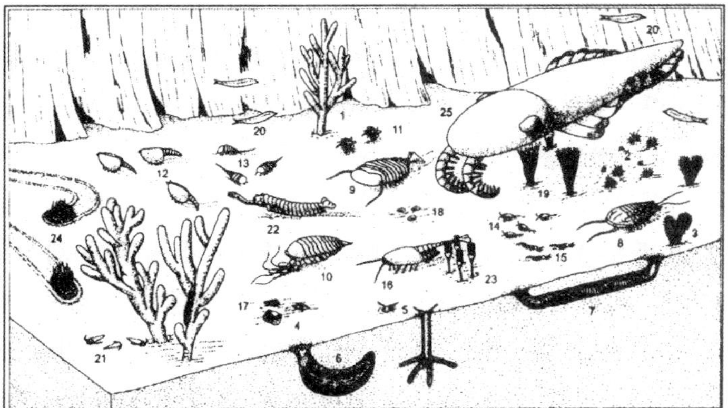

Sponges: I, *Vauxia;* 2, *Choia;* 3, *Pirania,* Brachio-Pod: 4, *Nisusia.* Polychaete: 5, *Burgessochaeta.* Priapulids: 6, *Ottoia;* 7, *Louisella.* Trilobite: 8, *Olenoides.* Other arthropods: 9, *Sidneyia,* IO, *Leanchoilia;* II, *Marrella;* 12, *Canadapis;* 13, *Molaria;* 14, *Burgessia;* 15, *Yoboia;* 16, *Wapyia;* 17, *Aybeaia.* Mollusc: 18, *Scenella.* Echinoderm: 19, *Echmatocrinus,* Chordate: 20, *Pikaia.* Others: 21, *Haplophrentis;* 22, *Opabinia:* 23, *Dinomischus;* 24, *Wiwaxia;* 25, *Anomalocaris.*

그림 9-3 버제스 셰일 동물들. 86%가 연체(軟体)이다. 4번은 완족류 니수시아(*Nisusia*), 20번은 척색동물 피카이아(*Pikaia*), 22번 *Opabinia*, 24번 *Wiwaxia*, 25번 *Anomalocaris* 등은 소속 미상이다.

캐나다의 버제스 셰일 동물군을 보면 그 속(屬)들의 80% 이상이 연체이다. 100종 이상의 연체류가 알려진 것이다. 이는 그 당시 패각을 가진 동물보다 연체류가 압도적으로 더 많았음을 알려 준다. 이는 현재 해저의 동물계가 연체는 극히 드물고 대개가 골각 있는 종류라는 사실과 매우 대조적이다. 현재에 익숙한 우리로서는 만일 버제스 셰일 동물군이 주는 계시가 없었더라면 캄브리아기에도 연체의 동물은 희귀하다고 생각했을 것이다.

화석을 가지고 땅의 역사를 알고자 하는 사람들의 한결같은 소망은 한 시대에 함께 살고 있던 생물 무리를 있던 그대로 복원시켜 보려는 것이다. 그러나 그 소망이 클수록 실망도 큰데 그 까닭은 화석의 본질 탓이다. 화석은 옛 생물을 알 수 있는 가장 기본적인 방편이지만 결함이 있다. 보통의 경우, 화석은 생물이 죽어 부패한 후에도 남아 있는 굳은 부분이 화석화된 것이다. 그러므로 화석이 보여 주는 옛 생물계의 모습은 불공평하게도 굳은(주로 광물질) 부분을 가진 생물들만을 더 많이 보여 주는 매우 치우친 것이다.

그런데 중기 캄브리아기의 버제스 셰일의 화석은 아주 예외여서 당시 살던 생물이 골고루 화석으로 나타나 있다. 버제스 셰일은 생물이 살던 얕은 해저에 사태가 일어나서 깊은 무산소 환경으로 갑자기 운반되어 거기서 쌓인 특별한 퇴적물이다. 입자가 미세한 퇴적물이어서 생물의 외부 형태뿐 아니라 내장의 윤곽도 그 인상을 남겼다.

버제스 셰일형(型) 동물군은 수없이 많이 발견되었지만 버제스 고개의 버제스 셰일 이상으로 풍부한 화석산지는 없다. 왈코트는 이 유명한 화석 산지를 일생 동안 아들을 데리고 여러 차례 다니며 35,000점이나 채집했다. 화석은 두 층준에서 나오지만 대부분은 두께 1m 미만의 한 개 층준에서 나왔다. 연구는 지금도 진행 중이며 현재까지 약 10만 개의 화석이 얻어졌다고 한다.

왈코트는 이 동물들의 특이성을 잘 알면서도 이들을 현생류를 포함하는 기지(旣知)의 종류(科와 目)로 분류하는 경향을 가졌다. 버제스 셰일 동물군은 크게 나누면 다음과 같다. ① 삼엽충 및 연체의 삼엽충과 유사한 절지동물들, ② 약간의 해파리, 아네모네와 유사한 강장동물, ③ 환형류로 추정되는 것들, ④ 초기 해삼류로 보이는 것들이다. 절지동물이 우세한 것은 이 동물군의 큰 특징이다. 지난 30년간 캠브리지 대학 팀은 같은 화석을 재연구하여 큰 발전을 이룩했는데 그들은 전에 애매하게 분류되었던 종류들을 위해 20개나 되는 새로운 문(門)을 설정해야 했다.

버제스 셰일형(型) 동물군의 손꼽히는 산지로서 중국 운남성의 쳉쟝(澄江) 동물군과 그린란드의 시라우스 파세트(Sirius Passet) 동물군이 있다. 쳉쟝동물군(Chengjiang Fauna)의 특기할 만한 것 하나만 들자면 최초의 척색동물로 주장된 *Yunnanozoon*이 있다. 척색동물은 무척추동물이지만 척추의 바탕이 되는 척색(脊索)을 가졌다. 사람 자신이 척색동물문(門)에 속하느니만큼 그때 이미 그것이 있었다면 특기할 만한 일이다.

버제스 셰일의 *Pikaia*는 길이가 4cm쯤 되는 동물로서 왈코트가 처음 그것을 기재할 때에는 지렁이 따위로 분류했던 것이나, 현대적 재연구에 의해 척색동물로 밝혀졌다. 모리스(S. C. Morris)가 30여 개 표품을 가지고 연구한 결과 척색이 있음이 확인되었다. 피카이아는 현생하는 활유어(amphioxus나 lancelet)를 닮았다. 이처럼 캄브리아기에는 이미 척색동물문(門)이 확립되어 있었으니 태선동물문을 제외한 모든 현생류의 문들이 그때 이미 존재했던 것이다.

지금까지 알려진 가장 오래된 척추동물 화석은 미국 와이오밍 주의 캄브리아기 후기

지층에서 발견된 무악류(턱 없는 고기)의 고기비늘 화석이다. 지금 알려진 대로는 캄브리아기의 중기와 후기는 천만 년 정도에 불과하다. 3천 수백만 년의 비교적 짧은 캄브리아기 동안에 지금까지 5억 년을 살게 될 원리 혹은 원형이 다 마련되었던 것이니 이는 마치 예수, 석가, 노자, 공자, 소크라테스가 고대의 다만 수세기 동안 출현하여 인간정신의 모형을 보여 준 사실을 연상케 하는 역사의 오묘한 경륜이라 할 수 있다.

9.8 영장류와 인류

여우원숭이(lemurs), 안경원숭이(tasiers), 유인원(apes) 및 사람(man)을 포함하는 영장류(靈長類, primates)는 포유류의 한 목(目)이다. 그들은 포유류의 기본적 구조 외에 사지(四肢)가 길고 손발이 크며 납작한 톱(손톱, 발톱)이 있는 5가락(손가락, 발가락)을 가지고 있다. 엄지가락은 다른 가락들 위에 겹칠 수 있어서(prehensile) 물건을 만지거나 나뭇가지를 붙들기 알맞게 적응되었다. 수상(樹上)생활에의 적응을 통해 비로소 팔과 다리(따라서 손과 발)의 구별이 생겼으며 몸통운동의 필요성과 사지를 최대한으로 벌리고 놀릴 필요성을 만족시키는 방향으로 골격이 발달되었다.

그들의 다른 큰 특징은 비교적 큰 두뇌와 매우 발달된 눈(眼)을 가진 점이다. 나무를 타고 살아가는 데는 약간의 실수도 치명적이기 때문에 활동을 민활히 통괄할 대뇌의 발달이 필요했다. 항상 전전긍긍하며 손발 붙일 곳과 몸 둘 곳에 쉴 새 없이 주의를 기울여야 하며 주위의 사태에 빠른 반응을 보여야 한다. 이들은 늘 머리를 써야 하며 두뇌가 필요하였다.

실로 영장류들은 허겁지겁 부지런히 움직이고 그 시력 좋은 눈으로 늘 주위를 두루 살피고 적을 경계하며 먹이를 찾아다닌다. 이들에게는 좋은 시력이 필요한 대신 후각은 필요치 않았기 때문에 후각기관은 퇴화되었다. 일반적으로 눈은 크고, 또 앞으로 박혀 있어서 어떤 동물에 있어서보다 원근거리를 측정하는 쌍안시력(雙眼視力, binocular vision)이 발달되었다.

수상생활하는 생태로 인하여 영장류의 화석은 극히 드물다. 가장 오래된 화석들은 팔레오신세세 중기 층에서 산출되는데 이들은 뼈 구조가 당시의 식충목(食蟲目, Insectivora)과 흡사하여 영장목 혹은 식충목 중 어느 쪽으로 분류해야 할 것인지가 늘 문제가 되곤 한다.

영장목에 속하는 유인(類人) 초과(超科)는 유인원, 사람 등을 포함하는 한 단위인데 그것은 다시 몇 개의 과로 나뉜다. 그 하나가 사람과(人科, Hominidae)인데 이에는 라마피테쿠스(*Ramapithecus*), 오스트랄로피테쿠스(*Australopithecus*) 및 호모(*Homo*)가 속한다. 라마피테쿠스 속(屬)은 마이오신세(世, epoch)와 플라이오신세에 살던 동물로서 인도와 아프리카에서 발견된 이빨 몇 개와 두골 조각을 가지고 알게 된 것이지만 치아의 형태와 배열이 현생 유인원과는 다르고 사람의 그것과는 매우 닮았기 때문에 대단히 중요하다.

최근 440만 년된 지층에서 발견된 '사람' 화석은 *Australopithecus*보다 한층 더 원시적인 종류라 인정되어 *Ardipithecus ranidus*라 개칭되었다. 이는 시대와 진화의 단계로 보아 대략 *Ramapithecus*와 *Australopithecus*의 중간에 놓인다.

*Australopithecus anamensis*는 최근(1995년 발표) 케냐 북부의 투르카나 호수 근처에서 발견된 것으로 410만 년 전의 지층에서 나왔으므로 이것이 현재로서는 가장 오래된 *Australopithecus*이다.

*Australopithecus afarensis*는 "루시"라는 별명으로 유명하다. 1974년 에디오피아 하다르의 318만 년 된 지층에서 루시가 발견된 이래 동 아프리카 여러 곳에서 이 종(1994년 75개체의 300개가 넘는 화석이)이 발견되어 그들이 약 400만 년 전에서 300만 년 전까지 살았음을 알았다. 최근 수단 서남부의 Bahr el Ghazal에서 이빨이 있는 턱뼈 조각(300 내지 350만 년 전)이 발견되어 *Australopithecus bahrelghazali*라는 이름이 주어졌다. *Australopithecus*는 100만 년 전까지 살아남았는데 그들의 뇌 용량은 400~530cm^{3}로서 현대 인간(1,200~1,700cm^3)의 반에도 못 미치지만 두골과 다리뼈의 모양은 사람과 흡사했다.

현 인류의 직계인 *Homo*는 250만 년 전쯤에 *Australopithecus*에서 갈라져 나왔다고 추정된다. 대략 150만 년 전에서 200만 년 전까지에 살았던 *Homo habilis*는 지금까지로는 최고(最古)의 *Homo*이다. 이들은 동시대의 오스트랄로피테쿠스류보다 훨씬 더 인간을 닮은 두개골(뇌 용량 600~800cm^3)을 가졌다.

*Homo erectus*는 아프리카와 아시아에서 널리 발견되며 이들은 1백 수십만 년 전에서 28만 년 전까지 살았다.

지금 활약 중인 리키 박사의 모친 매리 리키가 360만 년 된 응회암층에서 발견했던 사람 발자국은 두 사람이 서서 걷는 모습을 여실히 보여 주었다. 발견자는 이 이족보행(二足步行)의 주인공을 *Homo*라고 생각했으나 지금은 *Australopithecus afarensis*의 자국이라는 것이 중론이다.

9.9 대량절멸

생물뿐 아니라 언어와 문화도 진화하며 절멸(extinction)한다. 절멸은 "진화의 불가역성(不可逆性)의 원리"의 범위 안에 있으며 일단 절멸하면 소생하지 않는다. 생물이 문(門) 단위로 절멸하는 일은 드물지만 강(綱), 목(目), 과(科), 속(屬), 종(種) 등 작은 단위로 내려갈수록 수명이 짧고 더 쉽게 절멸한다.

퇴적암 속의 화석의 출현과 소멸을 시대순으로 연구해 온 학자들은 여러 종류의 생물들이 한꺼번에 소멸하는 현상이 자주 있었음을 알았다. 그중에서도 규모가 큰 것을 대량절멸(mass extinction)이라 한다. 또, 지층의 발달을 크게 보면 그 과정에는 변혁과 단절의 현상이 흔히 일어나서 그것이 대규모의 부정합으로 표현된다. 지층발달의 대규모적 단절과 대량절멸은 흔히 동시에 일어났으므로 그러한 시기를 택하여 지질역사를 여러 시대로 나누었다.

화석이 흔히 보존된, 현생영대(顯生永代)라 불리는 지질시대는 고생대, 중생대 및 신생대로 나뉘어 왔는데 그것도 지층과 생물계의 단절을 토대로 그렇게 구분한 것이다. 3개 대(代)로의 구분에 대하여는 유력한 이의(異議)도 있었다. 그러나 연구가 진행됨에 따라 고생대와 중생대 말에 최대 규모의 대량절멸이 있었음이 알려져 지금은 그 구분의 타당성이 확고해졌다.

대의 말기뿐 아니라 각 기(紀)의 말기와 그 이하의 경계 시기에도 흔히 대량절멸이 있었다. 그러나 그들 중 가장 현저한 것을 골라 5대(大) 대량절멸을 일컫고 있다. 오르도비스기 말(末), 데본기 말, 페름기 말(이것이 고생대 말이다), 삼첩기 말 및 백악기말(이것이 중생대 말이다)이 그것이다. 이 밖에도 손꼽히는 대량절멸 사건이 여럿 있어서, 이 현상의 진상이 어떠하며 원인이 무엇이냐에 관하여 열띤 연구와 토론이 있어 왔다.

만일 생물종(種)이 일단 생겨나서 영구히 이어져 가기만 한다면 진화의 현상이 펼쳐질 여지가 없을 것이다. 멸종이라는 현상이 있기 때문에 생물계에 발전(진화)이 있는 것이다.

대량절멸이란 수많은 종들이 대략 동시기에 멸종하는 것이다. 이러한 집단적인 죽음이 다음에 생겨날 집단의 공간을 마련하는 것이다. 파충류는 고생대에 이미 생겨나 있었으나 그들이 번성하고 진화할 공간이 주어진 중생대에 와서야 시대의 주인공이 되었다. 포유류도 고생대 말에 이미 생겨났으나 중생대 말의 대량절멸이 있은 후에야 비로소 번성할 수 있었다. 이처럼 대량절멸은 진화의 중요한 내용이다.

생물계는 하나의 생태계를 이루어 각 종류는 서로 의존적인 관계에 있는 동시에 환경에 의존한다(이것이 적응이다). 이 의존 관계는 집단절멸 후 그 자리에 새로 생겨난 집단에 있어서보다 시대가 오래 경과할수록 더 긴밀해지고 각박해진다. 그렇다는 것은 각 종류는 제각기 특수화(speciation)된다는 말이다. 극도로 특수화되는 것을 과특수화(過特殊化)라 한다. 특수화 혹은 과특수화된 종들은 현재의 환경에는 지극히 잘 적응되어 있으나 환경이 변하면 적응력을 발휘할 수 없는 위험한 상태이다. 환경이 변하면 거기에 적응하지 못하여 먼저 절멸하는 종들이 생기는데 그것은 남아 있는 종들에게는 또 하나의 환경변화이다. 먹이사슬이 끊어지고 생태계가 무너진다는 것은 걷잡을 수 없는 환경변화이다. 이처럼, 오래 살아서 상호 적응된 생물계는 환경변화에 대하여 집단적 죽음이 준비되어 있는 것이다.

고생대 말(2.45억 년 전)에는 다음 열거하는 부류의 일부 혹은 전부가 거의 동시에 절멸했다. 산호, 방추충, 완족류, 해백합, 선충(蘚蟲)류, 암모나이트, 포유상파충류 등이 그들이다. 시카고대학 교수 라우프(Raup)와 셉코스키(Sepkosky)는 각각 당시 바다생물의 과(科) 수의 57%와 종 수의 96%가 절멸했다고 발표했다. 다른 학자는 육지의 네발동물의 절멸을 연구하고 77% 과(科)가 절멸했음을 알아냈다. 고생대 말의 절멸은 지구역사상 최대 규모이다.

고생대 말은 대륙들이 모여 하나의 초(超)대륙을 만들었던 시기이다. 육지와 바다 세계의 재편성이 일어났던 것이다. 그 결과 특히 바다 생물에게 영향이 컸는데, 각 대륙별로 펼쳐졌던 대륙붕이 합하여 하나의 대륙붕이 되면서 면적이 대폭 감소한 까닭에 그 위에 살던 천해의 생물들은 큰 위기를 맞게 되었다. 지금과 같이 흩어진 대륙들의 각각은 큰 섬과 같아서 해양성 기후 아래 놓이는 면적이 크다.

그러나 대륙들이 하나로 뭉치면 해양성 기후 아래 놓이는 면적이 줄어 결과적으로 한랭화되는 셈이다. 때마침 초대륙 중 남반구대륙들의 모임인 곤드와나대륙이 남극에 위치하여 빙하시대를 맞게 되는 변이 겹치게 되었다. 삶의 마당이 줄고 그나마 차가워져서 절멸을 겪게 될 판에 다른 변수가 또 겹쳤다. 그것은 바닷물의 염분이 주는 것이었다. 고생대 후기에서 중생대 초에 이르는 시기에는 세계적으로 암염과 석고층이 많이 생겨나 있다. 이러한 바다염류의 육지 저장이 반짠물의 묽은 바다를 만들어 염분의 변화에 약한 동물들을 절멸시켰다.

대륙붕의 면적이 줄었다는 것은 과거의 천해저가 육지화되어 퇴적이 중단된 지면이 많다는 뜻이다. 그러므로 고생대-중생대 경계의 시기에는 퇴적의 중단 곧 결층이 많다. 이 시기에 비교적 연속적으로 쌓인 세계에서 몇 안 되는 지역은 남중국, 파키스탄, 아제르바이잔, 아르메니아, 그린란드 등이다.

이곳들에서 페름기 말(즉 고생대 말)을 방추충(foraminifer)이 절멸하는 층준으로 정했을 때 완족류 페름기 말을 지나서도 단기간 살아남는다는 것이 알려졌다. 방추충류도 자세히 보면 페름기 말이 다 되기 전에 절멸하는 종류와 그 직전에 절멸하는 종류가 있다. 그렇게 단계적으로 차츰 절멸하는 점에 있어서는 완족류도 그렇고 다른 부류도 마찬가지여서 페름기 말, 즉 고생대 말의 대량절멸은 정확하게 일순간에 동시절멸을 한 것이 아니다. 그러나 지질학적 시간의 길이에서 보아 어느 결정적인 최단기간에 대량절멸이 있었음은 전문가 모두가 인정하는 것이다.

9.10 환경변화 : 백악기 말의 사건

백악기에는 해저갱신의 속도가 현재보다 배나 빨랐다는 것이 알려져 있다. 그렇다면 중앙해령과 섭입대 부근의 화산활동이 그만큼 왕성했을 것인데 이것을 뒷받침이라도 하듯 당시 대기 중의 탄산가스량이 현재의 6배 정도였다는 연구결과가 나와 있다. 백악기에 극지방에 있었던 대륙에서도 온대의 식물과 동물의 화석이 나오는 것을 보면 당시의 기후는 전 지구적으로 따뜻했다. 가장 따뜻했던 백악기 중엽을 고비로 기온은 하강일로를 달렸는데 백악기 말, 곧 중생대 말에는 복수의 원인이 겹쳐 대량절멸이 일어났다.

중생대-신생대 경계, 곧 백악기-제3기 경계(K/T 경계라 한다) 시기에 대량절멸을 겪은 종류는 부유성의 유공충과 코코리드, 암모나이트, 벨렘나이트, 공룡과 바다 파충류 일부,

부족류의 이노세라무스와 루디스테스 등이다. 공룡은 육지에 살던 것이기 때문에 육성층에서 화석이 나오는데 세계적으로 백악기 말의 육성층이 보존되어 있는 곳은 극히 드물다. 이런 조건을 무릅쓰고 지금까지 연구된 대로는 공룡은 백악기 말이 되기 전에 차츰 멸망해 오다가 백악기 말을 지나서도 단기간 살아 남았다는 것이다. 공룡을 제외한 바다동물의 절멸양상을 보면 백악기 말에 90개 과가 절멸했다. 백악기 최후시기에 살고 있던 바다동물의 과의 총수에 비하면 90개 과는 66.3%가 되는데 이것이 절멸률(extinction rate)이다. 66%가 거의 동시에 절멸했다면 이는 대단한 사망률임에 틀림없다. 여기서 굳이 '거의 동시'라 쓰는 까닭은 위에 열거한 종류 중에서 가령 벨렘나이트는 공룡의 경우처럼 백악기 말을 살아남았으며 암모나이트는 K/T 경계 시기보다(약 13만 년) 이전에 절멸했다. 여러 동물부류가 백악기 말을 향해 차츰 단계적으로 멸망해 온 양상을 띠는 것이 사실이다. 백악기 말에도 세계적으로 한랭화의 증거가 있고 한랭해진 바다의 생물이 온난한 바다로 서식지를 옮겼다는 연구도 되어 있다. 그런데 열대해에 살던 생물은 수온이 저하해도 더 옮길 데가 없어서 절멸한다는 연구가 있고 이것이 대량절멸의 수온저하설이다.

백악기 말에는 위에서 말한 지질학적 원인 외에 거대 운석의 충격이 대량절멸을 부추겼을 가능성도 매우 높다. 각 지질시대의 경계를 엄밀히 구획하면 언제나 전문가들 사이에 의견이 엇갈리는 것이 상례지만 중생대-신생대 경계는 최근 아무런 이론이 없을 만큼 확정되었고 전 지구적으로 동일 순간의 층준을 찾는 일이 가능해졌다. 그 까닭은 이 층준에 운석충격이 여러 증거물이 퇴적되어 있어 매우 특이한 층준이 되어 있기 때문이다. 미국 버클리의 캘리포니아 대학 교수 알바레즈(Alvarez)는 1980년에 이른바 운석충격설을 발표했다. 그 후 수많은 학자들이 이 문제를 탐구하여 운석충격의 가능성이 압도적임을 밝혔다.

위에서 고생대 말의 경계층은 연속적으로 퇴적된 것을 발견하기가 무척 어렵다고 말했지만 K/T 경계층의 경우는 해저에 연속층이 널리 분포되어 있기 때문에 그런대로 다행이다. 육상과 해저의 K/T 경계층에서는 한결같이 "이리디움 이상(異常)"이 발견되고 있는데, 사실은 이리디움을 포함하는 친철(親鐵)원소들이 특별히 많이 함유되어 있는 것이다. 오스미움, 이리디움 등 친철원소들은 태양계의 평균치에 비해 지각에는 훨씬 적은 양밖에는 없다. 그 까닭은 지구핵이 생겨날 때 이 원소들이 대부분 지구핵 속으로 이동해 버렸기 때문이다. 흔히 이리디움 이상을 일컫는 것은 친철원소 중 이리디움이 검출과 정량분석이 용이해서 다루기 쉽기 때문이다. 이리디움 이상(anomaly)이란 지각의 평균치에 비해 특별히 많은 양의 이리디움이 검출될 때 쓰는 말이다. 이리디움이 농집된 K/T 경계층은 두께 10cm 내외의 점토층으로, 이것은 전 지구적으로 육지나 바다의 구별 없이 퇴적되어 있다. 그리고 이 점토층에는 충격으로 금이 간 석영 입자들(충격석영)과 충격 시의 고온으로 처리된 1 내지 수 mm의 유리질 구정(球晶)들이 들어 있다. 그 밖에 대량의 동식물이 연소했던 것을 말해 주는 검댕이 들어 있어 지구적 규모의 대화재의 증거로 주장되었다.

알바레즈 교수는 직경 10km의 천체가 지구에 떨어지면 그 먼지가 상공으로 올라가 햇빛을 장기간 가려서 핵겨울을 만들고 대량절멸을 일으키며 그 먼지가 퇴적되어 K/T 경계점토층을 만들 수 있다고 설명했다. 북미에서는 곳곳의 백악기 말 지층에서 해일(tsunami) 때 특징적으로 생겨나는 퇴적층이 발견되어 화구(火球)의 충격이 북미에서 있었으리라는 추측이 있었는데 그 후 멕시코 유카탄반도의 칙수러브(Chicxulub)에서 그 시기의 대규모 운석자국이 발견되었다. 칙수러브 분화구는 직경이 170km로서 예상했던 직경 10km의 운석이면 그만 한 자국을 남길 수 있으리라 한다. 이로서 백악기 말의 대량절멸은 생물계와 환경의 관계에서 이미 준비되었던 것이 운석충격의 재난으로 철저한 마무리가 되었던 것으로 보인다.

9.11 맺는말

우리는 이 장에서 지구와 생물의 내력을 살펴보았다. 오랜 세월을 이어져 내려온 역사가 아닌가.

현실과 사람 안에는 수십억 년의 역사가 차곡차곡 쌓여 있다. 나나 우리가 하루아침에 생겨난 것처럼 생각하는 것은 착각이다. 지구의, 아니 우주의 아들임을 지각한다면 숭고한 윤리는 이 우주적 자각에서 출발할 수 있다. 만년의 아놀드 토인비는 그의 저작의 이름을 "어머니 지구"라 했다. 그렇다. 지구는 어머니이고 생물은 우리 친척이며 나는 지구의 아들이다. 우리는 철없는 아이들처럼 얼마나 어머니를 마구 대해 왔던가! 지구가 우리의 어머니인 줄을 분명히 깨닫는다면 이 깨달음은 지구와 인류를 이 환경문제의 질곡으로부터 구원할 토대가 될 것이다.

포유류와 조류 그리고 열대우림의 곤충 등 무수한 종이 지금 절멸되고 있다. 실로 현재는 또 하나의 대량절멸의 시대이다. 인공과 인구가 팽창하면서 자연이 급속도로 위축되고 있어 이대로 가면 파멸에 이를 전망이다. 빠른 속도로 변해 가는데 변화의 속도가 크면 클수록 위험하고 종말은 앞당겨진다. 지구와 인류 자신에 대해 책임을 느끼는 사람이라면 지금 인류가 걷는 이 길, 이 방침, 이 체제가 근본적으로 문제가 있음에 착안하게 될 것이다. 과거의 문명은 국지적인 것이었으며 타 문명의 대치로 진보할 수 있었다. 그러나 지금의 문명은 전 지구적인 것이므로 닥칠 위기도 지구적 규모일 것이다. 사고가 흔히 대형사고가 되는 이치 그대로다.

우리는 이 장에서 지구가 가진 운명적 측면을 조명하려 힘썼다. 이제 인류는 엄청난 능력을 소유하게 됨에 따라 지구의 관리자가 된 책임을 지게 되었으며 지구의 운명은 사람의 생각과 결정에 달렸다. 이 책임을 자각하고 실천하는 일은 우리 모두의 몫이다.

【부 록】

참고문헌

[1] A. Pannekoek, 『A History of Astronomy』, 1989, Daver.

[2] Alfred Whitefield, 『Science and the Modern World』, 1925, Mcmillan Co.

[3] Chavles Kittel, 『Introduction to Solid State Physics』, 1976, John Wiley & Sons.

[4] E. W. Hobson, 『The Domain of Natural Science』, 1968, Dover(NY).

[5] Lehninger, A. L., D. L. Nelson & M. C. Cox 『Principles of Biochemistry』 2nd edition, 1993, Worth Publishers, New York.

[6] 고야마게이타(손영수 역), 『노벨상으로 말하는 20세기 물리학』, 1990, 전파과학사.

[7] 과학세대 편저, 『미래를 지배하는 신소재』, 1998, 도서출판 벽호.

[8] 과학세대, 『첨단기술 어디까지 갈 것인가?』, 1993, 도서출판 벽호.

[9] 곽영직 저, 『자연과학의 올바른 이해』, 1997, 학문사.

[10] 권영대 · 이길상 · 이민재 · 정창희 · 송상용 저, 『우주, 물질, 생명』, 1978, 전파과학사.

[11] 김영식, 『과학사 개론』, 1983, 다산출판사.

[12] 김제완, 『겨우 존재하는 것들』, 1993, 민음사.

[13] 로버트 웨버(주관식 외 역), 『과학의 개척자들』, 1992, 전파과학사.

[14] 로이드 모츠 · 제퍼슨 헤인 위버(차동우 · 이재일 역), 『물리이야기』, 1989, 전파과학사.

[15] 바바라 러벳 클라인(차동우 역), 『새로운 물리를 찾아서』, 1993, 전파과학사.

[16] 박덕은, 『세계의 과학자 18』, 1997, 가교 출판사.

[17] 사와오카 아키라(성태현 역), 『신소재 이야기』, 1993, 한국경제신문사.

[18] 서울대학교 자연과학대학 교수 20인, 『21세기 과학의 포커스』, 1996, 사계절.

[19] 서울대학교 자연과학대학 교수 31인, 『21세기와 자연과학』, 1997, 사계절.

[20] 스티븐 와인버그(박배식 역), 『아원자 입자의 발견』, 1994, 민음사.

[21] 아써 바이저(황점남 외 역), 『현대물리학』, 1996, 교보문고.

[22] 야마나카 다다요시(최하식 역), 『신소재 응용전략』, 1998, 성안당.

[23] 양승훈, 『물리학과 역사』, 1996, 청문각.

[24] 에릭 드레슬러 · 크리스 피터슨(한정환 외 역). 『나노 테크노피아』, 1995, 세종서적.

[25] 이시하라 사토시(이화용 역). 『광컴퓨터』, 1992, 대광서림.

[26] 일본경제신문사(김계용 역), 『신소재 혁명』, 1993, 전파과학사.

[27] 자연과학 교재 편찬 위원회, 『자연과학의 이해』, 1976, 계명대학교 출판부.

[28] 자연과학 연구회, 『자연과학개론』, 1995, 광림사.

[29] 조인래 교수 편역, 『쿤의 주제들 : 비판과 대응 Kuhnian Themes : Criticisms and Responses』, 1997, 이화여자대학교 출판부.

[30] 조지 가모프(김정흠 역), 『물리학을 뒤흔든 30년』, 1994, 전파과학사.

[31] 존 시몬스(여을환 역), 『사이언티스트 100』, 1997, 세종서적.

[32] 존 하일브론(정명식 외 역), 『막스 플랑크』, 1992, 민음사.

[33] 츠즈키 타쿠지(홍영의 역), 『현대 물리학의 큰 별들』, 1992, 팬더 북, 전파과학사.

[34] 토마스 쿤(김영자 역), 『과학혁명의 구조(The Structure of Scientific Revolution)』, 1992, 두산동아.

[35] 프란시스 시어스(조순탁 · 김상돈 역), 『열역학과 통계역학』, 1979, 문운당.

[36] 하랄드 프리쯔쉬(이희건 외 역), 『철학을 위한 물리학』, 1995, 가서원.

[37] 하이젠베르크(이필렬 역), 『현대물리학의 자연상』, 1963, 이론과 실천.

[38] 허버트 버터필드(차하순 역), 『근대과학의 기원』, 1986, 탐구당.

[39] 현원복, 『미리 가 본 21세기』, 1997, 겸지사.

《과학사 연표》

연대	학 자	내 용
624	Thales(그리스) 탄생	희랍 과학의 단서
前 6세기	Pythagoras(그리스)	피타고라스 定理, 희랍 수학의 확립
前 5세기	Demokritos(그리스)	고대 원자론의 완성(420)
	Hippokrates(그리스)	희랍의학 대성, 전집 59편
前 4세기	Aristoleles(그리스)	철학
2세기	Ptolemaios(그리스)	"알마게시트" 13권
3세기	Galenus, Claucius(그리스)	해부학, 생리학, 중세철학을 지배
13세기	Bacon, Roger(영)	광학의 연구(1267), 반스콜라 철학자
16세기		
1520	Paracelsus(스위스)	16세기 최대의 의학·화학·약학자
1543	Copernicus, N.(폴란드)	"천구의 회전에 관하여" 지동설의 확립, 근대 천문학의 출발
1543	Vesalius, A.(벨기에)	"인체의 구조에 관하여" 근대 해부학의 확립
1572	Tycho, Brahe(덴마크)	신성 발견, 천체관측과 기상관측(76~97)
1583	Gallillei(이탈리아)	진자의 등시성, 낙하체의 법칙(1590)
17세기		
1609	Kepler	"新천문학", 행성운동의 제1, 제2법칙 발표, 제3법칙 발표(1619)
1620	Bacon, F.(영)	"과학의 新기관" 과학방법론의 확립
1628	Harvey, W.(영)	"심장과 혈액의 운동" 혈액순환의 발견
1632	Gallilei(이탈리아)	천문학대화, 역학대화(1638)
1637	Descartes, R.(프랑스)	방법론, 근세 철학의 시조, 해석 기하학의 창시
1648	Pascal, B.(프랑스)	파스칼의 원리(1650)
1660	Boyle, R.(영)	보일법칙, 호흡생리, "회의적 화학자"(1661)
	Hook, R.(영)	훅의 법칙, 세포의 발견(1665)
1666	Newton, I.(영)	호흡생리(1667) 광의 분산(태양 스펙트럼), 미적분법의 발명(1669), 광의 입자설(1704)
1678	Huygens, C.(네덜란드)	광의 파동설, 에테르 개념의 도입
1680	Leibniz(독)	미분법, 적분법(1686)
1687	Newton	"프린키피아", 만유인력의 법칙, 운동의 3법칙

18세기		
1733	Linne, C.(典)	"자연의 체계"
1749	Buffon(프랑스)	"박물지"(~69) 진화론 선구자
1755	Kant(독)	성운설
1766	Cavendish, H.(영)	수소 발견, 산소와 수소로 물 합성(81)
1770	Lagrange, J.L.C.(프랑스)	군론시초, 해석 역학(88), 해석함수론(97)
1774	Priestley, J.(영)	산소 발견(Scheele와 별도로)
1777~1778	Lavoisier, A.L.(프랑스)	신연소 이론을 확립, 연소설 추방, 질량 불변의 법칙 정리(72)
1785	Coulomb, C. A.(프랑스)	전기력과 자기력에 관한 쿨롱의 법칙
1789	Lavoisier(프랑스)	화학이론, 화학혁명
1796	Laplace, P.S.M.(프랑스)	Kant-Laplace의 성운설 "천체역학"(99),
1796	Jenner, E.(영)	우두접종법의 발견
1798	Rumford, B.J.G.(미국)	마찰에 의한 열의 발생
1799	Proust, J.L.(이탈리아)	정비례의 법칙
	Cuvier, G.L.C.(이탈리아)	"비교해부학"
19세기		
1801	Young, T.(영)	광의 간섭
1803	Dalton, J.(영)	돌턴의 분자설, 분압의 법칙, 배수비례의 법칙
1803	Berzelius, J.J.(전)	전기화학의 기초, 원소의 전자량 측정, 산소(16)를 표준(21)
1809	Lamarck (프랑스)	"동물철학" 진화론의 선구
1811	Avogadro, A.(이탈리아)	분자설, 아보가드로의 가설
1812	Cuvier (프랑스)	"화석의 골" 척추동물의 고생물학 창시
1815	Smith, W.(영)	영국 지질도 출판, 영국 지질학의 시조
1816	Fresnel, A.J.(프랑스)	광의 간섭 실험
1820	Ampere, A.M.(프랑스)	암페어의 법칙(1826)
1824	Carnot, N.L.S.(프랑스)	카르노 Cycle, 열역학의 창시
1827	Wohler, J.(독)	요소의 인공적 합성(1928)
1830	Lyell, C.(영)	지질학 원리
1831	Faraday, M.	전자유도전류의 발견
1837	Fraday, F.	전자장이론의 기초
1838	Schlieden, M.J.(독)	세포설 제창

1839	Schwann(독)	세포설의 발전 대성
1841	Mayer, J.R.(독)	에너지 보존의 법칙
1847	Helmholtz, H.L.F.(독)	에너지 보존 법칙의 정식화
1848	Kelvin, L.	절대온도의 개념, 열역학 제2법칙 연구(51)
1850	Clausius, R.J.E.(독)	열역학 제2법칙
1855	Bernard, L.(프랑스)	실험의학서설
1857	Pasteur, L.(프랑스)	발효연구
1859	Darwin. C.(영)	종의 기원, 진화설의 대성
1862	Solvay. E.(벨기에)	암모니아·소다법 발명
1864	Maxwell, J.C.(영)	전자기장의 기초 방정식, 전자기파의 존재
1865	Mendel, G.(墺)	Mendel의 법칙
1871	Maxwell	광의 전자기파학설, "전자기학"(73)
1874	Van't Hoff, J.H.(네덜란드)	입체화학의 기초
1877	Maxwell, Boltzmann, L.(墺)	열역학 통계적 기초
1881	Edison, T.A.(미)	축음기의 발명, 탄소선 전구(79)
1882	Koch, R.(독)	세균학의 신방법
1888	Fleming, W.(독)	세포핵분열
1900	Hertz, H.R.(독)	전자기파의 실험적 증명
	Max Planck(독)	양자론의 기초, 플랑크 상수, 복사법칙
20세기		
1905	Einstein, A.(독)	특수상대성이론, 광양자 가설
1913	Bohr, N.(덴마크)	원자모형, 대응 원리(18), 상보성 원리(27)
1915	Einstein, A.(독)	일반상대성이론(15)
1923	De Broglie, L.(프랑스)	물질파 개념 도입, 파동역학의 기초(24)
1925	Heisenberg, W.(독)	양자역학 창시, 불확정성 원리
	Dirac, P.A.M.(영)	양자역학 기초 방정식, 양전자 이론
1926	Schrodinger, E.(독)	파동역학
1929	Hubble E.(미)	우주 팽창 발견
1934	Joliot, J.F.(프랑스)	부부, 인공방사능의 발견
1935	Yukawa, H.(일)	중간자 개념 도입
1948	Watson, J.D., Crick, F.H.C.	DNA 이중나선 구조
1965	Peuzias, A.A., Wilson, R.W.(미)	우주 배경복사 발견

자연과학의 이해

초판 1쇄 1999년 2월 29일
2판 1쇄 2002년 8월 20일
3판 5쇄 2017년 2월 10일

지은이 자연과학의 이해 편찬위원회
(조상규, 이상학, 박명구, 박재홍, 최상돈)

펴낸이 김상동 | **펴낸곳** 경북대학교출판부 | **출판등록** 1973년 10월 10일 ㉑97호
주소 대구광역시 북구 대학로 80 | **전화** 053-950-6741~3 | **팩스** 053-953-4692
E-mail press@knu.ac.kr | **Homepage** http://knupress.com

ISBN 978-89-7180-251-9 93400

정가는 뒤표지에 있습니다.
파본은 바꾸어 드립니다.